工业和信息化高职高专"十二五"规划教材立项项目

职业教育机电类"十二五"规划教材

电气控制与PLC技术

（第2版）

向晓汉　主编

陆彬　副主编

陆金荣　主审

人民邮电出版社

北京

图书在版编目（CIP）数据

电气控制与PLC技术 / 向晓汉主编. -- 2版. -- 北京 : 人民邮电出版社, 2012.9（2021.7重印）
职业教育机电类"十二五"规划教材 工业和信息化高职高专"十二五"规划教材立项项目
ISBN 978-7-115-28994-0

Ⅰ. ①电… Ⅱ. ①向… Ⅲ. ①电气控制－高等职业教育－教材②plc技术－高等职业教育－教材 Ⅳ. ①TM571.2②TM571.6

中国版本图书馆CIP数据核字(2012)第184235号

内 容 提 要

本书结合工程实例，从培养学生实际应用能力的角度，讲解相关理论知识。

本书内容分为两部分：电气控制和 PLC。电气控制部分主要介绍电气控制基本知识、常用的低压电器、继电器-接触器控制电路、典型设备电气控制电路分析；PLC 部分以西门子 S7-200 系列 PLC 为例，介绍 PLC 的基本知识、STEP 7-Micro/WIN 编程软件的使用、S7-200 系列 PLC 的指令系统及其应用，最后完整地给出一个 PLC 控制系统设计的实例。

本书内容实用，融入了编者丰富的工程经验。书中每章均配有大量实例及实训，可供学生练习使用。

本书可作为高职高专院校机械类、电气类专业的教材，也可以供工程技术人员参考使用。

◆ 主　编　向晓汉

副主编　陆　彬

主　审　陆金荣

责任编辑　赵慧君

◆ 人民邮电出版社出版发行　北京市丰台区成寿寺路 11 号
邮编 100164　电子邮件 315@ptpress.com.cn
网址 http://www.ptpress.com.cn
固安县铭成印刷有限公司印刷

◆ 开本：787×1092　1/16
印张：17.75　　　　　　2012 年 9 月第 2 版
字数：418 千字　　　　 2021 年 7 月河北第 10 次印刷

ISBN 978-7-115-28994-0

定价：36.00 元

读者服务热线：(010)81055256　印装质量热线：(010)81055316
反盗版热线：(010)81055315

Forward

前　言

随着计算机技术的发展，以可编程序控制器、变频器调速为主体的新型电气控制系统已经逐渐取代传统的继电器电气控制系统，并广泛应用于各行业。电气控制与PLC技术是综合了继电接触器控制、计算机技术、自动控制技术和通信技术的一门新兴技术，应用十分广泛。因此，全国很多高职高专院校均将电气控制技术与可编程控制器应用技术作为一门课程来开设。此门课程是机电、电气类专业的核心课程，为了使学生能更好地掌握相关知识，我们在总结长期的教学经验的基础上，联合相关企业人员，共同编写了本书。

我们在编写过程中，将一些生动的操作实例融入到教材中，以提高学生的学习兴趣。本书与其他相关教材相比，具有以下特点。

（1）注重知识的实用性。针对高职高专院校培养"应用型人才"的特点，本书在编写时，弱化理论知识，注重对实用知识的讲解。本书编者均具备工程背景，书中每章提供的实例均为工程应用实例。

（2）内容力求简洁，尽可能做到少而精。本书使用了300多张图片对相关知识进行说明，讲解时注重难易结合。

（3）体现最新技术。本书在内容选取上紧跟当前技术的发展，如变频器、PLC的通信、触摸屏和PLC特殊模块的使用等。

本书的参考学时为80学时，其中理论学时为64学时，实训环节为16学时，各章的参考学时参见下面的学时分配表。

章　节	课程内容	学时分配	
		讲　授	实　训
第1章	电气控制基本知识	2	
第2章	常用的低压电器	8	2
第3章	继电器-接触器控制电路	10	2

续表

章　节	课　程　内　容	学 时 分 配	
		讲　授	实　训
第 4 章	典型设备电气控制电路分析	8	4
第 5 章	可编程控制器基本知识	4	
第 6 章	STEP 7-Micro/WIN 编程软件的使用	2	2
第 7 章	S7-200 系列 PLC 的指令系统及其应用	20	4
第 8 章	S7-200 系列 PLC 的高级应用	10	2
课时总计		64	16

　　本书由无锡职业技术学院的向晓汉担任主编，无锡雷华科技有限公司陆彬任副主编，陆金荣任主审。其中，第 1 章、第 3 章和第 4 章由陆彬编写，第 5 章由无锡职业技术学院林伟编写，其余章节由向晓汉编写。在本书的编写过程中，倪森寿副教授、奚小网副教授和有关教师都提出了许多宝贵的意见，在此深表感谢！

　　由于编者水平和时间有限，书中不足之处在所难免，敬请广大读者批评指正。

编　者

2012 年 6 月

Content

目 录

Chapter 1

第1章

| 电气控制基本知识 |

学习目标

- 了解低压电器的含义、常见术语、分类和发展趋势
- 掌握触电事故的主要原因和防止触电事故的措施
- 了解安全距离的含义
- 掌握保护接地和工作接地的分类、实施方法以及接地装置的制作方法

1.1 低压电器简介

电器就是接通/断开电路或者调节、控制、保护电路和设备的电器器具或装置。电器按照工作电压不同可分为高压电器和低压电器，如果未作特殊说明，本书中所讲的电器全部为低压电器。

低压电器通常是指用于交流 50Hz（60Hz）、额定电压 1 200V 或以下和直流额定电压 1 500V 或以下的电路中，起通断、保护、控制或调节作用的电器。

1.1.1 低压电器的分类

低压电器的分类方法很多，按照不同的分类方式有不同的类型。

1. 按照用途分类

（1）控制电器

控制电器主要用于电力拖动和自动控制系统，包括继电器、接触器、主令电器、启动器、控制器和电磁铁等。

（2）配电电器

配电电器主要用于低压配电系统和动力装置中，包括刀开关、转换开关、断路器和熔断器等，要求在系统发生故障的情况下动作准确，工作可靠，有足够的热稳定性和动稳定性。

2．按照工作条件分类

（1）一般工业电器

一般工业电器用于机械制造等正常环境条件的配电系统和电力拖动系统，是低压电器的基础产品。

（2）矿用电器

矿用电器的主要技术要求是防爆。

（3）航空电器

航空电器的主要技术要求是体积小，重量轻，耐震动和冲击。

（4）船用电器

船用电器的主要技术要求是耐颠簸、腐蚀和冲击。

（5）化工电器

化工电器的主要技术要求是耐腐蚀。

（6）牵引电器

牵引电器的主要技术要求是耐震动和冲击。

3．按照操作方法分类

（1）自动电器

自动电器是指通过电磁或者气动机构来完成接通、分断、启动和停止等动作的电器，如继电器和断路器等。

（2）手动电器

手动电器是指通过人力来完成接通、分断、启动和停止等动作的电器，如刀开关、转换开关、按钮等。

4．按照工作原理分类

（1）电磁式电器

电磁式电器的感测元器件接收的信号是电信号，如接触器。

（2）非电量控制电器

非电量控制电器的感测元器件接收的信号是非电信号，如热、温度、转速和压力等，常见的有电热继电器、速度继电器、温度继电器和压力继电器等。

此外，还有其他的分类方法。

1.1.2　低压电器的常用技术术语、参数及技术性能

1．一般术语

① 动（操）作：电器的活动部件从一个位置转换到另一个相邻的位置。例如，把电风扇的调速

器的风速挡位从"1挡"旋转到"2挡"就是一个动作。

② 闭合：使电器的动、静触头在规定的位置上建立电接触的过程。

③ 断开：使电器的动、静触头在规定的位置上解除电接触的过程。

④ 接通：由于电器的闭合，而使电路内电流导通的操作。

⑤ 分断：由于电器的断开，而使电路内电流被截止的操作。

⑥ 控制：使电器设备的工作状态适应于变化运动的要求。

⑦ 使用类别：与开关电器或熔断器完成功能条件有关的、表示使用特点的若干规定要求。对于开关电器而言，是指有关工作条件的组合，通常用额定电流和额定电压的倍数，相应的功率因数和时间常数，表征电器额定接通和分断能力的类别。

⑧ 可逆转化：通过电器触头的转化改变电动机回路上的电源相序（对于直流电动机则为电源极性），以实现电动机反向运转的过程。

2. 参数

① 额定工作电流：在规定的条件下，保证电器正常工作的电流值。

② 约定发热电流：在规定的条件下实验，电器在8小时工作制下，各部件的温升不超过极限数值时所承载的最大电流值。

③ 分断电流：在分断过程中，产生电弧的瞬间所流过电器的电流值。

④ 短路电流：由于电路的故障或者连接错误造成的短路而引起的过电流值。

⑤ 约定熔断电流：在约定时间内能使熔断器的熔体熔断的规定电流值。

⑥ 约定脱扣电流：在约定时间内能使继电器或脱扣器动作的规定电流值。

⑦ 约定不脱扣电流：在约定时间内能使继电器或脱扣器承受不动作的规定电流值。

⑧ 最小分断电流：在规定的使用和性能条件下，熔断体能分断规定电压下的预期最低值。

⑨ 电流整定值：继电器或者脱扣器所调整到的动作电流值，这个值与动作特性有关，并按照此值确定了继电器或脱扣器动作的主电路电流值。

⑩ 额定工作电压：在规定条件下，保证电器正常工作的电压值。

3. 技术性能

① 机械寿命：机械电器在需要修理或者更换机械零件前所承受的无载操作循环次数。

② 电（气）寿命：在规定的正常工作条件下，机械电器不需要修理或者更换零件前所承受的负载操作循环次数。

1.1.3 低压电器的发展历程与趋势

1. 低压电器的发展历程

我国的低压电器产品大致可分为以下4代。

第一代产品：20世纪60年代至70年代初，主要包括以DW10、DZ10、CJ10等系列产品为代表的17个系列，其性能指标低、体积大，不仅耗材、耗能，并且保护特性单一，规格及品种少。现有市场占有率为20%～30%（以产品台数计算）。

第二代产品：20世纪70年代末至80年代，主要产品以 DW15、DZ20、CJ20 为代表，共56个系列。技术引进产品以 3TB、B 系列为代表，共34个系列。达标攻关产品40个系列，技术指标明显提高，保护特性较完善，体积缩小，结构上适应成套装置要求。现有市场占有率为50%～60%。

第三代产品：20世纪90年代，主要产品为 DW45、S、CJ45（CJ40）等系列。第三代电器产品具有高性能、小型化、电子化、智能化、模块化、组合化、多功能化等特征，但受制于通信能力的限制，不能很好地发挥智能产品的作用。现有市场占有率为5%～10%，如智能断路器、软启动器等。

第四代产品：20世纪90年代末至今，是具有现场总线的低压电器产品。这代产品除了具有第三代低压电器产品的特征外，其主要技术特征是可通信，能与现场总线系统连接。

我国从20世纪90年代起开发的第三代产品已带有智能化功能，但是单一智能化电器在传统的低压配电、控制系统中很难发挥其优越性，产品价格相对较高，难以全面推广。预计今后5～10年内，随着通信电器的开发应用，第四代高档次低压电器产品的市场占有率将从目前的5%增加到30%以上，从而大大提高我国低压电器的总体水平。

2. 低压电器的发展趋势

（1）智能化

由于科技的进步和劳动成本的上升，在当今的工业生产中，已经广泛采用计算机控制系统，对与之配套的低压电器提出了高性能、智能化的要求，要求产品有保护、监测、自诊断、显示等功能，有的低压电器甚至配有现场总线。

（2）电子化

由于计算机的性能不断提高，而且价格不断下降，特别是具有高可靠性能的可编程控制器（PLC）在当今的企业中应用越来越广泛，计算机控制系统取代电气-机械元器件组成的系统已经是控制的主流，而电子式电器的高性能、小体积、高可靠性、高抗干扰能力、低接通电压和弱电流无疑是适应控制潮流的。

（3）产品的模块化和组合化

将不同功能的模块按照不同的要求组合成模块化的组合电器，是当今低压电器的发展趋势之一。在接触器的本体上加装辅助触头附件、延时组件、自锁组件、接口组件、机械联锁组件及浪涌电压组件等，可以适应不同场合的要求，扩大产品的适用范围，简化生产工艺，方便安装、使用和维修。

（4）产品的质量和可靠性明显提高

随着新技术在低压电器中的应用，低压电器的产品质量和可靠性明显地在不断提高。

1.2 电气安全

电的形态特殊，人们既看不见，也听不到，只能通过电能的转换式（如光、热、磁力等）感受到电的存在。随着科学技术的发展，电能已成为工农业生产和人民生活中不可缺少的重要能源之一，电气设备的应用日益广泛，人们接触电气设备的机会随之增多。如果没有安全用电知识，就很容易发生触电、火灾、爆炸等电气事故，以致损坏设备、影响生产，甚至危及生命，因此电气安全对生产至关重要。电气安全主要包括人身安全与设备安全两个方面。人身安全是指在从事工作和电气设备操作使用过程中人员的安全，设备安全是指电气设备及有关其他设备、建筑的安全。

1.2.1 电气事故

1. 电气事故的分类

① 按照事故发生的形式分类，可以分为人身事故、设备事故、电气火灾和爆炸事故等。

② 按照发生事故时的电路状况分类，可以分为短路事故、断线事故、接地事故、漏电事故等。

③ 按照事故的严重程度分类，可以分为特大事故、重大事故和一般事故。

④ 按照事故的基本原因分类，可以分为以下几类。

• 触电事故：即人身触及带电体或过分接近高压带电体时，由于电流流过人体而造成的人身伤害事故。触电事故是由于电流能量施于人体而造成的。触电又可分为单相触电、两相触电和跨步电压触电 3 种。

• 雷电和静电事故：即局部范围内暂时失去平衡的正、负电荷在一定条件下将电荷的能量释放出来，对人体造成的伤害或引发的其他事故。雷击常可摧毁建筑物，伤及人、畜，还可能引起火灾。静电放电的最大威胁是引起火灾或爆炸事故，也可能造成对人体的伤害。

• 射频伤害：电磁场的能量对人体造成的伤害即电磁场伤害。在高频电磁场的作用下，人体因为吸收辐射能量，各器官会受到不同程度的伤害，从而引起各种疾病。除了高频电磁场外，超高压的高强度工频电磁场也会对人体造成一定的伤害。

• 电路故障：即电能在传递、分配、转换过程中，由于失去控制而造成的事故。此故障不但威胁人身安全，而且也会严重损坏电气设备。

以上 4 种电气事故中，以触电事故最为常见。但无论哪种事故，都是由于各种类型的电流、电荷、电磁场能量不适当地释放或转移而造成的。

2. 触电事故

（1）常见触电事故的主要原因

常见触电事故的主要原因有以下几个。

① 电气电路、设备检修中措施不落实。

② 电气电路、设备安装不符合安全要求。

③ 非电工任意处理电气事务，接线错误。

④ 现场临时用电管理不善。

⑤ 操作漏电的机器设备或使用漏电的电动工具（包括设备、工具无接地和接零保护措施）。

⑥ 设备、工具已有的保护线中断。

⑦ 移动长、高金属物体触碰高压线，在高位作业（天车、塔、架、梯等）误碰带电体或误

送电触电。

⑧ 电焊作业者穿背心、短裤，不穿绝缘鞋，汗水浸透手套，焊钳误碰自身，湿手操作机器按钮等。

⑨ 水泥搅拌机等机械的电动机受潮，打夯机等机械的电源线磨损。

⑩ 暴风雨、雷击等自然灾害。

（2）防止触电事故的措施

防止触电事故，既要有技术措施，又要有组织管理措施，归纳起来有以下几个方面。

① 防止接触带电部件。常见的安全措施有绝缘、屏护和安全间距。

• 绝缘：即用不导电的绝缘材料把带电体封闭起来，这是防止直接触电的基本保持措施。

• 屏护：即采用遮拦、护罩、护盖、箱闸等把带电体同外界隔离开来。

• 安全间距：为防止身体触及或接近带电体，防止车辆等物体碰撞或过分接近带电体，在带电体与带电体、带电体与地面、带电体与其他设备以及设施之间，皆应保持一定的安全距离。

② 防止电气设备漏电伤人。保护接地和保护接零，是防止间接触电的基本技术措施。

• 保护接地：在故障情况下，将可能出现危险的对地电压的导电部分同大地紧紧连在一起，称为保护接地，也称安全接地，也就是将正常运行的电气设备的不带电的金属部分与大地紧密连接起来。其原理是通过接地把漏电设备的对地电压限制在安全范围内，防止触电事故。保护接地适用于中性点不接地的电网中，对于电压高于 1kV 的高压电网中的电气装置外壳，也应采取保护接地措施。

• 保护接零：在 380V/220V 三相四线制供电系统中，把用电设备在正常情况下不带电的金属外壳与电网中的零线紧密连接起来。

③ 采用安全电压。安全电压是在一定条件下、一定时间内不危及生命安全的电压。具有安全电压的设备属于Ⅲ类设备。根据生产和作业场所的特点，采用相应等级的安全电压是防止发生触电事故的根本性措施。国家标准《特低电压（ELV）限值》（GB/T 3805—2008）规定我国安全电压额定值的等级为 42V、36V、24V、12V 和 6V，具体应根据作业场所、操作员条件、使用方式、供电方式、线路状况等因素选用。凡特别危险环境使用的携带式电动工具应采用 42V 安全电压；凡有电击危险环境使用的手持照明灯和局部照明灯应采用 36V 或 24V 安全电压；金属容器、隧道、水井内以及周围有大面积接地导体等工作地点狭窄、行动不便的环境应采用 12V 安全电压；水上作业等特殊场所应采用 6V 安全电压。

④ 使用漏电保护装置。漏电保护装置又称触电保安器，在低压电网中发生电气设备及线路漏电或触电时，它可以立即发出报警信号并迅速自动切断电源，从而保护人身安全。

⑤ 合理使用防护用具。在电气作业中，合理匹配和使用绝缘防护用具，对防止触电事故、保障操作人员在生产过程中的安全具有重要意义。绝缘防护用具可分为两类：一类是基本安全防护用具，如绝缘棒、绝缘钳、高压验电笔等；另一类是辅助安全防护用具，如绝缘手套、绝缘（靴）鞋、橡皮垫、绝缘台等。

⑥ 安全用电组织措施。防止触电事故，技术措施十分重要，组织管理措施也必不可少，其中包

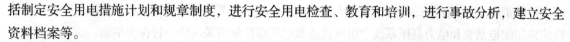

括制定安全用电措施计划和规章制度，进行安全用电检查、教育和培训，进行事故分析，建立安全资料档案等。

3. 用电安全要素

（1）电气绝缘

保持电气设备和供配电线路的绝缘良好状态，是保证人身安全和电气设备无事故运行的最基本要素。电气绝缘性能可以通过测定其绝缘电阻、耐压强度、泄漏电流和介质损坏等参数加以衡量。

（2）安全距离

电气安全距离是指人体、物体等接近带电体而不发生危险的安全可靠距离，如带电体与地面之间、带电体与带电体之间、带电体与人体之间、带电体与其他设施以及设备之间，均应保持一定的距离。

（3）安全载流量

导体的安全载流量是指导体内通过持续电流的安全数量。

（4）标志

明显、准确、统一的标志是保证用电安全的重要因素。

1.2.2 电工安全操作距离

这里只介绍一下检修作业安全距离。在带电区域中的非带电设备上进行检修时，工作人员正常活动范围与带电设备的安全距离应大于表1-1所示的规定。

表 1-1　　　　　　　　　　　　　电工安全操作距离

设备电压/kV	距离/m	设备电压/kV	距离/m
<6	0.35	154	2.00
10～35	0.60	220	3.00
44	0.90	330	4.00
60～110	1.50		

另外，还有配电线安全距离，请参考相关标准。

1.2.3 接地

将电气设备、杆塔或过电压保护装置用接地线与接地体连接，称为接地。它实际是提供一个等电位点或电位面。

1. 接地的分类

按照接地的目的可将接地分为以下几类。

① 为了电路或者设备达到运行需要的接地，称为工作接地，如变压器的低压中性点接地等。

② 保护接地，也称安全接地。电气设备的金属外壳、钢筋混凝土杆和金属杆塔等由于绝缘体损

坏有可能带电，为了防止这种电压危及人身安全而设的接地都是保护接地。保护接地是中性点不接地的低压配电系统和电力高压系统中电气设备和电气线路最常采用的一种保安措施。

③ 为了消除过电压危险而设的接地，称为过电压保护接地。

④ 为了防止静电危险影响而设的接地，称为防静电接地。

2. 保护接地的形式

（1）TT系统

电源系统有一点直接接地，设备外露部分中导电部分的接地与电源系统的接地电气上无关的系统称为TT系统。TT系统的字母含义及接线方法如图1-1所示。机床的接地可以采用这种接地形式。

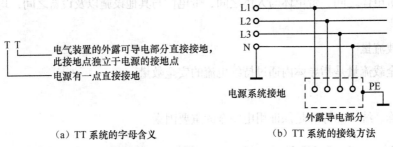

　　（a）TT系统的字母含义　　　　　　（b）TT系统的接线方法

图1-1　TT系统的字母含义及接线方法

（2）TN系统

电源系统有一点直接接地，负载设备外露部分中导电部分通过保护线连接到此接地点的系统称为TN系统。根据中性线和保护线的布置，TN系统可分为3种。

① TN-S系统：整个系统中有分开的中性线（N线）和保护线（PE线），接线方法如图1-2所示。机床的接地可以采用这种接地形式。在电气设计时，通常不把中性导体引入控制柜，如果一定要引入，必须标明N标志，在电气柜中不允许将PE线和N线短接。

② TN-C-S系统：系统中一部分中性线和保护线的功能能合在一根导线（PEN）上，接线方法如图1-3所示。机床的接地不可采用这种接地形式。

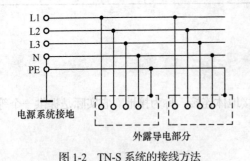

图1-2　TN-S系统的接线方法　　　　　　图1-3　TN-C-S系统的接线方法

③ TN-C系统：整个系统中中性线和保护线的功能能合在一根导线（PEN）上，接线方法如图1-4所示。机床的接地不可采用这种接地形式。

此外，还有其他的接地形式，请读者参考相关标准。

3．接地极的制作方法和接地电阻

（1）接地装置的选择

接地体或自然接地体的对地电阻的总和称为接地的接地电阻。接地电阻的数值等于接地装置对地电压与通过接地体流入大地中电流的比值。

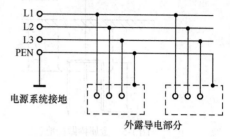

图1-4　TN-C系统的接线方法

埋设在地下的金属管道（但不包括有可燃或有爆炸物质的管道）、金属井管，与大地有可靠连接的建筑物的金属结构，水工构筑物及其类似的构筑物的金属管、桩等都可以作为接地装置。但要注意，自来水管作为接地装置是不安全的，因为接入自来水管道的故障电流可能对自来水管的使用和管道维修人员造成危害。

（2）接地装置的制作

正规的接地装置有两种简易的做法，借助埋入地下的金属棒和金属板实现对大地的电接触。其中，钢接地体的规格见表1-2，接地线的规格见表1-3。

表1-2　　　　　　　　　　　　　钢接地体的最小规格

种　　类		地　　　上		地　　　下	
		室　内	室　外	交流电流回路	直流电流回路
圆钢直径/mm		6	8	10	12
扁钢	截面积/mm²	60	100	100	100
	厚度/mm	3	4	4	6
角钢厚度/mm		2	2.5	4	6
钢管管壁厚度/mm		2.5	2.5	3.5	4.5

表1-3　　　　　　　　　　　　　接地线的最小截面积

名　　称	铜/mm²	铝/mm²
明敷的裸导体	4	6
绝缘导体	1.5	2.5
电缆的接地芯，或与相线包在同一保护外壳内的多芯导线的接地芯	1	1.5

选择地势较低、较为潮湿的地方将金属棒打入或埋入地下。往往要使用多个金属棒并联构成接地电阻小于4Ω的接地极，金属棒的一端加工成尖形，以便打入地下，棒长为2.5m，如图1-5所示。

采用金属板做接地装置时，埋入深度不小于2.5m，金属板的面积不小于0.5m²，厚度不小于5mm，以铜板为佳，如图1-6所示。在填土之前要在铜板附近撒2～5kg盐。

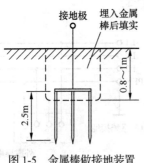

图1-5　金属棒做接地装置

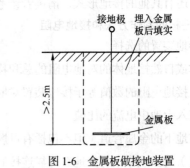

图1-6　金属板做接地装置

4. 保护接地的要点

① 电气设备都应有专门的保护导线接线端子（保护接线端子），并用符号"⏚"标记，也可用黄绿色标记。不允许用螺钉在外壳、底盘等代替保护接地端子。

② 保护接地线用粗而短的黄绿线连接到保护接地端子排上，接地排要接入大地，接地电阻要小于4Ω。

③ 保护接地不允许形成环路，正确的接法如图1-7所示，错误的接法如图1-8所示。

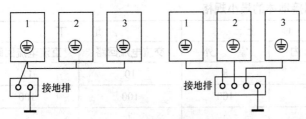

图1-7　正确的保护接地

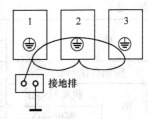

图1-8　错误的保护接地

④ 设备的金属外壳良好接地，是抑制放电干扰的最主要措施。

⑤ 设备外壳接地，起到屏蔽作用，减少与其他设备的相互电磁干扰。

5. 工作接地

（1）工作接地的方式

为了保证设备的正常工作，如直流电源要有一极接地，作为参考零电位，与其他极一起形成直流电压，如±5V、±15V、±12V、±24V 等；信号输出有时也需要一根接地作为基准电位，传输信号的大小和该基准电位相比较，这类地线称为工作地线，如 RS-232C 的地线。工作接地有浮地、单点接地和多点接地等方式。

① 浮地。也称悬浮接地，工作接地与金属机箱绝缘，工作地线是浮置的，其目的是防止外来共模噪声对内部电子电路的干扰，如图1-9所示。浮地的设备容易出现静电积累，会产生静电放电。在雷电环境下，静电产生的飞弧可能使操作人员遭受电击。浮地不能用于通信系统。

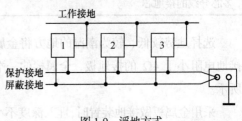

图1-9　浮地方式

② 单点接地。单点接地是指在一个电路或设备中，只有一个物理点被定义为接地参考点，而其他的需要接地的点都被接到这一点上。单点接地有单点串联接地、单点并联接地和串—并联接地 3 种方式。单点串联接地方式如图 1-10 所示，这种接地方式容易引起公共地阻抗干扰。单点并联接地方式如图 1-11 所示，这种接地方式在高频时容易造成单元间的相互干扰，此外，这种接地方式成本相对较高。

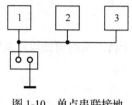

图 1-10　单点串联接地

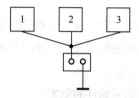

图 1-11　单点并联接地

③ 多点接地。多点接地是指设备中的各个接地线都直接接到距它最近的接地平面上，以便使接地线的长度最短，接地平面可以是设备的底板或设备的框架，典型的有舰船和飞行器的壳体。单点接地的公共引线是母线，是一维导体，而多点接地的公共引线是接地面，是二维平面，这是两者的区别。

此外，还有混合接地，也就是采用单点接地和多点接地的混合方式。

（2）工作接地注意事项

① 设备的接地不能布置成环形，一定要有开口，保护接地也遵循这一原则。

② 采用光电隔离、隔离变压器、继电器等隔离方法，切断设备或电路间的地线环路，抑制地线环路引起的共阻抗耦合干扰。

③ 设备内的数字地和模拟地都应该设置独立的地线，最后汇总到一起，如图 1-12 所示。

④ 工作地浮地方式只适用于小规模设备和工作速度较低的电路，而对于规模较大的复杂电路或设备不应该采用浮地方式。

⑤ 电柜中的工作地线、保护地线和屏蔽地线一般都接至电柜中的中心接地点，然后连接大地，这种接法可使柜体、设备、屏蔽地和工作地保持在同一电位上（见图 1-9），保护地和屏蔽地最终都连在一起后又与大地连通。

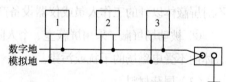

图 1-12　设备的数字地和模拟地的接法

1.2.4　电磁防护

1. 电磁辐射

随着电子技术的飞速发展，电子设备的应用更加广泛，遍及工业、农业、军事、交通、医疗、教育和文艺等许多领域，可以说，各行各业都离不开电子设备，尤其是使用频率较高的通信、雷达、电视、广播、导航等设备，为了得到较大的覆盖范围，需要向空间辐射能量很强的电磁波。

2. 电磁辐射的危害

（1）对人体的危害

辐射到人体的电磁波，一部分会被人体表面的皮肤和衣物反射或折射出去，另一部分则会被表皮所吸收，并对人体的细胞组织和神经系统产生作用。电磁波一旦进入人体，人体的细胞组织就会发生生物效应。电磁辐射引起的症状有头晕、乏力、记忆力衰退、心悸、多汗、脱发和睡眠障碍等。

（2）对电气、电子设备和系统的危害

电磁干扰会使电子设备的性能有限度地降低，甚至失灵，干扰严重时可使设备系统发生故障或者损坏。

（3）对电器元器件的危害

电磁干扰造成的大电流可能转化成高电压击穿元器件，大电流还会造成短路，损坏电器元器件。

3. 电磁屏蔽

电磁屏蔽是防止电磁辐射的主要措施。

（1）电磁屏蔽的工作原理

高频电磁屏蔽装置由铜、铝或钢制成，当电磁波进入金属内部时，产生能量损耗，一部分电磁能转变为热能。随着进入导体表面的深度增加，能量逐渐减小，电磁场逐渐减弱。显然，导体表面场强最大；越进入内部，场强越小。这些现象就是电磁辐射的趋肤效应。电磁屏蔽就是利用这一效应进行工作的。

（2）屏蔽方式

① 主动屏蔽：将场源（产生电磁场的装置）置于屏蔽体内，将电磁场限制在某一范围内，使其不对屏蔽体以外的工作人员或仪器设备产生影响的屏蔽方式。

② 被动场屏蔽：采用屏蔽室、个人防护等屏蔽方式。这种屏蔽是将场源置于屏蔽体之外，使屏蔽体内不受电磁场的干扰或污染。

（3）屏蔽材料

用于高频防护的板状屏蔽和网状屏蔽均可用铜、铝或钢（铁）制成，必要时可考虑双层屏蔽。

1. 什么是低压电器？低压电器是怎样分类的？
2. 什么是额定电流？什么是约定发热电流？两者有什么区别？
3. 我国的低压电器经历了哪几代？
4. 低压电器的发展趋势是什么？
5. 防止触电有哪些措施？

6. 接地有哪些种类？保护接地有哪些形式？

7. 保护接地要注意哪些问题？工作接地要注意哪些问题？

8. 怎样制作接地装置？

9. 电磁辐射的危害是什么？如何防止电磁辐射？

10. 何谓接地电阻？

11. 常见的触电事故的主要原因有哪些？怎样防止触电？

Chapter 2

第2章

| 常用的低压电器 |

学习目标

- 掌握开关电器、接触器和继电器等低压电器的功能、符号和选型
- 了解开关电器、接触器和继电器等低压电器的工作原理
- 掌握配线的方法

2.1 低压开关电器

开关电器（Switching Device）用于接通或分断一个或几个电路中电流的电器。一个开关电器可以完成一个或两个操作。它是最普通、使用最早的电器之一，常用的有刀开关、隔离开关、负荷开关、组合开关、断路器等。

2.1.1 刀开关

刀开关（Knife Switch）是带有刀形动触头，在闭合位置与底座上的静触头相契合的开关。它是最普通、使用最早的电器之一，俗称闸刀开关。

1. 刀开关的功能

低压刀开关的作用是不频繁地手动接通和分断容量较小的交、直流低压电路，或者起隔离作用。刀开关如图2-1所示，其图形及文字符号如图2-2所示。

2. 刀开关的分类

刀开关结构简单，由手柄、刀片、触头、底板等组成。

图 2-1　刀开关

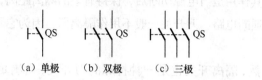

（a）单极　　　（b）双极　　　（c）三极

图 2-2　刀开关的图形及文字符号

刀开关的主要类型有大电流刀开关、负荷开关和熔断器式刀开关，常用的产品有 HD11～HD14 和 HS11～HS13 系列刀开关。按照极数分类，刀开关通常分为单极、双极和三极 3 种。

3. 刀开关的选用原则

（1）刀开关结构形式的选择

刀开关结构形式应根据刀开关的作用和装置的安装形式来选择，如果刀开关用于分断负载电流时，应选择带灭弧装置的刀开关。根据装置的安装形式可选择是否是正面、背面或侧面操作形式，是直接操作还是杠杆传动，是扳前接线还是扳后接线的结构形式。

（2）刀开关额定电流的选择

刀开关的额定电流一般应等于或大于所分断电路中各个负载额定电流的总和。对于电动机负载，考虑其启动电流，应选用刀开关额定电流不小于电动机额定电流的 3 倍。

（3）刀开关额定电压的选择

刀开关的额定电压一般应等于或大于电路中的额定电压。

（4）刀开关型号的选择

HD11、HS11 用于磁力站中，不切断带有负载的电路，仅起隔离电流作用。

HD12、HS12 用于正面侧方操作前面维修的开关柜中，其中有灭弧装置的刀开关可以切断带有额定电流以下的负载电路。

HD13、HS13 用于正面后方操作前面维修的开关柜中，其中有灭弧装置的刀开关可以切断带有额定电流以下的负载电路。

HD14 用于配电柜中，其中有灭弧装置的刀开关可以带负载操作。

另外，在选用刀开关时，还应考虑所需极数、使用场合、电源种类等。

4. 注意事项

① 在接线时，刀开关上方的接线端子应接电源线，下方的接线端子应接负荷线。

② 在安装刀开关时，处于合闸状态时手柄应向上，不得倒装或平装；如果倒装，拉闸后手柄可能因自重下落引起误合闸，造成人身和设备安全事故。

③ 分断负载时，要尽快拉闸，以减小电弧的影响。

④ 使用三相刀开关时，应保证合闸时三相触头同时合闸，若有一相没有合闸或接触不良，会造成电动机烧毁。

⑤ 更换熔丝，应该在开关断电的情况下进行，不能用铁丝或铜丝代替熔丝。

【例 2-1】　刀开关和隔离开关是否可以互相替换使用？

【解】　通常不可以。隔离开关是指在断开位置上，能符合规定的隔离功能要求的一种机械开关电器，其作用是当电源切断后，保持有效的隔离距离，可以保证维修人员的安全，隔离开关通常不带载荷通断电路。刀开关一般不用作隔离器，因为它不具备隔离功能，但刀开关可以带小载荷通断电路。

当然，隔离开关也是一种特殊的刀开关，当满足隔离功能时，刀开关也可以用来隔离电源。

2.1.2　组合开关

组合开关又称为转换开关（Transfer Switching Equipment）由一个或者多个开关设备构成的电器，该电器用于从一路电源断开负载电路并连接到另外一路电源上，如图 2-3 所示。在机床设备和其他的电气设备中应用十分广泛。其体积小，接线方式多，使用十分方便，并且其灭弧性能比刀开关好。

图 2-3　组合开关

1. 组合开关的功能

组合开关一般在交流 50Hz、380V 以下或直流 220V 以下的电气电路中，用于手动不频繁地接通和分断电路、接通电源和负载、测量三相电压、改变负载的连接方式，控制小功率电动机正反转、星形-三角形启动、变速换向等场合。

2. 组合开关的结构

组合开关实质上也是一种刀开关，只不过一般的刀开关的操作手柄是在垂直于其安装面的平面内向上或向下转动，而组合开关的操作手柄则是在平行于其安装面的平面内向左或向右转动。

3. 组合开关的选用原则

一般应选用等于或大于所分断电路中各个负载额定电流的总和的组合开关。对于电动机负载，考虑其启动电流，选用额定电流为电动机额定电流的 1.5～2.5 倍。另外，选用组合开关时，还应考虑所需极数、接线方式、额定电压等。常见的组合开关有 HZ3、HZ5、HZ5B、HZ10、3LB、3ST 等系列产品，其中 3LB 和 3ST 是引进德国西门子公司的产品。HZ10 系列组合开关的主要技术参数见表 2-1，其型号的含义如图 2-4 所示。

表 2-1　　　　　　　　　　　HZ10 系列组合开关的主要技术参数

型　　号	用　　途	交流电流/A		可控电动机的最大功率/kW	直流电流/A		额定电压、额定电流下接通和断开次数
		接通	断开		接　通	断　开	
HZ10-10/1	配电电器	10	10	—		10	10 000
HZ10-25/3		25	25			25	15 000
HZ10-10/3	控制交流电动机	60	10	3		—	5 000
HZ10-25/3		150	25	5.5			5 000

4. 注意事项

① 每小时的接通次数不宜超过 15～20 次。

② 虽然组合开关有一定的通断能力，但毕竟还是比较低的，所以不能用来分断故障电流。

③ 组合开关本身不带过载保护和短路保护，所以如果需要这类保护，应该另设其他保护电器。

④ 由于组合开关的通断能力低，当其用于电动机的可逆运行时，必须在电动机完全停止转动后才允许反向接通（即只能作为预选开关使用）。

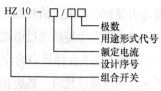

图 2-4　组合开关型号的含义

【例 2-2】 某机床上有 1 台 3kW 的三相异步电动机（额定电压为 380V），启停不频繁，请选用合适的组合开关控制此机床的电动机的启停。

【解】 控制一台启停不频繁的三相异步电动机是可以使用组合开关的，而且是三极组合开关。查表 2-1，可选用 HZ10-10/3 组合开关。

2.1.3　低压断路器

断路器（Circuit-Breaker）是指能接通、承载以及分断正常电路条件下的电流，也能在规定的非正常电路条件（例如短路条件）下接通、承载一定时间和分断电流的一种机械开关电器，过去常称其自动空气开关，为了与 IEC（国际电工委员会）标准一致，改称为断路器。低压断路器如图 2-5 所示。

1. 低压断路器的功能

低压断路器是将控制电器和保护电器的功能合为一体的一种电器，其图形及文字符号如图 2-6 所示。在正常条件下，它常作为不频繁接通和断开的电路以及控制电动机的启动和停止。它常用作总电源开关或部分电路的电源开关。

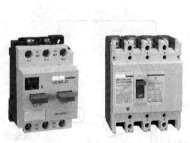

图 2-5　低压断路器

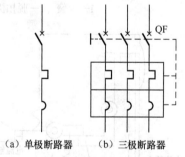

（a）单极断路器　　（b）三极断路器

图 2-6　低压断路器的图形及文字符号

断路器的动作值可调，同时具备过载和保护两种功能，当电路发生过载、短路或欠电压等故障时能自动切断电路，有效地保护串接在它后面的电气设备。其安装方便，分断能力强，特别在分断故障电流后一般不需要更换零部件，这是大多数熔断器不具备的优点。因此，低压断路器的使用越来越广泛。低压断路器能同时起到电热继电器和熔断器的作用。

2. 低压断路器的结构和工作原理

低压断路器的种类虽然很多，但结构基本相同，主要由触头系统和灭弧装置、各种脱扣器与操作机构、自由脱扣机构等部分组成。各种脱扣器包括过电流、欠电压（失电压）脱扣器，热脱扣器等。灭弧装置因断路器的种类不同而不同，常采用狭缝式和去离子灭弧装置，塑料外壳式的灭弧装置是由硬钢纸板嵌上的片制成的。

当电路发生短路或过电流故障时，过电流脱扣器的电磁铁吸合衔铁，使自由脱扣机构的钩子脱开，断路器触头在弹簧力的作用下分离，及时有效地切除高达数十倍额定电流的故障电流，如图 2-7 所示。当电路过载时，热脱扣器的热元器件发热，使双金属片上弯曲，推动自由脱扣机构动作，如图 2-8 所示。分励脱扣器则作为远距离控制用，在正常工作时，其线圈是断电的，在需要距离控制时，按下启动按钮，使线圈通电，衔铁带动自由脱扣机构动作，使主触头断开。断路器的主触头靠操作机构手动或电动合闸，在正常工作状态下能接通和分断工作电流，若电网电压过低或为零时，电磁铁释放衔铁，自由脱扣机构动作，使断路器触头分离，从而在过电流与零电压、欠电压时保证了电路及电路中设备的安全。

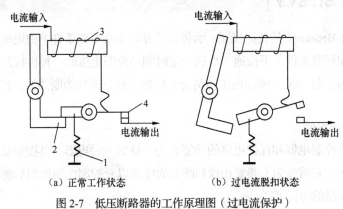

（a）正常工作状态　　　　　　（b）过电流脱扣状态

图 2-7　低压断路器的工作原理图（过电流保护）

1—弹簧　2—脱扣机构　3—电磁铁线圈　4—触头

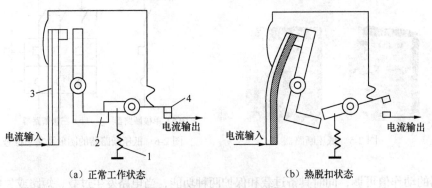

（a）正常工作状态　　　　　　（b）热脱扣状态

图 2-8　低压断路器的工作原理图（过载保护）

1—弹簧　2—脱扣机构　3—双金属片　4—触头

【例 2-3】　某质量检验局在监控本地区的低压塑壳式断路器的质量时发现：单极家用断路器的重量在 60g 以下的产品全部为不合格品。请从低压塑壳式断路器的结构和原理入手分析产生以上现象的原因。

【解】　家用断路器由触头系统和灭弧装置以及各种脱扣器与操作机构组成，而灭弧装置和脱扣器的重量较大，而且为核心部件，所以偷工减料是造成产品不合格的直接原因。该质监局检查发现，所有的低于 60g 断路器的灭弧栅片数量都较少，因而灭弧效果不达标，脱扣机构的铜质线圈线包很小或者没有，因而几乎起不到保护作用。通过称量判定重量过小的断路器为不合格品有一定的合理性，但这不能作为断路器产品检验的标准。

3. 低压断路器的典型产品

低压断路器的主要分类方法是以结构形式分类，有开启式和装置式两种。开启式又称为框架式或万能式，装置式又称为塑料外壳式（简称塑壳式）。还有其他的分类方法，例如，按照用途分类，有配电用、电动机保护用、家用和类似场所用、漏电保护用和特殊用途；按照极数分类，有单极、两极、三极和四极；按照灭弧介质分类，有真空式和空气式。

（1）装置式断路器

装置式断路器有绝缘塑料外壳，内装触头系统、灭弧室、脱扣器等，可手动或电动（对大容量断路器而言）合闸，有较高的分断能力和动稳定性，有较完善的选择性保护功能，广泛用于配电线路。

目前，常用的装置式断路器有 DZ15、DZ20、DZX19、DZ47、C45N（目前已升级为 C65N）等系列产品。T 系列为引进日本的产品，等同于国内的 DZ949 系列，适用于船舶。H 系列为引进美国西屋公司的产品。3VE 系列为引进德国西门子公司的产品，等同于国内的 DZ108 系列，适用于保护电动机。C45N（C65N）系列为引进法国梅兰日兰公司的产品，等同于国内的 DZ47 系列，这种断路器具有体积小、分断能力高、限流性能好、操作轻便、型号规格齐全，可以方便地在单极结构基础上组合成二极、三极、四极断路器等优点，广泛使用在 60A 及以下的民用照明支干线及支路中（多用于住宅用户的进线开关及商场照明支路开关）或电动机动力配电系统和线路过载与短路保护中。DZ47-63 系列断路器型号的含义如图 2-9 所示。DZ47-63 和 DZ15 系列低压断路器的主要技术参数见表 2-2 和表 2-3。

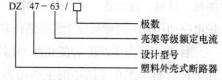

图 2-9　断路器型号的含义

表 2-2　DZ47-63 系列低压断路器的主要技术参数

额定电流/A	极　数	额定电压/V	分断能力/A	瞬时脱扣类型	瞬时保护电流范围/In
1、3、6、10、16、20、25、32	1、2、3、4	230、400	6 000	B	3～5
				C	5～10
				D	10～14
40、50、60			4 500	B	3～5
				C	5～10
				D	10～14

表 2-3　DZ15 系列低压断路器的主要技术参数

型　号	壳架等级电流/A	额定电压/V	极　数	额定电流/A
DZ15-40	40	220	1	6、10、16、20、25、32、40
			2	
		380	3	
DZ15-100	100	380	3	10、16、20、25、32、40、50、63、80、100

（2）万能式断路器

万能式断路器曾称为框架式断路器，这种断路器一般有一个钢制框架（小容量的也有用塑料底板加金属支架构成的），主要部件都在框架内，而且一般都是裸露在外。万能式断路器一般容量较大，额定电流一般为 630～6 300A，具有较高的短路分断能力和动稳定性，适用于在交流为 50Hz 或 60Hz、额定电压为 380V 或 660V 的配电网络中作为配电干线的主保护。

万能式断路器主要由触头系统、操作机构、过电流脱扣器、分励脱扣器及欠电压脱扣器、附件及框架等部分组成，全部组件进行绝缘后装于框架结构底座中。

目前，我国常用的有 DW15、DW45、ME、AE、AH 等系列的万能式断路器。DW15 系列断路器是我国自行研制生产的，全系列具有 1 000A、1 500A、2 500A、4 000A 等几个型号。ME 系列（ME 系列开关电流等级范围为 630～5 000A，共 13 个等级）技术生产的产品，等同于国内的 DW17 系列。AE 系列为引进日本三菱公司生产的产品，等同于国内的 DW18 系列，主要用作配电保护。AH 系列为引进日本生产的产品，等同于国内的 DW914 系列，用于一般工业电力线路中。

（3）智能化断路器

智能化断路器是把微电子技术、传感技术、通信技术、电力电子技术等新技术引入断路器的新产品。智能化断路器的特征是采用了以微处理器或单片机为核心的智能控制器（智能脱扣器），它一方面具有断路器的功能，另一方面可以实现与中央控制计算机双向构成智能在线监视、自行调节、测量、试验、自诊断、可通信等功能，能够对各种保护功能的动作参数进行显示、设定和修改，保护电路动作时的故障参数能够存储在非易失存储器中以便查询。

目前，国内生产的智能化断路器有框架式和塑料外壳式两种。框架式智能化断路器主要用作智能化自动配电系统中的主断路器，塑料外壳式智能化断路器主要用在配电网络中分配电能和用于线路以及电源设备的控制与保护，亦可用于三相笼型异步电动机的控制。国内 DW45、DW40、DW914（AH）、DW18（AE-S）、DW48、DW19（3WE）、DW17（ME）等框架式智能化断路器和塑料外壳式智能化断路器都配有 ST 系列智能控制器及配套附件，ST 系列智能控制器采用积木式配套方案，可直接安装于断路器本体中，无需重复二次接线，并有多种方案任意组合。

4. 断路器的技术参数

断路器的主要技术参数有极数、电流种类、额定电压、额定电流、额定通断能力、线圈额定电压、允许操作频率、机械寿命、电气寿命、使用类别等。

（1）额定工作电压

额定工作电压是指在规定的条件下，断路器长时间运行承受的工作电压，它应大于或等于负载的额定电压。通常最大工作电压即为额定电压，一般指线电压。直流断路器常用的额定电压值为 110V、220V、440V 和 660V 等。交流断路器常用的额定电压值为 127V、220V、380V、500V 和 660V 等。

（2）额定工作电流

额定工作电流是指在规定的条件下，断路器可长时间通过的电流值，又称为脱扣器额定电流。

（3）短路通断能力

短路通断能力是指在规定条件下，断路器可接通和分断的短路电流数值。

（4）电气寿命和机械寿命

电气寿命是指在规定的正常工作条件下，断路器不需要修理或更换的有载操作次数。机械寿命是指断路器不需要修理或更换的机构所承受的无载操作次数。目前，断路器的机械寿命已达 1 000 万次以上，电气寿命约是机械寿命的 5%～20%。

5. 低压断路器的选用原则

① 应根据线路对保护的要求确定断路器的类型和保护形式，如万能式或塑壳式断路器，通常电流在 600A 以下时多选用塑壳式断路器，当然，现在也有塑壳式断路器的额定电流大于 600A。

② 断路器的额定电压 U_N 应等于或大于被保护线路的额定电压。

③ 断路器欠电压脱扣器的额定电压应等于被保护线路的额定电压。

④ 断路器的额定电流及过电流脱扣器的额定电流应大于或等于被保护线路的计算电流。

⑤ 断路器的极限分断能力应大于线路的最大短路电流的有效值。

⑥ 配电线路中的上、下级断路器的保护特性应协调配合，下级的保护特性应位于上级保护特性的下方，并且不相交。

⑦ 断路器的长延时脱扣电流应小于导线允许的持续电流。

⑧ 选用断路器时，要考虑断路器的用途，如要考虑断路器是作保护电动机用、配电用还是照明生活用。这点将在后面的例子中提到。

⑨ 在直流控制电路中，直流断路器的额定电压应大于直流线路电压。若有反接制动和逆变条件，则直流断路器的额定电压应大于 2 倍的直流线路电压。

6. 注意事项

① 在接线时，低压断路器上方的接线端子应接电源线，下方的接线端子应接负荷线。

② 照明电路的瞬时脱扣电流类型常选用 C 型。

【例 2-4】 有一个照明电路，总功率为 1.5kW，选用一个合适的断路器作为其总电源开关。

【解】 由于照明电路的额定电压为 220V，因此选择断路器的额定电压为 230V。照明电路的额定电流为 $I_N = \dfrac{P}{U} = \dfrac{1\,500}{220} A \approx 6.8A$，可选择断路器的额定电流为 10A。DZ47-63 系列的断路器比较适合用于照明电路中瞬时动作整定值为 6～20 倍的额定电流，查表 2-2 可知，C 型合适。因此，最终选择的低压断路器的型号为 DZ47-63/2、C10（C 型 10A 额定电流）。

【例 2-5】 CA6140A 车床上配有 3 台三相异步电动机，主电动机功率为 7.5kW，快速电动机功率为 275W，冷却电动机功率为 150W，控制电路的功率约为 500W，请选用合适的电源开关。

【解】 由于电动机的额定电压为 380V，所以选择断路器的额定电压为 380V。电路的额定电流为 $I_N = \dfrac{P}{U} = \dfrac{7\,500 + 275 + 150 + 500}{380} A \approx 22.2A$，可选择断路器的额定电流为 40A。DZ15-40 系列的断

路器比较适合用作电源开关。因此，最终选择的低压断路器的型号为 DZ15-40/40。

2.1.4　剩余电流保护电器

剩余电流保护电器（Residual Current Device，简称 RCD）是在正常运行条件下，能接通承载和分断电流，以及在规定条件下，当剩余电流达到规定值时，能使触头断开的机械开关电器或者组合电器。也称剩余电流动作保护电器（Residual Current Operated Protective Device）。

1. 剩余电流保护电器的功能

剩余电流保护电器的功能是：当电网发生人身（相与地之间）触电事故时，能迅速切断电源，可以使触电者脱离危险，或者使漏电设备停止运行，从而避免触电引起人身伤亡、设备损坏或火灾的发生，它是一种保护电器。剩余电流保护电器仅仅是防止发生触电事故的一种有效的装置，不能过分夸大其作用，最根本的措施是防患于未然。

2. 剩余电流保护电器的分类

① 按照保护功能和结构特征分类，剩余电流保护电器可分为剩余电流继电器、剩余电流开关、剩余电流断路器和漏电保护插座。

② 按照工作原理分类，可分为电压动作型和电流动作型漏电保护电器，前者很少使用，而后者则广泛应用。

③ 按照额定漏电动作电流值分类，可分为高灵敏剩余电流保护电器（额定漏电动作电流小于等于 30mA）、中灵敏剩余电流保护电器（额定剩余电流动作电流介于 30～1 000mA 之间）和低灵敏剩余电流保护电器（额定剩余电流动作电流大于 1 000mA）。家庭可选用高灵敏剩余电流保护电器。

④ 按照主开关的极数分类，可以分为单极二线剩余电流保护电器、二极剩余电流保护电器、二极三线剩余电流保护电器、三极剩余电流保护电器、三极四线剩余电流保护电器和四极剩余电流保护电器。

⑤ 按照动作时间分类，可分为瞬时型剩余电流保护电器、延时型剩余电流保护电器和反时限剩余电流保护电器。其中，瞬时型的动作时间不超过 0.2s。

3. 剩余电流断路器的工作原理

在介绍剩余电流断路器的工作原理前，首先介绍剩余电流的概念。剩余电流（Residual Current）是指流过剩余电流保护器主回路的电流瞬时值的矢量和（以有效值表示）。

（1）三极剩余电流断路器的工作原理

图 2-10 所示的剩余电流断路器是由在普通塑料外壳式保护器中增加一个零序电流互感器和一个剩余电流脱扣器（又称为剩余电流脱扣器）组成的电器。

根据基尔霍夫定律可知，三相电的相量和为零，即

$$\dot{I}_{L1} + \dot{I}_{L2} + \dot{I}_{L3} = 0$$

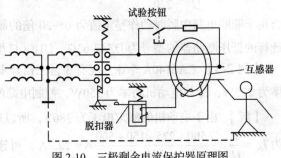

图 2-10　三极剩余电流保护器原理图

所以在正常情况下，零序电流互感器的二次侧线圈没有感应电动势产生，剩余电流断路器不动作，系统保持正常供电。当被保护电路中出现漏电事故时，三相交流电的电流相量和不为零，零序电流互感器的二次侧有感应电流产生，当剩余电流脱扣器上的电流达到额定漏电动作电流时，剩余电流脱扣器动作，使剩余电流断路器切断电源，从而防止触电事故的发生。每隔一段时间（如一个月），应该按下剩余电流保护电器的试验按钮一次，人为模拟漏电，以测试剩余电流保护电器是否具备电流保护功能。四极剩余电流保护电器的工作原理与三极剩余电流保护电器类似，只不过四极剩余电流保护电器多了中性线这一极。

（2）二极剩余电流断路器的工作原理

二极剩余电流断路器如图 2-11 所示，负载为单相电动机，I_{L1} 和 I_N 大小相等，方向相反，即

$$\dot{I}_{L1} + \dot{I}_N = 0$$

当有漏电流 I_F 时，$\dot{I}_{L1} + \dot{I}_N = -\dot{I}_F$，互感器中产生磁通，互感器的副边线圈产生感应电动势，使断路器的脱扣线圈动作，从而使电源切断，起到保护作用。

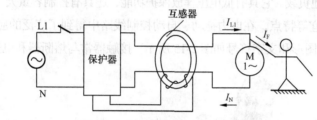

图 2-11　二极剩余电流保护器原理图

（3）电子式剩余电流保护电器的工作原理

当发生漏电事故时，电流继电器将漏电信号传送给电子放大器，电子放大器将信号放大，从而断路器的脱扣机构使主开关断开，切断故障电路。

4．剩余电流断路器的性能指标

① 剩余动作电流。指使剩余电流保护电器规定的条件下动作的剩余电流值。

② 分断时间。从达到剩余动作电流瞬间起到所有极电弧熄灭为止所经过的时间间隔。

以上两个指标是剩余电流断路器的动作性能指标，此外还有额定电流、额定电压等指标。

5．剩余电流断路器的选用

剩余电流断路器的选用需要考虑的因素较多，下面仅讲解其中几个因素。

① 根据保护对象选用。若保护的对象是人，即直接接触保护，就应该选用剩余动作电流不高于 30mA、灵敏度高的漏电保护器；若防护的对象是电气设备，则其剩余动作电流可以高于 30mA。

② 根据使用环境选用。如家庭和办公室选，应用剩余动作电流不高于 30mA 的剩余电流断路器。具体请参考有关文献。

③ 额定电流、额定电压、极数的确定与前面介绍的低压断路器的选用一样。

通常家用剩余电流断路器的剩余动作电流小于 30mA，漏电分断时间小于 0.1s。

2.2　接触器

2.2.1　接触器的功能

　　（机械的）接触器（Contactor）是指仅有一个起始位置，能接通、承载或分断正常条件（包括过载运行条件）下电流的非手动操作的机械开关电器。接触器不能切断短路电流，它可以频繁地接通或分断交、直流电路，并可实现远距离控制。其主要的控制对象是交、直流电动机，也可用于电热设备、电焊机、电容器组等其他负载。它具有低电压释放保护功能，还具有控制容量大、过载能力强、寿命长、结构简单、价格便宜等特点，在电力拖动、自动控制线路中得到了广泛的应用。交流接触器的外形如图 2-12 所示，其图形和文字符号如图 2-13 所示。接触器常与熔断器和电热继电器配合使用。

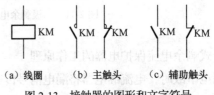

（a）线圈　　（b）主触头　　（c）辅助触头

图 2-12　交流接触器　　　　　　　图 2-13　接触器的图形和文字符号

2.2.2　接触器的结构及其工作原理

　　接触器主要由电磁机构和触头系统组成，另外，接触器还有灭弧装置、释放弹簧、触头弹簧、触头压力弹簧、支架、底座等部件。图 2-14 所示为 3 种接触器的结构简图。

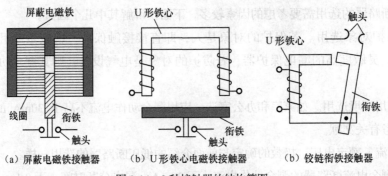

（a）屏蔽电磁铁接触器　　（b）U 形铁心电磁铁接触器　　（b）铰链衔铁接触器

图 2-14　3 种接触器的结构简图

接触器的工作原理：当线圈通电后，在铁心中产生磁通及电磁吸力，电磁吸力克服弹簧反力使得衔铁吸合，带动触头机构动作，使常闭触头分断，常开触头闭合，互锁或接通线路。线圈失电或线圈两端电压显著降低时，电磁吸力小于弹簧反力，使得衔铁释放，触头机构复位，使得常开触头断开，常闭触头闭合。

2.2.3 常用的接触器

1. 按照操作方式分类

接触器按照操作方式分类，有电磁接触器（MC）、气动接触器和液压接触器。

2. 按照灭弧介质分类

接触器按照灭弧介质分类，有空气接触器、油浸式接触器和真空接触器。在接触器中，空气电磁式交流接触器应用最为广泛，产品系列较多，其结构和工作原理基本相同。典型产品有 CJX1、CJ20、CJ21、CJ26、CJ29、CJ35、CJ40、NC、B、3TB、3TF 等系列，其中部分型号是从国外引进技术生产的。CJX1 系列产品的性能等同于德国西门子公司的 3TB 和 3TF 系列产品，CDC1 系列产品的性能等同于瑞典 ABB 公司的 B 系列产品。此外，CJ12、CJ15、CJ24 等系列为大功率重负荷交流接触器。交流接触器型号的含义如图 2-15 所示。

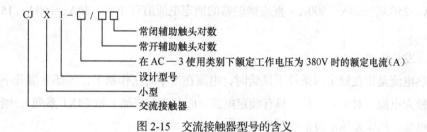

图 2-15 交流接触器型号的含义

真空交流接触器以真空为灭弧介质，其触头密封在真空开关管内，特别适用于恶劣的环境中，常用的有 CKJ 和 EVS 等系列。

3. 按照接触器主触头控制电流种类分类

接触器按照主触头控制电流种类分类，有直流接触器和交流接触器。直流接触器应用于直流电力线路中，主要供远距离接通与断开直流电力线路之用，并适宜于直流电动机的频繁启动、停止、换向及反接制动，常用的直流接触器有 CZ0、CZ18、CZ21 等系列。对于同样的主触头额定电流的接触器，直流接触器线圈的阻值较大，而交流接触器线圈的阻值较小。

4. 按照接触器有无触头分类

接触器按照有无触头分类，有触头接触器和无触头接触器。

5. 按照主触头的极数分类

接触器按照主触头的极数分类，有单极、双极、三极、四极和五极接触器。

【例 2-6】 交流接触器能否作为直流接触器使用？为什么？

【解】 不能。对于同样的主触头额定电流的接触器，直流接触器线圈的阻值较大，而交流接触器的阻值较小。当交流接触器的线圈接入交流回路时，产生一个很大的感抗，此数值远大于接触器线圈的阻值，因此线圈电流的大小取决于感抗的大小。如果将交流接触器的线圈接入直流回路，通电时，线圈就是纯电阻，此时流过线圈的电流很大，使线圈发热，甚至烧坏。所以通常交流接触器不作为直流接触器使用。

2.2.4　接触器的技术参数

接触器的主要技术参数有极数、电流种类、额定电压、额定电流、额定通断能力、线圈额定电压、允许操作频率、机械寿命、电气寿命、使用类别等。

（1）额定工作电压

接触器主触头的额定工作电压应大于或等于负载的额定电压。通常最大工作电压即为额定电压。直流接触器的常用额定电压值为 110V、220V、440V、660V 等。交流接触器的常用额定电压值为127V、220V、380V、500V、660V 等。

（2）额定工作电流

额定工作电流是指接触器主触头在额定工作条件下的电流值。在 380V 三相电动机控制电路中，额定工作电流值可近似等于控制功率值的两倍。常用的额定电流等级为 5A、10A、20A、40A、60A、100A、150A、250A、400A、600A。直流接触器的额定电流值有 40A、80A、100A、150A、250A、400A、600A。

（3）约定发热电流

约定发热电流是指在规定的条件下试验时，电流在 8 小时工作制下，各部分温升不超过极限值时所承受的最大电流。对于老产品，只有额定电流，而对于新产品（如 CJX1 系列），则有约定发热电流和额定电流。约定发热电流值比额定电流值要大。

（4）额定通断能力

额定通断能力是指接触器主触头在规定条件下，可靠接通和分断的最大预期电流数值。在此电流下触头闭合时不会造成触头熔焊，触头断开时不会长时间燃弧。一般通断能力是额定电流的 5～10 倍。当然，这一数值与开断电路的电压等级有关，电压越高，通断能力越小。电路中超出此电流值的分断任务由熔断器、断路器等保护电器承担。

（5）接触器的极数和电流种类

接触器的极数和电流种类是指主触头的个数和接通或分断主回路的电流种类。按电流种类分类，有直流接触器和交流接触器；按极数分类，有两极、三极和四极接触器。

（6）线圈额定工作电压

线圈额定工作电压是指接触器正常工作时吸引线圈上所加的电压值。一般该电压数值以及线圈的匝数、线径等数据均标于线包上，而不是标于接触器外壳的铭牌上，使用时应加以注意。直流接触器常用的线圈额定电压值为 24V、48V、110V、220V、440V 等。交流接触器常用的线圈额定电压值为 36V、110V、127V、220V、380V。

（7）允许操作频率

接触器在吸合瞬间，吸引线圈需消耗比额定电流大 5～7 倍的电流，如果操作频率过高，则会使线圈严重发热，直接影响接触器的正常使用。为此，人们规定了接触器的允许操作频率，一般为每小时允许操作次数的最大值。交流接触器一般为 600 次/h，直流接触器一般为 1 200 次/h。

（8）电气寿命和机械寿命

电气寿命是指在规定的正常工作条件下，接触器不需要修理或更换的有载操作次数。机械寿命是指接触器不需要修理或更换的机构所承受的无载操作次数。目前，接触器的机械寿命已达 1 000 万次以上，电气寿命约是机械寿命的 5%～20%。

（9）使用类别

接触器用于不同的负载时，其对主触头的接通和分断能力要求不同，按不同的使用条件来选用相应的使用类别的接触器便能满足其要求。在电力拖动系统中，接触器的使用类别及其典型的用途见表 2-4，它们的主触头达到的接通和分断能力为：AC—1 和 DC—1 类型允许接通和分断额定电流；AC—2、DC—3 和 DC—5 类型允许接通和分断 4 倍额定电流；AC—3 类型允许接通 6 倍额定电流和分断额定电流；AC—4 类型允许接通和分断 6 倍额定电流。

表 2-4　　　　　　　　　接触器的使用类别及其典型的用途

电 流 类 型	使 用 类 别	典 型 用 途
AC（交流）	AC—1	无感或微感负载、电阻炉
	AC—2	绕线转子感应电动机的启动、分断
	AC—3	笼型电动机的启动和制动
	AC—4	笼型感应电动机的启动、分断
	AC—5a	放电灯的通断
	AC—5b	白炽灯的通断
	AC—6a	变压器的通断
	AC—6b	电容器组的通断
	AC—7a	家用电器和类似用途的低感负载
	AC—7b	家用的电动机负载
DC（直流）	DC—1	无感或微感负载、电阻炉
	DC—3	并励电动机的启动、反接制动或反向运转、点动、分断
	DC—5	串励电动机的启动、反接制动或反向的启动、点动、分断
	DC—6	白炽灯的通断

CJX1 系列交流接触器的主要技术参数见表 2-5。

表 2-5　　　　　　　　CJX1 系列交流接触器的主要技术参数

型 号	约定发热电流/A	额定工作电流/A		可控电动机功率/kW		操作频率（次/h）	寿命/万次
		380V	660V	380V	660V		
CJX1-9	22	9	7.2	4	5.5	1 200	电气寿命：120
CJX1-12	22	12	9.5	5.5	7.5		
CJX1-16	35	16	13.5	7.5	11		
CJX1-22	35	22	13.5	11	11	600	机械寿命：1 000
CJX1-32	55	32	18	15	15		
CJX1-45	70	45	45	22	39		

2.2.5　接触器的选用

　　交流接触器的选择需要考虑主触头的额定电压、额定电流、辅助触头的数量与种类、吸引线圈的电压等级以及操作频率。

　　① 根据接触器所控制负载的工作任务（轻任务、一般任务或重任务）来选择相应使用类别的接触器。

　　• 如果负载为一般任务（控制中小功率笼型电动机等），应选用 AC—3 类接触器。

　　• 如果负载属于重任务类（电动机功率大，且动作较频繁），则应选用 AC—4 类接触器。

　　• 如果负载为一般任务与重任务混合的情况，则应根据实际情况选用 AC—3 类或 AC—4 类接触器。若确定选用 AC—3 类接触器，它的容量应降低一级使用，即使这样，其寿命仍将有不同程度的降低。

　　• 适用于 AC—2 类的接触器，一般也不宜用来控制 AC—3 及 AC—4 类的负载，因为它的接通能力较低，在频繁接通这类负载时容易发生触头熔焊现象。

　　② 交流接触器的额定电压（指主触头的额定电压）一般为 500V 或 380V 两种，应大于或等于负载回路的电压。

　　③ 根据电动机（或其他负载）的功率和操作情况来确定接触器主触头的电流等级。

　　• 接触器的额定电流（指主触头的额定电流）有 5A、10A、20A、40A、60A、100A、150A 等几种，应大于或等于被控回路的额定电流。

　　• 对于电动机负载，可按下式计算：

$$I_{N} = \frac{P_{N}}{KU_{N}}$$

式中，I_{N} 为接触器主触头的额定电流，单位为 A；P_{N} 为电动机的额定功率，单位为 W；U_{N} 为电动机的额定电压，单位为 V；K 为经验系数，一般取 1～1.4。

　　• 如果接触器控制电容器或白炽灯时，由于接通时的冲击电流可达额定值的几十倍，因此从接通方面来考虑，宜选用 AC—4 类的接触器；若选用 AC—3 类的接触器，则应降低到 70%～80% 的额定功率来使用。

④ 接触器线圈的电流种类（交流和直流两种）和电压等级应与控制电路相同。

⑤ 触头数量和种类应满足电路和控制线路的要求。

2.2.6　注意事项

① 注意理解接触器的使用类别。

② 吸引线圈额定工作电压与接触器额定工作电压不是同一个概念，一般接触器的额定电压标注在外壳的铭牌上，而吸引线圈的额定电压标注在线圈上，两者可以不相等。

③ 在安装接触器前，应先检查线圈电压是否符合使用要求；然后将铁心极面上的防锈油擦净，以免造成线圈断电后铁心不释放；再检查其活动部分是否正常，触头是否接触良好，有无卡阻现象等。

④ 交流接触器的安装应注意底面与安装处平面的倾角小于 5°。若有散热孔，则应将有孔的一面放在垂直方向上以利散热，并按规定留有适当的飞弧空间，以免飞弧烧坏相邻器件。注意：勿将零件掉入电器内部，以免引起卡阻或短路。安装孔的螺钉应装有弹簧垫圈和平垫圈，并拧紧螺钉以防松脱。交流接触器灭弧罩应完整且固定牢靠，检查接线正确无误后，在主触头不带电的情况下操作几次，然后再将主触头接入负载工作。

⑤ 接触器上标有 "NO（Normally Open）" 的辅助触头是常开触头，标有 "NC（Normally Close）" 的触头是常闭触头，其他的低压电器如果用此标识，其含义相同。

【例 2-7】　CA6140A 车床的主电动机的功率为 7.5kW，控制电路电压为交流 24V，选用其控制用接触器。

【解】　电路中的电流 $I_{\mathrm{N}} = \dfrac{P_{\mathrm{N}}}{KU_{\mathrm{N}}} = \dfrac{7\,500\mathrm{W}}{1.3 \times 380\mathrm{V}} \approx 15.2\mathrm{A}$，因为电动机不频繁启动，而且无反转和反接制动，所以接触器的使用类别为 AC—3，选用的接触器额定工作电流应大于或等于 15.2A。又因为使用的是三相交流电动机，所以选用交流接触器。选择 CJX1-16 交流接触器，接触器额定工作电压为 380V；线圈额定工作电压和控制电路一致，为 24V；接触器额定工作电流为 16A，大于 15.2A；辅助触头为两个常开、两个常闭。可见，选用 CJX1-16/22 是合适的。

这里若有反接制动，则应该选用大一个级别的接触器，即 CJX1-32/22。

2.3　继电器

电气继电器（Electrical Relay）是指当控制该元器件的输入电路达到规定的条件时，在其一个或多个输出电路中，会产会预定的跃变的元器件。

它一般通过接触器或其他电器对主电路进行控制，因此继电器触头的额定电流较小（5～10A），无灭弧装置，但动作的准确性较高。它是自动和远距离操纵用电器，广泛应用于自动控制系统、遥控系统、测控系统、电力保护系统和通信系统中，起控制、检测、保护和调节作用，是电气装置中最基本的器件之一。继电器的输入信号可以是电流、电压等电量，也可以是温度、速度、压力等非电量，输出为相应的触头动作。继电器的图形和文字符号如图 2-16 所示。

图 2-16　继电器的图形和文字符号

线圈　　常开触头　常闭触头

继电器按其使用范围的不同可分为 3 类：保护继电器、控制继电器和通信继电器。保护继电器主要用于电力系统，作为发电机、变压器及输电线路的保护；控制继电器主要用于电力拖动系统，以实现控制过程的自动化；通信继电器主要用于遥控系统。若按输入信号的性质不同，可分为中间继电器、热继电器、时间继电器、速度继电器和压力继电器等。继电器的作用如下：

① 输入与输出电路之间的隔离。

② 信号切换（从接通到断开）。

③ 增加输出电路（切换几个负载或者切换不同的电源负载）。

④ 切换不同的电压或者电流负载。

⑤ 闭锁电路。

⑥ 提供遥控功能。

⑦ 重复信号。

⑧ 保留输出信号。

2.3.1　电磁继电器

电磁继电器（Electromagnetic Relay）是由电磁力产生预定响应的机电断电器。它的结构和工作原理与电磁接触器相似，也是由电磁机构、触头系统和释放电触头弹簧、触头压力弹簧、支架及底座等组成的。电磁继电器根据外来信号（电流或者电压）使衔铁产生闭合动作，从而带动触头系统动作，使控制电路接通或断开，实现控制电路状态的改变。电磁继电器的外形如图 2-17 所示。

图 2-17　电磁继电器

1. 电流继电器

电流继电器（Current Relay）是反映输入量为电流的继电器。电流继电器的线圈串联在被测量电路中，用来检测电路的电流。电流继电器的线圈匝数少，导线粗，线圈的阻抗小。

电流继电器有欠电流型和过电流型两类。欠电流继电器的吸引电流为线圈额定电流的 30%～65%，释放电流为线圈额定电流的 10%～20%，因此在电路正常工作时，衔铁是吸合的，只有当电流低于某一整定数值时，欠电流继电器才释放，输出信号。过电流继电器在电路正常工作时不动作，当电流超过某一整定数值时才动作，整定范围通常为 1.1～1.3 倍的额定电流。

（1）电流继电器的功能

欠电流继电器常用于直流电动机和电磁吸盘的失磁保护。而瞬动型过电流继电器常用于电动机的短路保护，延时型继电器常用于过载兼短路保护。过电流继电器分为手动复位和自动复位两种。

（2）电流继电器的结构和工作原理

常见的电流继电器有 JL14、JL15、JL18 等系列产品。电流继电器的电磁机构、原理与接触器相似，由于其触头通过控制电路的电流容量较小，所以无需加装灭弧装置，触头形式多为双断点桥式触头。

2. 电压继电器

电压继电器（Voltage Relay）是指反映输入量为电压的继电器。它的结构与电流继电器相似，不同的是，电压继电器的线圈是并联在被测量的电路两端，以监控电路电压的变化。电压继电器的线圈匝数多，导线细，线圈的阻抗大。

电压继电器按照动作数值的不同，分为过电压、欠电压和零电压 3 种。过电压继电器在电压为额定电压的 110%～115%以上时动作，欠电压继电器在电压为额定电压的 40%～70%时动作，零电压继电器在电压为额定电压的 5%～25%时动作。过电压继电器在电路正常工作条件下（未出现过电压），动铁心不产生吸合动作，而欠电压继电器在电路正常工作条件下（未出现欠电压），衔铁处于吸合状态。

常见的电压继电器有 JT3、JT4 等系列产品。

3. 中间继电器

中间继电器（Auxiliary Relay）是指用来增加控制电路中的信号数量或将信号放大的继电器。它实际上是电压继电器的一种，它的触头多，有的甚至多于 6 对，触头的容量大（额定电流为 5～10A），动作灵敏（动作时间不大于 0.05s）。

（1）中间继电器的功能

中间继电器主要起中间转换（传递、放大、翻转分路和记忆）作用，其输入为线圈的通电和断电，输出信号是触头的断开和闭合，它可将输出信号同时传给几个控制元件或回路。中间继电器的触头额定电流要比线圈额定电流大得多，因此具有放大信号的作用，一般控制线路的中间控制环节基本由中间继电器组成。

（2）中间继电器的结构和工作原理

常见的中间继电器有 HH、JZ7、JZ14、JDZ1、JZ17 和 JZ18 等系列产品。中间继电器主要分成直流与交流两种，也有交、直流电路中均可应用的交直流中间继电器，如 JZ8 和 JZ14 系列产品。中间继电器由电磁机构和触头系统等组成。电磁机构与接触器相似，由于其触头通过控制电路的电流容量较小，所以无需加装灭弧装置，触头形式多为双断点桥式触头。

在图 2-18 中，13 和 14 是线圈的接线端子，1 和 2 是常闭触头的接线端子，1 和 4 是常开触头的接线端子。当中间继电器的线圈通电时，铁心产生电磁力，吸引衔铁，使得常闭触头分断，常开触头吸合在一起。当中间继电器的线圈不通电时，没有电磁力，在弹簧力的作用下衔铁使常闭触头闭合，常开触头分断。图 2-18 中的状态是继电器线圈不通电时的状态。

在图 2-18 中，只有一对常开与常闭触头，用 SPDT 表示，其含义是"单刀双掷"，若有两对常开与常闭触头，则用 DPDT 表示，详见表 2-6。

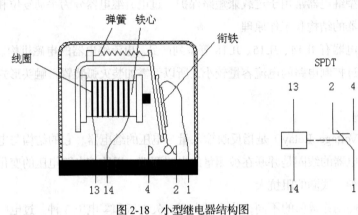

图 2-18　小型继电器结构图

表 2-6　　　　　　　　　　　　　　对照表

序　号	含　义	英文解释及缩写	符　号
1	单刀单掷，常开	Single Pole Single Throw SPST（NO）	
2	单刀单掷，常闭	Single Pole Single Throw SPST（NC）	
3	双刀单掷，常开	Double Pole Single Throw DPST（NO）	
4	单刀双掷	Single Pole Double Throw SPDT	
5	双刀双掷	Double Pole Double Throw DPDT	

（3）中间继电器的选用

选用中间继电器时，主要应注意线圈额定电压、触头额定电压和触头额定电流。

① 线圈额定电压必须与所控电路的电压相符，触头额定电压可为继电器的最高额定电压（即继电器的额定绝缘电压）。继电器的最高工作电流一般小于该继电器的约定发热电流。

② 根据使用环境选择继电器，主要考虑继电器的防护和使用区域，如对于含尘、腐蚀性气体和易燃易爆的环境，应选用带罩的全封闭式继电器；对于高原及湿热带等特殊区域，应选用适合其使用条件的产品。

③ 按控制电路的要求选择触头的类型是常开还是常闭，以及触头的数量。

（4）注意问题

① 在安装接线时，应检查接线是否正确、接线螺钉是否拧紧；对于很细的导线线心应对折一次，

以增加线心截面积，以免造成虚连。对于电磁式控制继电器，应在触头不带电的情况下，使吸引线圈带电操作几次，观察继电器的动作。对电流继电器的整定值应做最后的校验和整定，以免造成其控制及保护失灵。

② 中间继电器的线圈额定电压不能同中间继电器的触头额定电压混淆，两者可以相同，也可以不同。

③ 接触器中有灭弧装置，而继电器中通常没有，但电磁继电器同样会产生电弧。由于电弧可使继电器的触头氧化或者熔化，从而造成触头损坏，此外，电弧会产生高频干扰信号，因此，直流回路中的继电器最好要进行灭弧处理。灭弧的方法有两种：一种是在按钮上并联一个电阻和电容进行灭弧，如图2-19（a）所示；另一种是在继电器的线圈上并联一只二极管进行灭弧，如图2-19（b）所示。对于交流继电器，不需要灭弧。

HH系列小型继电器的主要技术参数见表2-7，其型号的含义如图2-20所示。

表2-7　　　　　　　　　　HH系列小型继电器的主要技术参数

型　号	触头额定电流/A	触头数量		额定电压/V
		常　开	常　闭	
HH52P、HH52B、HH52S	5	2	2	AC：6、12、24、48、110、220
HH53P、HH53B、HH53S	5	3	3	
HH54P、HH54B、HH54S	3	4	4	DC：6、12、24、48、110
HH62P、HH62B、HH62S	10	2	2	

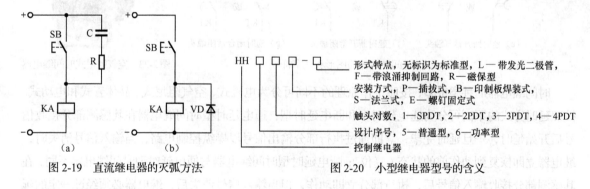

图2-19　直流继电器的灭弧方法　　　　　　图2-20　小型继电器型号的含义

【例2-8】 想用一个小型继电器控制一个交流接触器CJX1-32（额定电压为380V，额定电流为32A），采用HH52P小型继电器是否可行？

【解】 选用的HH52P小型继电器的触头的额定电压为220V，额定电流为5A，容量足够，此小型继电器有2对常开触头和2对常闭触头，而控制接触器只需要一对，触头数量足够，此外，这类继电器目前很常用，因此可行（注意：本题中的小型继电器的220V电压是小型继电器的控制电压，不能同小型继电器的触头额定电压混淆）。小型继电器在此起信号放大的作用，在PLC控制系统中这种用法比较常见。

【例2-9】　指出图2-21中小型继电器的接线图的含义。

【解】　小型继电器的接线端子一般较多，用肉眼和万用表往往很难判断。通常，小型继电器的外壳上印有接线图。图2-21中的13号和14号端子是由线圈引出的，其中13号端子应该与电源的负极相连，而14号端子应该与电源的正极相连；1号端子和9号端子及4号端子和12号端子是由一对常闭触头引出的；5号端子和9号端子及8号端子和12号端子是由一对常开触头引出的。

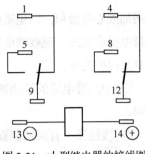

图2-21　小型继电器的接线图

2.3.2　时间继电器

时间继电器（Time Relay）是指自得到动作信号起至触头动作或输出电路产生跳跃式改变有一定延时，该延时又符合其准确度要求的继电器。简言之，它是一种触头的接通和断开要经过一定的延时的电器，而且延时符合其准确度的要求。时间继电器广泛用于电动机的启动和停止控制及其他自动控制系统中。时间继电器的图形和文字符号如图2-22所示，其外形如图2-23所示。

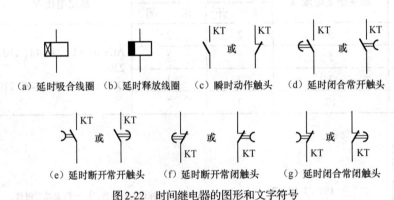

（a）延时吸合线圈　（b）延时释放线圈　（c）瞬时动作触头　（d）延时闭合常开触头

（e）延时断开常开触头　（f）延时断开常闭触头　（g）延时闭合常闭触头

图2-22　时间继电器的图形和文字符号

图2-23　空气阻尼式时间继电器

时间继电器的种类很多，按照工作原理的不同可分为电磁式、空气阻尼式、晶体管式和电动式。按照延时方式的不同可分为通电延时型和断电延时型：通电延时型时间继电器在其感测部分接收信号后开始延时，一旦延时完毕，立即通过执行部分输出信号以操纵控制电路，当输入信号消失时，继电器立即恢复到动作前的状态（复位）；断电延时型时间继电器与通电延时型时间继电器不同，在其感测部分接收输入信号后，执行部分立即动作，但当输入信号消失后，继电器必须经过一定的延时才能恢复到动作前的状态（复位），并且有信号输出。

1. 时间继电器的功能

时间继电器是一种利用电磁原理、机械动作原理、电子技术或计算机技术实现触头延时接通或断开的自动控制电器。当它的感测部分接收输入信号后，必须经过一定的时间延迟，它的执行部分才会动作并输出信号以操纵控制电路。

2. 时间继电器的结构和工作原理

（1）空气阻尼式时间继电器

空气阻尼式时间继电器也称为气囊式时间继电器，它是利用空气阻尼原理获得延时的。它由电磁系统、延时机构和触头 3 部分组成，其结构外形如图 2-23 所示。电磁系统为直动式双 E 型，延时机构采用气囊式阻尼器，触头系统借用 LX5 型微动开关。

空气阻尼式时间继电器既具有由空气室中的气动机构带动的延时触头，也具有由电磁机构直接带动的瞬动触头，可以做成通电延时型，也可以做成断电延时型。其电磁系统可以是直流的，也可以是交流的。

空气阻尼式时间继电器具有结构简单、延时范围大（0.4～180s）、价格便宜等优点，但其延时精度较低，体积大，没有调节指示，一般只用于要求不高的场合，目前已经很少使用了。其典型产品有 JS7、JS23、JSK 等系列，JS7-A 系列时间继电器输出触头的形式及组合见表 2-8。

表 2-8　　　　　　　　　　JS7-A 系列时间继电器输出触头的形式及组合

型　号	延时触头数量				不延时触头数量	
	线圈通电延时		线圈断电延时			
	常开触头	常闭触头	常开触头	常闭触头	常开触头	常闭触头
JS7-1A	1	1	—	—	—	—
JS7-2A	1	1	—	—	1	1
JS7-3A	—	—	1	1	—	—
JS7-4A	—	—	1	1	1	1

（2）晶体管式时间继电器（Transistor Timer）

晶体管式时间继电器又称为电子式时间继电器，它是利用延时电路来进行延时的。它除了执行继电器外，均由电子元件组成，没有机械机构，具有寿命长、体积小、延时范围大和调节范围宽等优点，因而得到了广泛的应用，已经成为时间继电器的主流产品。晶体管式时间继电器如图 2-24 所示。它在电路中的作用、图形和文字符号都与普通时间继电器相同。

晶体管式时间继电器的输出形式有两种：有触头式和无触头式。前者是用晶体管驱动小型电磁式继电器，后者是采用晶体管或晶闸管输出。

（3）数字时间继电器（Digital Timer）

近年来随着微电子技术的发展，采用集成电路、功率电路和单片机等电子元件构成的新型时间继电器大量面市。例如，DHC6 多制式单片机控制时间继电器，J5S17、J3320、JSZl3 等系列大规模集成电路数字时间继电器，J5145 等系列电子式数显时间继电器，J5G1 等系列固态时间继电器等。数显时间继电器如图 2-25 所示。

图 2-24　晶体管式时间继电器　　　　图 2-25　数显时间继电器

DHC6 多制式时间继电器是为了适应工业自动化控制水平越来越高的要求而生产的。多制式时间继电器可使用户根据需要选择最合适的制式，使用简便方法达到以往需要经过较复杂的接线才能达到的控制功能，这样既节省了中间控制环节，又大大提高了电气控制的可靠性。

　　数显循环定时器是典型的数字时间继电器，一般由芯片控制，其功能比一般的定时器要强大，通过面板按钮分别设定输出继电器开（on）、关（off）定时时间，在开（on）计时段内，输出继电器动作，在关（off）计时段内，输出继电器不动作，按 on-off-on 循环，循环周期为开、关时间和，具体应用见后续例题。

　　随着电子行业的进步，电子产品的价格越来越低，数字时间继电器不再是高端时间继电器的象征，其价格和普通时间继电器差距已经缩小了很多，其使用也已经越来越多。

　　3. 时间继电器的选用

　　时间继电器的种类繁多，选择时应综合考虑适用性、功能特点、额定工作电压、额定工作电流、使用环境等因素，做到选择恰当，使用合理。

　　（1）经济技术指标

　　在选择时间继电器时，应考虑控制系统对延时时间和精度的要求。若对时间精度的要求不高，且延时时间较短，宜选用价格低、维修方便的电磁式时间继电器；若控制简单且操作频率很低，如丫-△启动，可选用热双金属片时间继电器；若对时间控制要求精度高，应选用晶体管式时间继电器。

　　（2）控制方式

　　被控制对象如需要周期性的重复动作或要求多功能、高精度时，可选用晶体管式或数字式时间继电器。

　　目前，常用的晶体管式时间继电器有 JS20、JSB、JSF、JSS1、JSM8、JS14 等系列，其中部分产品为引进国外技术生产的。JS14 系列时间继电器的主要技术参数见表 2-9，时间继电器型号的含义如图 2-26 所示。

表 2-9　　　　　　　　　　　　JS14 系列时间继电器的主要技术参数

型　　号	结构形式	延时范围/s	工作电压/V	触头对数		误差		复位时间/s	消耗功率/W
				常开触头	常闭触头	常开触头	常闭触头		
JS14-□/□	交流装置式	1、5、10、30、60、120、180	AC：110、220、380，DC：24	2	2	≤±3%	≤±10%	1	1
JS14-□/□M	交流面板式			2	2				
JS14-□/□Y	交流外接式			1	1				
JS14-□/□Z	直流装置式			2	2				
JS14-□/□ZM	直流面板式			2	2				
JS14-□/□ZY	直流外接式			1	1				

　　DHC6 多制式时间继电器采用单片机控制，LCD 显示；具有 9 种工作制式，正计时、倒计时任意设定；具有 8 种延时时段，延时范围从 0.01s～999.9h 任意设定（键盘设定，设定完成之后可以锁

定按键，防止误操作）；可按要求任意选择控制模式，使控制线路最简单、可靠。

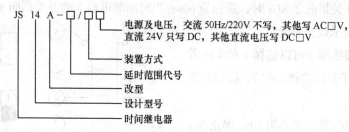

图 2-26 时间继电器型号的含义

另外，数显时间继电器还有 DH11S、DH14S、DH48S 等系列产品，DH□S 系列时间继电器的主要技术参数见表 2-10。

表 2-10　　　　　　　　DH□S 系列时间继电器的主要技术参数

型　号	DH11S	DH14S	DH48S1、DH48S-2Z
延时范围	0.01～99.99s		
	1s～9min59s		
	1min～99h59min		
工作方式	断电延时、间隔定时、累计延时		
触头数量	1 组瞬时转换	2 组延时转换	1 组瞬时转换
	2 组延时转换		2 组延时转换
触头容量	AC：220V，3A		
机械寿命	10^6		
电气寿命	10^5		
工作电压	AC：50/60Hz，380V、220V、127V、36V　DC：12V、24V		
安装方式	面板式		面板式/装置式

另外，还有电动时间继电器，这种时间继电器的精度高、延时范围大（可达几十个小时），是电磁式、空气阻尼式和晶体管式时间继电器所不及的。

4. 注意事项

① 在使用时间继电器时，不能经常调整气囊式时间继电器的时间调整螺钉，调整时也不能用力过猛，否则会失去延时作用；电磁式时间继电器的调整应在线圈工作温度下进行，防止冷态和热态下对动作值产生影响。

② 使用晶体管式时间继电器时，要注意量程的选择。

【例 2-10】 有一个晶体管式时间继电器，型号是 JSZ3，其外壳上有图 2-27 所示的示意图，指出其含义，并说明如何实现延时 30s 后闭合的功能。

【解】 图 2-27（a）的含义：接线端子 2 和 7 是由线圈引出的；接线端子 1、3 和 4 是"单刀双掷"触头，其中，1 和 4 是常闭触头端子，1 和 3 是常开触头端子；同理，接线端子 5、6 和 8 也是"单刀双掷"触头，其中，5 和 8 是常闭触头端子，6 和 8 是常开触头端子。图 2-27（b）的含义：

当时间继电器上的开关指向 2 和 4 时，量程为 1s；当时间继电器上的开关指向 1 和 4 时，量程为 10s；当时间继电器上的开关指向 2 和 3 时，量程为 60s；当时间继电器上的开关指向 1 和 3 时，量程为 6min，图中的黑色表示被开关选中。

显然，触头的接线端子可以选择 1 和 4 或者 5 和 8，线圈接线端子只能选择 2 和 7，拨指开关最好选择指向 2 和 3。

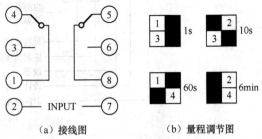

（a）接线图　　　（b）量程调节图

图 2-27　时间继电器的接线图

【例 2-11】 某系统要实现启动 10s，停止 5s，并且要一直循环，请设计该系统。

【解】 如果用普通时间继电器实现以上功能，则需要 2 个时间继电器，具体由读者设计。而使用循环时间定时器，则只需要一个即可。本例选用英雷科电子的 ECY-R4-S 循环时间定时器，其最大定时时间是 9999s，此定时器可作为循环定时器和普通定时器使用，其接线如图 2-28 所示。AC1 和 AC2 端子接 220V 交流电源，NO 是常闭触头端子，NC 是常开触头端子，COM 是常闭和常开的公共端子，STARAT 是循环开始端子，RESERT 是复位端子。弄清楚了接线端子的含义，按照图 2-28 接线即可，再按照说明书设置定时时间和循环方式，5 号和 6 号端子之间便可输出 10s 闭合和 5s 断开，并无限循环。

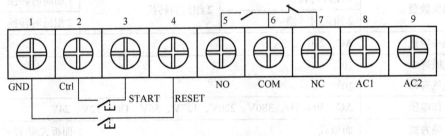

图 2-28　系统接线图

2.3.3　计数继电器

计数继电器（Counting Relay），简称计数器，适用于交流 50Hz，额定工作电压 380V 及以下或直流工作电压 24V 的控制电路中作计数元件，按预置的数字接通和分断电路。计数器采用单片机电路和高性能的计数芯片，具有计数范围宽，正/倒计数，多种计数方式和计数信号输入，计数性能稳定、可靠等优点，广泛应用于工业自动化控制中。

计数继电器的功能：当计数继电器每收到一个计数信号时，其当前值增加 1（对于减计数继电器为减少 1），在当前值等于设定值时，计数继电器的常闭触头断开，常开触头闭合，而且计数继电器能显示当前计数值。

计数继电器的种类较多，但最为常见的是机械式计数继电器和电子式计数继电器。电子式数显计数继电器如图 2-29 所示。

图 2-29　电子式计数继电器

【例 2-12】　有一个数码显示计数继电器，型号是 JDM9-6，其接线如图 2-30 所示，指出其含义，并说明如何实现计数 30 次后闭合常开触头的功能。

【解】　1 号端子接+24V，2 号端子接 0V；6 号是公共端子，5 和 6 号组成常闭触头，6 和 7 号组成常开触头；8 号是 0V，当其与 11 号端子接通时，计数继电器复位（当前值变成初始值，一般为 0）；12 号是+12V，当其和 10 号端子接通一次，当前值增加 1（计数一次）。

显然，要实现计数 30 次后，闭合常开触头的功能。先要把 1 和 2 号端子接上电源，再把 9 和 12 号接到计数信号端子上，但计数继电器接收到 30 次信号后，6 和 7 号组成的常开触头闭合。任何时候 8 与 11 号端子接通时，计数继电器复位。

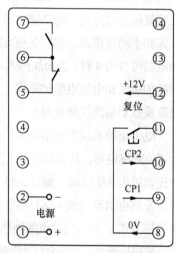

图 2-30　电子式计数继电器的接线图

2.3.4　电热继电器

在解释电热继电器前，先介绍度量继电器，即在规定准确度下，当其特性量达到其动作值时进行动作的电气继电器。电热继电器（Thermal Electrical Relay），通过测量出现在被保护设备的电源，使该设备免受电热危害，定时度量继电器。电热继电器是一种用电流热效应来切断电路的保护电器，常与接触器配合使用，具有结构简单、体积小、价格低、保护性能好等优点。

1. 电热继电器的功能

为了充分发挥电动机的潜力，电动机短时过载是允许的，但无论过载量的大小如何，时间长了总会使绕组的温升超过允许值，从而加剧绕组绝缘的老化，缩短电动机的寿命，严重过载会很快烧毁电动机。为了防止电动机长期过载运行，可在线路中串入按照预定发热程度进行动作的电热继电器，以有效监视电动机是否长期过载或短时严重过载，并在超额过载预定值时有效切断控制回路中相应接触器的电源，进而切断电动机的电源，确保电动机的安全。总之，电热继电器具有过载保护、断相保护及电流不平衡运行保护和其他电气设备发热状态的控制功能。电热继电器的外形如图 2-31 所示，其图形和文字符号如图 2-32 所示。

图 2-31　电热继电器

（a）热元件　　（b）常闭触头

图 2-32　电热继电器的图形和文字符号

2. 双金属片式电热继电器的结构和工作原理

按照动作方式分类，热继电器可分为双金属片式、热敏电阻式和易融合金属式，其中双金属片式热继电器最为常见。按照极数分类，电热继电器可分为单极、双极和三极，其中三极最为常见。按照复位方式分类，电热继电器可分为自动复位式和手动复位式。按照受热方式分类，电热继电器可分为 4 种：直接加热式、复合加热式、间接加热式和电流电感加热式（主要是大容量以及重载启动的热继电器）。

电力拖动系统中应用最为广泛的是双金属片式电热继电器，其主要由热元件、双金属片、导板和触头系统组成，如图 2-33 所示。其热元件由发热电阻丝构成（这种电热继电器采用间接加热方式），双金属片由两种热膨胀系数不同

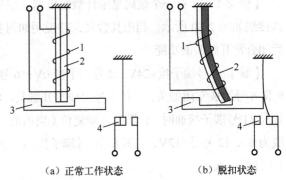

（a）正常工作状态　　（b）脱扣状态

图 2-33　电热继电器的原理示意图

1—热元件　2—双金属片　3—导板　4—触头系统

的金属碾压而成，当双金属片受热时，会出现弯曲变形，推动导板，进而使常闭触头断开，起到保护作用。在使用时，把热元件串接于电动机的主电路中，而常闭触头串接于电动机启停接触器线圈的回路中。

我国目前生产的电热继电器主要有 T、JR0、JR1、JR2、JR9、JR10、JR15、JR16、JR20、JRS1、JRS2、JRS3 等系列。其中，JRS2 和 JRS3 系列可与德国西门子的 3UA 系列互换使用；T 系列电热继电器是引进瑞典 ABB 公司的产品；JR1 和 JR2 系列电热继电器采用间接受热方式，其主要缺点是双金属片靠发热元件间接加热，热耦合较差，双金属片的弯曲程度受环境温度影响较大，不能正确地反映负载的过电流情况；JR15、JR16 等系列电热继电器采用复合加热方式并采用了温度补偿元件，因此能较正确地反映负载的工作情况。JRS2 系列电热继电器的主要技术参数见表 2-11。电热继电器型号的含义如图 2-34 所示。

表 2-11　　　　　　　　　JRS2（3UA）系列电热继电器的主要技术参数

型　号	JRS2-12.5/Z				JRS2-12.5/F	
额定电流	12.5A		25A		63A	
热元件整定电流调整范围/A	0.1～0.16	0.16～0.25	0.1～0.16	0.16～0.25	0.1～0.16	0.16～0.25
	0.25～0.4	0.32～0.5	0.25～0.4		0.25～0.4	
	0.4～0.63	0.63～1	0.4～0.63	0.63～1	0.4～0.63	0.63～1
	0.8～1.25	1～1.6	0.8～1.25	1～1.6	0.8～1.25	1～1.6
	1.25～2	1.6～2.5	1.25～2	1.6～2.5	1.25～2	1.6～2.5

续表

型　号	JRS2-12.5/Z				JRS2-12.5/F	
额定电流	12.5A		25A		63A	
热元件整定电流调整范围/A	2～3.2	2.5～4	2～3.2	2.5～4	2～3.2	2.5～4
	3.2～5	4～6.3	3.2～5	4～6.3	3.2～5	4～6.3
	5～8	6.3～10	5～8	6.3～10	5～8	6.3～10
	8～12.5	10～14.5	8～12.5	10～16	8～12.5	10～16
			12.5～20	16～25	12.5～20	16～25
					20～32	25～40
					32～45	40～57
					50～63	

3. 电热继电器的选用

电热继电器选用是否得当，直接影响着对电动机进行过载保护的可靠性。选用时通常应按电动机形式、工作环境、启动情况及负载情况等几方面综合考虑。

① 原则上，电热继电器的额定电流应按电动机的额定电流选择。对于过载能力较差的电动机，其配用的电热继电器（主要是发电热元件）的额

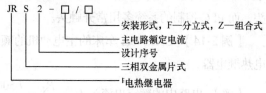

图 2-34　电热继电器型号的含义

定电流可适当小些。通常，选取电热继电器的额定电流（实际上是选取发电热元件的额定电流）为电动机额定电流的 60%～80%。当负载的启动时间较长，或者负载是冲击负载，如机床的电动机的保护，电热继电器的整定电流数值应该略大于电动机的额定电流。对于三角形连接的电动机，三相电热继电器同时具备过载保护和断相保护功能。

② 在不频繁启动场合，要保证电热继电器在电动机的启动过程中不产生误动作。通常，当电动机启动电流为其额定电流的 6 倍，以及启动时间不超过 6s 时，若很少连续启动，就可按电动机的额定电流选取电热继电器保护。

③ 当电动机用于重复的短时工作时，首先注意确定电热继电器的允许操作频率。因为电热继电器的操作频率是有限的，如果用它保护操作频率较高的电动机，效果会很不理想，有时甚至不能使用。对于可逆运行和频繁通断的电动机，不宜采用电热继电器保护，必要时采用装入电动机内部的温度继电器保护。

④ 对于工作时间很短、间歇时间较长的电动机（如摇臂的钻床电动机、某些机床的快速移动电动机）和虽然长时间工作但过载可能性很小的电动机（如排风扇的电动机）可以不设计过载保护。

⑤ 双金属片式电热继电器一般用于轻载、不频繁启动电动机的过载保护。对于重载、频繁启动的电动机，可以采用过电流继电器（延时动作型）作它的过载和短路保护。

4. 注意事项

① 电热继电器只对长期过载或短时严重过载起保护作用，对瞬时过载和短路不起保护作用。

② JR1、JR2、JR0 和 JR15 系列热继电器均为两相结构，是双热元件的电热继电器，可以用作三相异步电动机的均衡过载保护和星形连接定子绕组的三相异步电动机的断相保护，但不能用作定

子绕组为三角形连接的三相异步电动机的断相保护。

③ 电热继电器在出厂时，其触头一般为手动复位，若需自动复位，可将复位调整螺钉顺时针方向转动，用手拨动几次，若动触头没有处在断开位置，可将螺钉紧固。

④ 为了使电热继电器的整定电流和负载工作电流相符，可旋转调节旋钮，将其对准刻度定位标识，若整定值在两者之间，可按照比例在实际使用时适当调整。

【例 2-13】 有一个型号为 JR36-20 的电热继电器，共有 5 对接线端子：1/L1 和 2/T1，3/L2 和 4/T2，5/L3 和 6/T3，这 3 对接线端子比较粗大；95 和 96、97 和 98，这两对接线端子比较细小。应该如何接线图 2-35 所示的控制回路接线图？

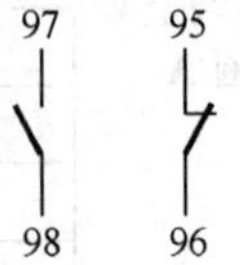

【解】 1/L1 和 2/T1、3/L2 和 4/T2、5/L3 和 6/T3 接线端子都比较粗大，说明用在主电路中，1/L1、3/L2、5/L3 是输入端，2/T1、4/T2、6/T3 是输出端。95 和 96、97 和 98，这两对比较细小，说明是辅助触头，用在控制电路中，97 和 98 是常开触头的接线端子，95 和 96 是常闭触头的接线端子。注意：继电器-接触器控制系统多用常闭触头，而 PLC 控制的系统多用常开触头。

图 2-35　电热继电器的接线图

【例 2-14】 CA6140A 车床的主电动机的额定电压为 380V、额定功率为 7.5kW，请选用合适的电热继电器。

【解】 电路中的额定电流为 $I_N = \dfrac{P_N}{U_N} = \dfrac{7\,500\text{W}}{380\text{V}} \approx 19.7\text{A}$。可选 JRS2（3UA）-12.5/Z12.5-20A 电热继电器，再将热继电器的热元件的整定电流数值整定到 15.4A 即可。

2.3.5　速度继电器

速度继电器（Speed Relay）是当转速达到规定值时动作的继电器。它常用于电动机反接制动的控制电路中，当反接制动的转速下降到接近零时，它自动切断电源，所以又称为反接制动继电器。

1. 速度继电器的功能

速度继电器是按照预定速度快慢而动作的继电器，主要应用在电动机反接制动控制电路中。

2. 速度继电器的结构与工作原理

感应式速度继电器主要由定子、转子和触头系统 3 部分组成。转子是一个圆柱形永久磁铁，定子是一个笼型空心圆环，由硅钢片冲压而成，并装有笼型绕组。速度继电器的原理图如图 2-36 所示，速度继电器的图形与文字符号如图 2-37 所示。

感应式速度继电器的工作原理是电磁感应原理实现触头的动作。感应式速度继电器的轴与电动机的轴相连接，而定子空套在转子上。当电动机转动时，速度继电器的转子（永久磁铁）随之转动，在空间产生旋转磁场，切割定子绕组，产生感应电流，此电流和永久磁铁的磁场作用产生转矩，使定子向轴的转动方向偏摆，通过摆锤拨动触头，使常闭触头断开、常开触头闭合。当电动机转速低于某一数值时，转矩减小，动触头复位。

常用的感应式速度继电器有 JY1 和 JFZ0 系列，JY1 型转速范围较大，并且比 JFZ0 的触头分断能力要大一些。

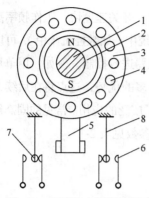

图 2-36 速度继电器的原理图

图 2-37 速度继电器的图形与文字符号

1—电动机轴 2—转子 3—定子 4—绕组

5—摆锤 6—静触头 7—动触头 8—簧片

3. 速度继电器的选用

速度继电器根据电动机的额定转速进行选择。JY1 和 JF20 速度继电器的主要技术参数见表 2-12。

表 2-12　　　　　　　　　JY1 和 JF20 速度继电器的主要技术参数

型　号	触　头　容　量		触　头　数　量		额定工作转速/（r/min）	操作频率/（次/h）
	额定电压/V	额定电流/A	正转动作	反转动作		
JY1	380	2	1 组转换触头	1 组转换触头	100～3 600	<30
JF20	380	2			300～3 600	

4. 注意事项

① 使用前的检查。速度继电器在使用前应旋转几次，看其转动是否灵活，摆锤是否灵敏。

② 安装注意事项。速度继电器一般为轴连接，安装时应注意继电器转轴与其他机械之间的间隙，不要过紧或过松。

③ 运行中的检查。应注意速度继电器在运行中的声音是否正常，温升是否过高，紧固螺钉是否松动，以防止将继电器的转轴扭弯或将联轴器的销子扭断。

④ 拆卸注意事项。拆卸时要仔细，不能用力敲击继电器的各个部件。抽出转子时为了防止永久磁铁退磁，要设法将磁铁短路。

2.3.6 固态继电器

1. 固态继电器简介

固态继电器（Solid-State Relay，SSR），由电子、磁性、光学或其他元器件产生预定响应而无机械运动的电气继电器。由于它是半导体材料制成的，故又称半导体继电器。固态继电器是 20 世纪 70 年代中后期与微电子技术相结合而发展起来的一种新型无触头继电器，其外形如图 2-38 所示，图形及文字符号如图 2-39 所示。固态继电器是用晶体管或晶闸管代替常规继电器的触头开关，而在前级中与光隔离器融为一体。因此，固态继电器实际上是一种带光隔离器的无触头开关。它具有无触头、无火花、耐振动、寿命长、抗干扰能力强、可靠性高、开关速度快、工作频率高、便于小型化等一系列优点。在自动控制中，特别在微型计算机控制系统中（如数控机床中），可以用微弱的输入信号（TTL、CMOS 等电平信号）对输出电路的大功率电器进行控制。例如，用单片机控制三相异步电动机时，若采用固态继电器，则比普通的接触器有更多的优势，这点将在后续章节中提到。固态继电器已在机床、家电、汽车、通信、航空等领域得到了广泛的应用。常见的固态继电器有 JGF 和 JGX 等系列产品，其中 JGX 系列固态继电器的主要技术参数见表 2-13。

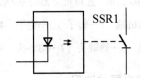

图 2-38　固态继电器　　　　　　　图 2-39　固态继电器的图形及文字符号

表 2-13　　　　　　　　　　　　JGX 系列固态继电器的主要技术参数

技术参数项目	具 体 参 数	技术参数项目	具 体 参 数
输出额定电压	AC：380V，DC：220V	接通时间	AC：10ms
输出额定电流	10A、20A、30A、40A、50A、60A、70A、80A	关断时间	AC：10ms
输出压降	2V	接通电压	DC 3V
输出漏电流	10mA	关断电压	DC 1V
输入电压范围	DC：3～32V	介质耐压	AC 1 000V
输入电流	最大 30mA		

2. 固态继电器的分类和工作原理

单相固态继电器是具有两个输入端和两个输出端的一种四端器件，按输出端负载电源类型的不同可分为直流型和交流型两类，其中，直流型是以功率晶体管的集电极和发射极作为输出端负载电路的开关控制，而交流型是以双向三端晶闸管的两个电极作为输出端负载电路的开关控制，如图 2-40 所示。交流型固态继电器按双向晶闸管的触发方式不同又可分为非过零型和

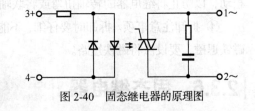

图 2-40　固态继电器的原理图

过零型。固态继电器的形式有常开式和常闭式两种，当固态继电器的输入端施加控制信号时，其输出端常开式的负载电路被导通，而常闭式的负载电路被断开。

3. 固态继电器的选用

固态继电器的选择比较简单，主要根据负载的额定工作电流和额定工作电压来选取。

4. 固态继电器的接线方法

一般固态继电器的输入端电压为 3～30V，固态继电器可以正常工作。图 2-41 中用 3 只固态继电器控制一台电动机，显然，图 2-41（a）中 3 只固态继电器的输入端是串联的，只要保证输入端的电压高于 9V 即可，为了保险起见，输入端可用 24V（这个电压值也是控制系统中最常用的值之一）电源。当然，输入端也可以采用并联的方法，但输入端的串联接法要优于输入端的并联接法。需要指出的是，若使用三相固态继电器，只需要一只就足够了。

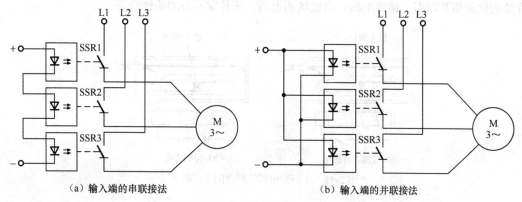

（a）输入端的串联接法　　　　　　　　　　（b）输入端的并联接法

图 2-41　用固态继电器控制三相异步电动机

5. 注意事项

① 固态继电器的输入端要求有从几毫安至 20mA 的驱动电流，最小工作电压为 3V，所以 TTL 信号和 MOS 逻辑信号通常要经晶体管缓冲级放大后再去控制固态继电器，对于 CMOS 的电路，可利用 NPN 晶体管缓冲器。当输出端的负载容量很大时，直流固态继电器可通过功率晶体管（交流固态继电器通过双向晶闸管）再驱动负载。

② 当温度超过 35℃后，固态继电器的负载能力（最大负载电流）随温度升高而下降，因此在使用时，必须注意散热或降低电流使用。由于固态继电器中使用了晶闸管，而晶闸管在工作时会产生较多的热量，因此使用固态继电器时，必须考虑散热，通常使用散热片散热，为了增强散热效果，安装固态继电器时，散热片和固态继电器之间最好涂上导热膏。

③ 对于容性或电阻负载，应限制其开通瞬间的浪涌电流值（一般为负载电流的 7 倍）；对于电感性负载，应限制其瞬时峰值电压，以防止损坏固态继电器。具体使用时，可参照产品样本或有关手册。

④ 有的工程技术人员在设计如图 2-41 所示的电路时，只用两个单相固态继电器，而把电源的第三相与电动机直接相连，这种设计方案也是可行的，请读者思考其优缺点。

2.3.7　其他继电器

继电器的种类繁多，除了上述介绍的继电器外，还有些继电器在控制系统中有着特殊的功能，如干簧继电器、压力继电器、温度继电器、过电流继电器、欠电压继电器等。下面主要介绍干簧继电器和温度继电器。

1. 干簧继电器

干簧继电器（Reed Switches）是利用磁场作用来驱动继电器触头动作的。其主要部分是干簧管，它是由一组或几组导磁簧片封装在惰性气体的玻璃管中组成开关元件的。导磁簧片既有导磁作用，又用作接触簧片，即控制触头的作用。如图 2-42 所示，利用线圈通电后，产生磁场，驱动干簧继电器动作。图 2-42（a）中线圈没有通电，触头处于断开状态；而图 2-42（b）中线圈通电，触头处于闭合状态。如图 2-43 所示，利用外磁场驱动干簧继电器动作。在磁场的作用下，干簧管内的两根磁簧片被磁化而相互吸引，接通电路；当磁场消退后，簧片靠本身的弹性分开。

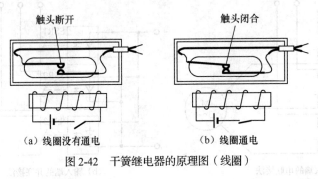

图 2-42　干簧继电器的原理图（线圈）

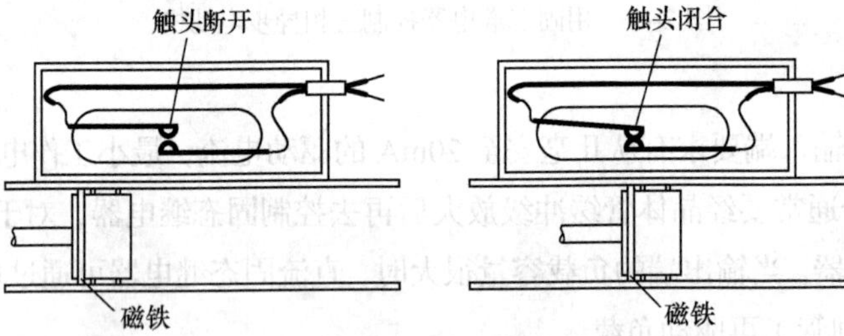

（a）线圈没有通电　　（b）线圈通电

图 2-43　干簧继电器的原理图（永久磁铁）

干簧继电器具有很多优点：结构简单，体积小；吸合功率小，灵敏度高，一般吸合与释放时间均在 0.5～2ms 以内；触头密封，不受尘埃、潮气及有害气体污染；动片质量小，动程小，触头电气寿命长等。它在检测、自动控制、计算机控制技术等领域中应用广泛。有的干簧继电器很小，其长度只有 10mm 左右，特别适合小型气缸的限位，其作用等同于限位开关，但其体积比一般限位开关小得多。

干簧继电器的接线很简单，只要两根线串接在控制电路中即可，其作用和接线方法与两线式接近开关相似，下面举出具体应用实例。

【例 2-15】　干簧继电器在气缸上的应用，如图 2-44 所示。

【解】　气缸的活塞上有环形磁铁，当活塞在左边时，活塞上的磁铁使气缸左边的干簧继电器的触头吸合，同时左边的干簧继电器上的指示灯亮，表明左边的干簧继电器的触头处于闭合状态，右边的干簧继电器的触头处于断开状态；同理，当活塞在右边时，活塞上的磁铁使气缸右边的干簧继电器的触头吸合，同时右边的干簧继电器上的指示灯亮，表明右边的干簧继电器的触头处于闭合状态，左边的干簧继电器的触头处于断开状态。

图 2-41 的用法在气缸上比较常见，有人也把干簧继电器当作磁接近开关，这和实际应用并没有冲突，因为干簧继电器在接线方法和引线的颜色上遵循与接近开关相同的规则，这些将在后面讲述。

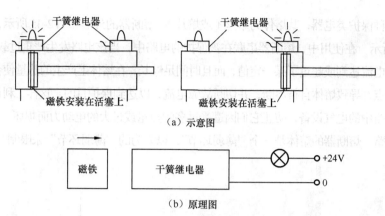

（a）示意图

（b）原理图

图 2-44 干簧继电器在气缸上的应用

2. 温度继电器

温度继电器（Temperature Sensitive Relay）是当温度达到规定值时动作的继电器，是一种对于温度变化非常敏感的热过载保护元件。温度继电器大体分为两种，一种是热敏电阻式温度继电器，另一种是双金属片式温度继电器。

温度继电器和电热继电器一样，主要是用来对电动机，特别是大、中功率异步电动机实行过载保护。在使用中一般将它埋设在电动机的发热部位（如定子槽中或绕组端部），无论是电动机本身出现的温度升高，还是其他原因引起的温度升高，温度继电器都可以起到保护作用，所以温度继电器直接反映该处的发热情况，并在温度达到设置值时动作，具有"全热保护"作用。

电热继电器是按电流原则工作的，这种继电器所反映的是电动机的电流，虽然电动机过载是其绕组温升过高的主要原因，而且可通过反映电流的热元件间接反映出温升的高低。然而，即使电动机不过载，电网电压或频率的升高、周围介质温度过高、通风不良等，也足以使电动机绕组因温度过高而烧损，这却是双金属片式电热继电器保护不了的。例如，尽管电动机没有过载，但端电压过高，以致铁损非常大，绕组也可能被烤焦；又如，电动机的风扇坏了或进风口被堵塞，就是在额定负载下，绕组温升也有可能超过允许值。在这些情况下，采用热继电器就不能保护电动机了。由于热继电器与电动机往往不处于同一介质温度下，并且它们的发热时间常数又有差异，尽管采取了温度补偿措施，但仍难以恰当地反映电动机的发热情况。而采用按温度原则工作的温度继电器后，只要电动机绕组的温度（或其他埋设温度继电器的部位的温度）达到了极限允许值时，继电器就会做保护性动作。

熔断器

熔断器（Fuse）的定义：当电流超过规定值足够长时间后，通过熔断一个或几个特殊设计的和相应的部件，断开其所接入的电路，并分断电流的电器。熔断器包括组成完整电器的所有部件。

　　熔断器是一种保护类电器，其熔体为熔丝（或熔片）。熔断器的外形如图 2-45 所示，其图形和文字符号如图 2-46 所示。在使用中，熔断器串联在被保护的电路中，当该电路发生严重过载或短路故障时，如果通过熔体的电流达到或超过了某一定值，而且时间足够长，在熔体上产生的热量会使其温度升高到熔体金属的熔点，导致熔体自行熔断，并切断故障电流，以达到保护目的。这样，利用熔体的局部损坏可保护整个电路中的电气设备，防止它们因遭受过多的热量或过大的电动力而损坏。从这一点来看，相对被保护的电路，熔断器的熔体是一个"薄弱环节"，以人为的"薄弱环节"来限制乃至消灭事故。

FU

图 2-45　RT23 熔断器　　　　　　　　　图 2-46　熔断器的图形和文字符号

　　熔断器结构简单，使用方便，价格低廉，广泛用于低压配电系统中，主要用于短路保护，也常作为电气设备的过载保护元件。

1. 熔断器的种类、结构和工作原理

（1）瓷插式熔断器

　　瓷插式熔断器是指熔体靠导电插件插入底座的熔断器。这种熔断器由瓷盖、瓷底座、动触头、静触头及熔体组成，如图 2-47 所示。熔断器的电源线和负载线分别接在瓷底座两端静触头的接线桩上，熔体接在瓷盖两端的动触头上，中间经过凸起的部分，如果熔体熔断，产生的电弧被凸起部分隔开，使其迅速熄灭。较大容量熔断器的灭弧室中还垫有熄灭电弧用的石棉织物。这种熔断器结构简单，使用方便，价格低廉，广泛用于照明电路和小功率电动机的短路保护，常用型号为 RC1A 系列。

（2）螺旋式熔断器

　　螺旋式熔断器是指带熔体的载熔件借助螺纹旋入底座而固定于底座的熔断器，其外形如图 2-48 所示。熔体的上端盖有一个熔断指示器，一旦熔体熔断，指示器会马上弹出，可透过瓷帽上的玻璃孔观察到。它常用于机床电气控制设备中。螺旋式熔断器分断电流较大，可用于电压等级 500V 及其以下、电流等级 200A 以下的电路中，起短路保护或者过载保护作用。常见的 RL1、RL5、RL6 和 RS0 等系列。

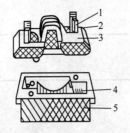
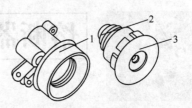

图 2-47　瓷插式熔断器　　　　　　　　图 2-48　螺旋式熔断器

1—动触头　2—熔体　3—瓷盖　　　　　1—瓷底座　2—熔体　3—瓷帽
4—静触头　5—瓷底座

（3）封闭式熔断器

封闭式熔断器是指熔体封闭在熔管的熔断器，如图 2-49 所示。封闭式熔断器分为有填料封闭式熔断器和无填料封闭式熔断器两种。有填料封闭式熔断器一般用瓷管制成，内装石英砂及熔体，其分断能力强，用于电压等级 500V 以下、电流等级 1kA 以下的电路中。无填料封闭式熔断器将熔体装入封闭式筒中，如图 2-50 所示，分断能力稍小，用于 500V 以下、600A 以下的电力网或配电设备中。常见的无填料封闭式熔断器有 RM10 系列。常见的有填料封闭式熔断器有 RT10、RS0 等系列。

图 2-49　封闭式熔断器

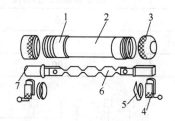

图 2-50　无填料封闭式熔断器
1—黄铜管　2—绝缘管　3—黄铜帽　4—夹座
5—瓷盖　6—熔体　7—触刀

（4）快速熔断器

快速熔断器主要用于半导体整流元件或整流装置的短路保护。由于半导体元件的过载能力很低，只能在极短时间内承受较大的过载电流，因此要求短路保护具有快速熔断的能力。快速熔断器的结构和有填料封闭式熔断器基本相同，但熔体材料和形状不同，它是以银片冲压制作的有 V 形深槽的变截面熔体，常见的有 RS0 系列产品。

（5）自复熔断器

自复熔断器采用金属钠作熔体，在常温下具有高电导率。当电路发生短路故障时，短路电流产生高温使钠迅速气化，气态钠呈现高阻态，从而限制了短路电流；当短路电流消失后，温度下降，金属钠恢复原来的良好导电性能。自复熔断器只能限制短路电流，不能真正分断电路。其优点是不必更换熔体，能重复使用。常见的自复熔断器有 RZ 系列产品。

我国常用的熔断器型号有 RL1、RL6、RT0、RT14、RT15、RT16、RT18、RT19、RT23、RW 等系列产品。

2. 熔断器的技术参数

（1）额定电压

额定电压是指熔断器长期工作时和分断后能够承受的电压，其数值一般大于或等于电气设备的额定电压。

（2）额定电流

额定电流是指熔断器长期工作时，设备部件温升不超过规定值时所能承受的电流。厂家为了减少熔断器（管）额定电流的规格，熔断器（管）的额定电流等级比较少，而熔体的额定电流等级比较多，也即在值一个额定电流等级的熔断器（管）内可以分装几个额定电流等级的熔体，但熔体的额定电流最大值不能超过熔断器（管）的额定电流值。

（3）极限分断能力

极限分断能力是指熔断器在规定的额定电压和功率因数（或时间常数）的条件下能分断的最大电流值，在电路中出现的最大电流值一般是指短路电流值。所以，极限分断能力也是反映了熔断器分断短路电流的能力。RT23 系列熔断器的主要技术参数见表 2-14，其型号的含义如图 2-51 所示。

表 2-14   RT23 系列熔断器的主要技术参数

型 号	熔断器额定电流/A	熔体额定电流/A
RT23-16	16	2、4、6、8、10、16
RT23-63	63	10、16、20 、25、32、40、50、63
RT23-100	100	32、40、50、63、80、100

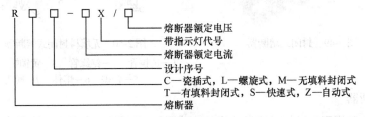

图 2-51   熔断器型号的含义

3. 熔断器的选用

选择熔断器主要是选择熔断器的类型、额定电压、额定电流及熔体的额定电流。熔断器的额定电压应大于或等于电路的工作电压，熔断器的额定电流应大于或等于熔体的额定电流。

下面详细介绍一下熔体额定电流的选择。

① 用于保护照明或电热设备的熔断器，因为负载电流比较稳定，所以熔体的额定电流应等于或稍大于负载的额定电流，即 $I_{re} \geq I_e$。其中，I_{re} 为熔体的额定电流；I_e 为负载的额定电流。

② 用于保护单台长期工作电动机（即供电支线）的熔断器，考虑电动机启动时不应熔断，即 $I_{re} \geq (1.5 \sim 2.5)I_e$。其中，$I_{re}$ 为熔体的额定电流；I_e 为电动机的额定电流；轻载启动或启动时间比较短时系数可以取 1.5，当带重载启动时间比较长时系数可以取 2.5。

③ 用于保护频繁启动电动机（即供电支线）的熔断器，考虑频繁启动时发热，熔体也不应熔断，即 $I_{re} \geq (3 \sim 3.5)I_e$。其中，$I_{re}$ 为熔体的额定电流；I_e 为电动机的额定电流。

④ 用于保护多台电动机（即供电干线）的熔断器，在出现尖峰电流时也不应熔断。通常，将其中功率最大的一台电动机启动，而其余电动机运行时出现的电流作为其尖峰电流，为此，熔体的额定电流值应满足 $I_{re} \geq (1.5 \sim 2.5) I_{emax} + \sum I_e$。其中，$I_{re}$ 为熔体的额定电流；I_{emax} 为多台电动机中功率最大的一台电动机的额定电流；$\sum I_e$ 为其余电动机的额定电流之和。

⑤ 为防止发生越级熔断，上、下级（即供电干、支线）熔断器间应有良好的协调配合，为此，应使上一级（供电干线）熔断器的熔体额定电流比下一级（供电支线）大 1～2 个级差。

4. 选择熔断器的注意事项

① 熔断器额定电流和熔体额定电流是不同的概念。

② 熔断器的安装位置及相互间的距离应便于更换熔体。在安装螺旋式熔断器时，必须注意将电源接到瓷底座的下线端，以保证安全。

③ 熔体的指示器应安装在便于观察的一侧。在运行中应经常检查熔断器的指示器，以便及时发现电路单相运行情况。若发现瓷底座有沥青状物质流出，说明熔断器接触不良，温升过高，应及时处理。

【例 2-16】 一个电路中有一台不频繁启动的三相异步电动机，无反转和反接制动，轻载启动，此电动机的额定功率为 2.2kW、额定电压为 380V，请选用合适的熔断器（不考虑熔断器的外形）。

【解】 在电路中的额定电流为

$$I_N = \frac{P_N}{U_N} = \frac{2\,200\text{W}}{380\text{V}} \approx 5.8\text{A}$$

因为电动机轻载启动，而且无反转和反接制动，所以熔体的额定电流为 $I_{re} = 1.6I_N = 1.6 \times 5.8\text{A} = 9.3\text{A}$，取熔体的额定电流为 10A。

又因为熔断器的额定电流必须大于或等于熔体的额定电流，可以可选取熔断器的额定电流为 32A，确定熔断器的型号为 RT18-32/10。

【例 2-17】 CA6140A 车床的快速电动机的功率为 275W，请选用合适的熔断器。

【解】 在电路中的额定电流为

$$I_N = \frac{P_N}{U_N} = \frac{275\text{W}}{380\text{V}} \approx 0.72\text{A}$$

因为电动机经常启动，而且无反转和反接制动，所以熔体的额定电流为 $I_{re} = 3.5I_N = 3.5 \times 0.72\text{A} = 2.52\text{A}$，取熔体的额定电流为 4A。

又因为熔断器的额定电流必须大于或等于熔体的额定电流，所以可选取熔断器的额定电流为 16A，确定熔断器的型号为 RT23-16/4。

2.5 主令电器

在控制系统中，主令电器（Master Switch）是用于闭合或断开控制电路，以发出指令或作为程序控制的开关电器。它一般用于控制接触器、继电器或其他电器构成的线路，从而使电路接通或分断，来实现对电力传输系统或者生产过程的自动控制。

主令电器应用广泛，种类繁多，按照其作用分类，常用的有控制按钮、行程开关、接近开关、万能转换开关、主令控制器及其他主令电器（如脚踏开关、倒顺开关、紧急开关、钮子开关等）。本节只介绍控制按钮、接近开关和行程开关。

2.5.1 控制按钮

按钮又称控制按钮（Push-button），是具有用人体某一部分（通常为手指或手掌）施加力而操作的操动器，并具有储能（弹簧）复位的控制开关。它是一种短时间接通或者断开小电流电路的手动控制器。

1. 按钮的功能

按钮是一种结构简单、应用广泛的手动主令电器，一般用于发出启动或停止指令。它可以与接触器或继电器配合，对电动机等实现远距离的自动控制，用于实现控制线路的电气联锁。按钮的图形及文字符号如图 2-52 所示。

（a）常开按钮　（b）常闭按钮　（c）复式按钮　（d）急停按钮　（e）旋钮式按钮

图 2-52　按钮的图形及文字符号

在电气控制线路中，常开按钮用来启动电动机，也称启动按钮；常闭按钮用于控制电动机停车，也称停车按钮；复合按钮用于联锁控制电路中。

2. 按钮的结构和工作原理

如图 2-53 所示，控制按钮由按钮帽、复位弹簧、桥式触头、外壳等组成，通常做成复合式，即具有常闭触头和常开触头，原始位置是接通的触头称为常闭触头（也称为动断触头），原始位置是断开的触头称为常开触头（也称为动合触头）。当按下按钮时，先断开常闭触头，后接通常开触头；当按钮释放后，在复位弹簧的作用下，按钮触头自动复位的先后顺序相反。通常，在无特殊说明的情况下，有触头电器的触头动作顺序均为"先断后合"。按钮的外形如图 2-54 所示。

图 2-53　按钮的原理图

1—按钮帽　2—复位弹簧　3—动触头
4—常开触头的静触头　5—常闭触头的静触头

图 2-54　按钮

3. 按钮的典型产品

常用的控制按钮有 LA2、LAY3、LA18、1A19、LA20、LA25、LA39、LA81、COB、LAY1 和
SFAN-1 系列。其中，SFAN-1 系列为消防打碎玻璃按钮；LA2 系列为仍在使用的老产品，新产品有
LA18、LA19、LA20 和 LA39 等系列。其中，LA18 系列采用积木式结构，触头可按需要拼装成 6
个常开、6 个常闭，而在一般情况下装成两个常开、两个常闭；LA19、LA20 系列有带指示灯和不
带指示灯两种，前者的按钮帽用透明塑料制成，兼做指示灯罩。COB 系列按钮具有防雨功能。LAY3
系列按钮的主要技术参数见表 2-15，其型号的含义如图 2-55 所示。

表 2-15　　　　　　　　　　　LAY3 系列按钮的主要技术参数

| 型　　号 | 额定电压/V | | 约定发热电流/A | 额定工作电流 | | 触头对数 | | 结构形式 |
	交流	直流		交流	直流	常开触头	常闭触头	
LAY3-22	380	220	5			2	2	一般形式
LAY3-44	380	220	5			4	4	
LAY3-22M	380	220	5			2	2	蘑菇钮
LAY3-44M	380	220	5	380V，0.79A；220V，2.26A	220V，0.27A；110V，0.55A	4	4	
LAY3-22X2	380	220	5			2	2	二位旋钮
LAY3-22X3	380	220	5			2	22	三位旋钮
LAY3-22Y	380	220	5			2	2	钥匙钮
LAY3-44Y	380	220	5			4	4	

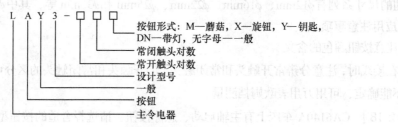

图 2-55　按钮型号的含义

4. 按钮的选用

选择按钮的主要依据是使用场所、所需要的触头数量、种类及颜色。控制按钮在结构上有按钮
式、紧急式、钥匙式、旋钮式和保护式 5 种。急停按钮装有蘑菇形的钮帽，便于紧急操作；旋钮式
按钮常用于"手动/自动模式"转换；指示灯按钮则将按钮和指示灯组合在一起，用于同时需要按钮
和指示灯的情况，可节约安装空间；钥匙式按钮用于重要的不常动作的场合。若将按钮的触头封闭
于防爆装置中，还可构成防爆型按钮，适用于有爆炸危险、有轻微腐蚀性气体或有蒸汽的环境，以
及雨、雪和滴水的场合。因此，在矿山及化工部门广泛使用防爆型控制按钮。

急停和应急断开操作件应使用红色。启动/接通操作件颜色应为白、灰或黑色，优先用白色，也
允许绿色，但不允许用红色。停止/断开操作件应使用黑、灰或白色，优先用黑色，不允许用绿色，

也允许选用红色，但靠近紧急操作器件建议不使用红色。作为启动/接通与停止/断开交替操作的按钮操作件的首选颜色为白、灰或黑色，不允许用红、黄或绿色。对于按动它们即引起运转而松开它们则停止运转（如保持-运转）的按钮操作件，其首选颜色为白、灰或黑色，不允许用红、黄或绿色。复位按钮应为蓝、白、灰或黑色，如果它们还用作停止/断开按钮，最好使用白、灰或黑色，优先选用黑色，但不允许用绿色。

　　由于用颜色区分按钮的功能致使控制柜上的按钮颜色过于繁复，因此近年来又流行趋于不用颜色区分按钮的功能，而是直接在按钮下用标牌标注按钮的功能，不过"急停"按钮必须选用红色。按钮的颜色代码及其含义见表 2-16。

表 2-16　　　　　　　　　按钮的颜色代码及其含义

颜　色	含　义	说　明	应 用 示 例
红	紧急	危险或紧急情况时操作	急停
黄	异常	异常情况时操作	干预制止异常情况，干预重新启动中断了的自动循环
绿	正常	启动正常情况时操作	
蓝	强制性	要求强制动作的情况下操作	复位
白			启动/接通（优先），停止/断开
灰	未赋予含义	除急停以外的一般功能的启动	启动/接通，停止/断开
黑			启动/接通，停止/断开（优先）

　　按钮的尺寸系列有 ϕ12mm、ϕ16mm、ϕ22mm、ϕ25mm 和 ϕ30mm 等，其中 ϕ22mm 尺寸较常用。

5. 应用注意事项

① 注意按钮颜色的含义。

② 在接线时，注意分辨常开触头和常闭触头。常开触头和常闭触头的区分可以采用肉眼观看方法，若不能确定，可用万用表欧姆挡测量。

【**例 2-18**】　CA6140A 车床上有主轴启动、急停按钮，请选择合适的按钮型号。

【**解**】　主轴急停按钮可选择红色的急停按钮，并且只需要一对常闭触头，因此选用 LAY3-01M。主轴启动按钮可选择绿色的按钮，需要一对常开触头，因此选用 LAY3-10。

2.5.2　行程开关

　　在生产机械中，常需要控制某些运动部件的行程，或者运动一定的行程停止，或者在一定的行程内自动往复返回，这种控制机械行程的方式称为"行程控制"。

　　行程开关（Travel Switches）又称限位开关（Limit Switches），是用以反应工作机械的行程，发出命令以控制其运动方向或行程大小的开关。它是实现行程控制的小电流（5A 以下）的主令电器。常见的行程开关有 LX1、LX2、LX3、LX4、LX5、LX6、LX7、LX8、LX10、LX19、LX25、LX44 等系列产品，行程开关外形如图 2-56 所示。LXK3 系列行程开关的主要技术参数见表 2-17。微动式行程开关的结构和原理与行程开关类似，其特点是体积小，其外形如图 2-57 所示。行程开关的图形及文字符号如图 2-58 所示，行程开关型号的含义如图 2-59 所示。

表 2-17　　　　　　　LXK3 系列行程开关的主要技术参数

型　　号	额定电流/V		额定控制功率/W		约定发热电流/A	触头对数		额定操作频率/（次/h）
	交流	直流	交流	直流		常开	常闭	
LXK3-11K	380	220	300	60	5	1	1	300
LXK3-11H	380	220	300	60	5	1	1	300

图 2-56　行程开关

图 2-57　微动式行程开关

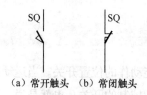

（a）常开触头　（b）常闭触头

图 2-58　行程开关的图形及文字符号

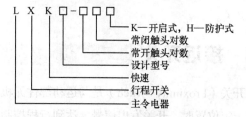

图 2-59　行程开关型号的含义

1. 行程开关的功能

行程开关用于控制机械设备的运动部件行程及限位保护。在实际生产中，将行程开关安装在预先安排的位置，当安装在生产机械运动部件上的挡块撞击行程开关时，行程开关的触头动作，实现电路的切换。因此，行程开关是一种根据运动部件的行程位置而切换电路的电器，它的作用原理与按钮类似。行程开关广泛用于各类机床和起重机械，用以控制其行程，进行终端限位保护。在电梯的控制电路中，还利用行程开关来控制开关轿门的速度、自动开关门的限位和轿厢的上、下限位保护。

2. 行程开关的结构和工作原理

行程开关按其结构不同可分为直动式、滚轮式、微动式和组合式。

直动式行程开关的动作原理与按钮相同，但其触头的分合速度取决于生产机械的运行速度，不宜用于速度低于 0.4m/min 的场所。当行程开关没有受压时，如图 2-60（a）所示，常闭触头的接线端子 2 和共接线端子 1 之间接通，而常开触头的接线端子 4 和共接线端子 1 之间处于断开状态；当行程开关受压时，如图 2-60（b）所示，在拉杆和弹簧的作用下，常闭触头分断，接线端子 2 和共接线端子 1 之间断开，而常开触头接通，接线端子 4 和共接线端子 1 接通。行程开关的结构和外形多种多样，但工作原理基本相同。

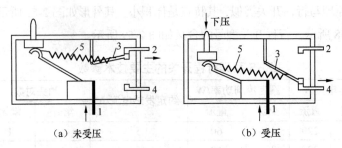

图 2-60　行程开关的原理图

1—共拉线端子　2—常闭触头的拉线端子　3—拉杆　4—常开触头的拉线端子　5—弹簧

3. 应用注意事项

在接线时，注意分辨常开触头和常闭触头。

【例 2-19】 CA6140A 车床上有一个皮带罩，当皮带罩取下时，车床的控制系统断电，起保护作用，请选择一个行程开关。

【解】 可供选择的行程开关很多，由于起限位作用，通常只需要一对常闭触头，因此选择 LXK3—11K 行程开关。

2.5.3　接近开关

接近开关（Proximity Switch）是与运动部件无机械接触而能动作的位置开关。当运动的物体靠近开关到一定位置时，开关发出信号，达到行程控制及计数自动控制的开关。也就是说，它是一种非接触式无触头的位置开关，是一种开关型的传感器，简称接近开关，又称接近传感器（Proximity Sensors）。接近开关既有行程开关、微动开关的特性，又有传感性能，而且具有动作可靠、性能稳定、频率响应快、使用寿命长、抗干扰能力强等优点。它由感应头、高频振荡器、放大器和外壳组成。常见的接近开关有 LJ、CJ 和 SJ 等系列产品。接近开关的外形如图 2-61 所示，其图形符号如图 2-62（a）所示，图 2-62（b）所示为接近开关的文字符号，表明接近开关为电容式接近开关，在画图时更加适用。

图 2-61　接近开关

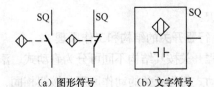

（a）图形符号　　　（b）文字符号

图 2-62　接近开关的图形及文字符号

1. 接近开关的功能

当运动部件与接近开关的感应头接近时，就使其输出一个电信号。接近开关在电路中的作用与行程开关相同，都是位置开关，起限位作用，但两者是有区别的：行程开关有触头，是接触式的位置开关；而接近开关无触头，是非接触式的位置开关。

2. 接近开关的分类和工作原理

按照工作原理区分，接近开关分为电感式、电容式、磁感式和光电式等形式；另外，根据应用电路电流的类型不同分为交流型和直流型。

① 电感式接近开关的感应头是一个具有铁氧体磁心的电感线圈，只能用于检测金属体，在工业中应用非常广泛。振荡器在感应头表面产生一个交变磁场，当金属快接近感应头时，金属中产生的涡流吸收了振荡的能量，使振荡减弱以至停振，因而产生振荡和停振两种信号，经整形放大器转换成二进制的开关信号，从而起到"开"、"关"的控制作用。通常把接近开关刚好动作时感应头与检测物体之间的距离称为动作距离。

② 电容式接近开关的感应头是一个圆形平板电极，与振荡电路的地线形成一个分布电容，当有导体或其他介质接近感应头时，电容量增大而使振荡器停振，经整形放大器输出电信号。电容式接近开关既能检测金属，又能检测非金属及液体。电容式接近开关体积较大，而且价格要贵一些。

③ 磁感式接近开关主要指霍尔接近开关，霍尔接近开关的工作原理是霍尔效应，当带磁性的物体靠近霍尔开关时，霍尔接近开关的状态翻转（如由"ON"变为"OFF"）。有的资料上将干簧继电器也归类为磁感式接近开关。

④ 光电式传感器是根据投光器发出的光，在检测体上发生光量增减，用光电变换元件组成的受光器检测物体有无、大小的非接触式控制器件。光电式传感器的种类很多，按照其输出信号的形式分类，可以分为模拟式、数字式、开关量输出式。

利用光电效应制成的传感器称为光电式传感器。光电式传感器的种类很多，其中输出形式为开关量的传感器为光电式接近开关。

光电式接近开关主要由光发射器和光接收器组成。光发射器用于发射红外光或可见光。光接收器用于接收发射器发射的光，并将光信号转换成电信号，以开关量形式输出。

按照接收器接收光的方式不同，光电式接近开关可以分为对射式、反射式和漫射式 3 种。光发射器和光接收器有一体式和分体式两种形式。

⑤ 此外，还有特殊种类的接近开关，如光纤接近开关和气动接近开关。特别是光纤接近开关在工业上使用越来越多，它非常适合在狭小的空间、恶劣的工作环境（高温、潮湿和干扰大）、易爆环境、精度要求高等条件下使用。光纤接近开关的问题是价格相对较高。

3. 接近开关的选用

常用的电感式接近开关（Inductive Sensor）有 LJ 系列产品，电容式接近开关（Capacitive Sensor）有 CJ 系列产品，磁感式接近开关有 HJ 系列产品，光电式接近开关有 OJ 系列产品。当然，还有很多厂家都有自己的产品系列，一般接近开关型号的含义如图 2-63 所示。接近开关的选择要遵循以下原则。

① 接近开关类型的选择。检测金属时优先选用电感式接近开关，检测非金属时选用电容式接近开关，检测磁信号时选用磁感式接近开关。

② 外观的选择。根据实际情况选用，但圆柱螺纹形状的最为常见。

③ 检测距离（Sensing Range）的选择。根据需要选用，但注意同一接近开关检测距离并非恒定，接近开关的检测距离与被检测物体的材料、尺寸以及物体的移动方向有关。表 2-18 列出了目标物体

材料对于检测距离的影响。不难发现，电感式接近开关对于有色金属的检测明显不如检测钢和铸铁。常用的金属材料不影响电容式接近开关的检测距离。

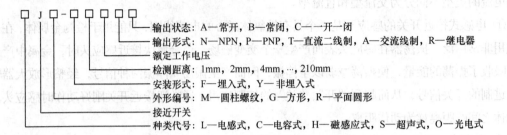

图2-63　接近开关型号的含义

表2-18　　　　　　　　　　　　　　目标物体材料对检测距离的影响

序　　号	目标物体材料	影　响　系　数	
		电　感　式	电　容　式
1	碳素钢	1	1
2	铸铁	1.1	1
3	铝箔	0.9	1
4	不锈钢	0.7	1
5	黄铜	0.4	1
6	铝	0.35	1
7	紫铜	0.3	1
8	水	0	0.9
9	PVC（聚氯乙烯）	0	0.5
10	玻璃	0	0.5

目标的尺寸同样对检测距离有影响。满足以下一个条件时，检测距离不受影响。

● 检测距离的3倍大于接近开关感应头的直径，而且目标物体的尺寸大于或等于3倍的检测距离×3倍的检测距离（长×宽）。

● 检测距离的3倍小于接近开关感应头的直径，而且目标物体的尺寸大于或等于检测距离×检测距离（长×宽）。

如果目标物体的面积达不到推荐数值时，接近开关的有效检测距离将按照表2-19推荐的数值减少。

表2-19　　　　　　　　　　　　　目标物体的面积对检测距离的影响

占推荐目标面积的比例	影　响　系　数	占推荐目标面积的比例	影　响　系　数
75%	0.95	25%	0.85
50%	0.90		

④ 信号的输出选择。交流接近开关输出交流信号，而直流接近开关输出直流信号。注意，负载的

电流一定要小于接近开关的输出电流，否则应添加转换电路解决。接近开关的信号输出能力见表 2-20。

表 2-20　　　　　　　　　　　接近开关的信号输出能力

接近开关种类	输出电流/mA	接近开关种类	输出电流/mA
直流二线制	50～100	直流三线制	150～200
交流二线制	200～350		

⑤ 触头数量的选择。接近开关有常开触头和常闭触头，可根据具体情况选用。

⑥ 开关频率的确定。开关频率是指接近开关每秒从"开"到"关"转换的次数。直流接近开关的频率可达 200Hz；而交流接近开关要小一些，只能达到 25Hz。

⑦ 额定电压的选择。对于交流型的接近开关，优先选用 AC 220V 和 AC 36V；而对于直流型的接近开关，优先选用 DC 12V 和 DC 24V。

4. 应用接近开关的注意事项

（1）单个 NPN 型和 PNP 型接近开关的接线

在直流电路中使用的接近开关有二线制（2 根导线）、三线制（3 根导线）和四线制（4 根导线）等多种，二线、三线、四线制接近开关都有 NPN 型和 PNP 型两种。通常，日本和美国多使用 NPN 型接近开关，欧洲各国多使用 PNP 型接近开关，而我国则二者都有应用。NPN 型和 PNP 型接近开关的接线方法不同，正确使用接近开关的关键就是正确接线，这一点至关重要。

接近开关的导线有多种颜色，一般地，BN 表示棕色的导线，BU 表示蓝色的导线，BK 表示黑色的导线，WH 表示白色的导线，GR 表示灰色的导线。根据国家标准，各颜色导线的作用按照表 2-21 定义。对于二线制 NPN 型接近开关，棕色线与负载相连，蓝色线与零电位点相连；对于二线制 PNP 型接近开关，棕色线与高电位相连，负载的一端与接近开关的蓝色线相连，而负载的另一端与零电位点相连。图 2-64 和图 2-65 所示分别为二线制 NPN 型接近开关接线图和二线制 PNP 型接近开关接线图。

表 2-21　　　　　　　　　　　接近开关的导线颜色定义

种　类	功　能	接线颜色	端　子　号
交流二线制和直流二线制（不分极性）	NO（接通）	不分正负极，颜色任选，但不能为黄色、绿色或黄绿双色	3、4
	NC（分断）		1、2
直流二线制（分极性）	NO（接通）	正极棕色，负极蓝色	1、4
	NC（分断）	正极棕色，负极蓝色	1、2
直流三线制（分极性）	NO（接通）	正极棕色，负极蓝色，输出黑色	1、3、4
	NC（分断）	正极棕色，负极蓝色，输出黑色	1、3、2
直流四线制（分极性）	正极	棕色	1
	负极	蓝色	3
	NO 输出	黑色	4
	NC 输出	白色	2

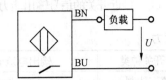

图 2-64　二线制 NPN 型接近开关接线图

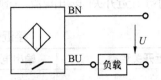

图 2-65　二线制 PNP 型接近开关接线图

表 2-21 中的"NO"表示常开、输出，而"NC"表示常闭、输出。

对于三线制 NPN 型接近开关，棕色的导线与负载一端相连，同时与电源正极相连；黑色的导线是信号线，与负载的另一端相连；蓝色的导线与电源负极相连，如图 2-66 所示。对于三线制 PNP 型接近开关，棕色的导线与电源正极相连；黑色的导线是信号线，与负载的一端相连；蓝色的导线与负载的另一端及电源负极相连，如图 2-67 所示。

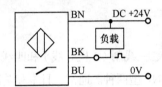

图 2-66　三线制 NPN 型接近开关接线图

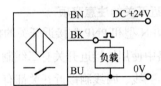

图 2-67　三线制 PNP 型接近开关接线图

四线制接近开关的接线方法与三线制接近开关类似，只不过四线制接近开关多了一对触头而已，其接线如图 2-68 和图 2-69 所示。

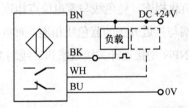

图 2-68　四线制 NPN 型接近开关接线图

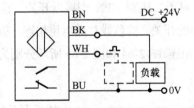

图 2-69　四线制 PNP 型接近开关接线图

（2）单个 NPN 型和 PNP 型接近开关的接线常识

初学者经常不能正确区分 NPN 型和 PNP 型接近开关，其实只要记住一点：PNP 型接近开关是正极开关，也就是信号从接近开关流向负载；而 NPN 型接近开关是负极开关，也就是信号从负载流向接近开关。

（3）接近开关的并联

直流型接近开关允许并联接法，但一般不推荐将交流型接近开关进行并联。接近开关并联接线如图 2-70 所示，二极管的作用是为了防止过载。当剩余电流足够小时，可以最多并联 30 个接近开关。

（4）接近开关的串联

接近开关串联接线如图 2-71 所示，接近开关的数量取决于串联的接近开关的电压降低数，并与负载的要求电压密切相关。注意，当接近开关不适合或者不允许采用并联或串联方式时，可以采用其他的电路实现同样的功能。

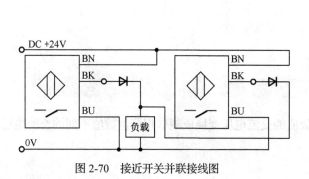

图 2-70　接近开关并联接线图

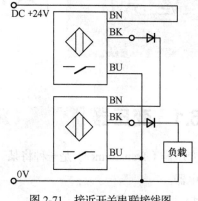

图 2-71　接近开关串联接线图

【例 2-20】 在图 2-72 中，有一只 NPN 型接近开关与指示灯相连，当一个铁块靠近接近开关时，电路中的电流会怎样变化？

【解】 指示灯就是负载，当铁块到达接近开关的感应区时，电路突然接通，指示灯由暗变亮，电流从很小变化到 100% 的幅度，电流曲线如图 2-73 所示（理想状况）。

图 2-72　接近开关与指示灯相连的示意图

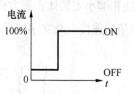

图 2-73　电路电流变化曲线

【例 2-21】 某设备用于检测 PVC 物块，当检测物块时，设备上的 DC 24V 功率为 12W 的报警灯亮，请选用合适的接近开关，并画出原理图。

【解】 因为检测物体的材料是 PVC，所以不能选用电感式接近开关，但可选用电容式接近开关。报警灯的额定电流为 $I_N = \dfrac{P_N}{U_N} = \dfrac{12W}{24V} = 0.5A$，查表 2-20 可知，直流接近开关承受的最大电流为 0.2A，所以采用图 2-67 的方案不可行，信号必须进行转换，原理如图 2-74 所示。当物块靠近接近开关时，黑色的信号线上产生高电平，其负载继电器 KA 的线圈得电，继电器 KA 的常开触头闭合，所以报警灯 HL 点亮。

由于没有特殊规定，所以 PNP 或 NPN 型接近开关以及二线或三线制接近开关都可以选用。本例选用三线制 PNP 型接近开关。

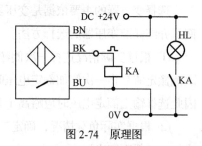

图 2-74　原理图

2.6　其他电器

2.6.1　变压器

变压器（Transformer）是一种将某一数值的交流电压变换成频率相同但数值不同的交流电压的静止电器。

1. 控制变压器

常用的控制变压器有 JBK、BKC、R、BK、JBK5 等系列。其中，JBK 系列是机床控制变压器，适用于交流 50～60Hz、输入电压不超过 660V 的电路；BK 系列控制变压器适用于交流 50～60Hz 的电路，作为机床和机械设备中一般电器的控制电源、局部照明及指示电源；JBK5 系列是引进德国西门子公司的产品。

现在普遍采用的三相交流系统中，三相电压的变换可用 3 台单相变压器，也可用一台三相变压器，从经济性和缩小安装体积等方面考虑，可优先选择三相变压器。图 2-75 所示为三相变压器的图形（星形-三角形连接）及文字符号，其外形如图 2-76 所示。

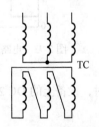

图 2-75　变压器的图形及文字符号　　　　图 2-76　三相变压器

2. 控制变压器的选用

选择变压器的主要依据是变压器的额定值，根据设备的需要，变压器有标准和非标准两类。下面只介绍标准变压器的选择方法。

① 根据实际情况选择一次侧额定电压 U_1（380V、220V），再选择二次侧额定电压 U_2、U_3，二次侧额定值是指一次侧加额定电压时，二次侧的空载输出，二次侧带有额定负载时输出电压下降 5%，因此选择输出额定电压时应略高于负载额定电压。

② 根据实际负载情况，确定二次绕组额定电流 I_1、I_2、I_3…，一般绕组的额定输出电流应大于或等于负载额定电流。

③ 二次侧额定功率由总功率确定，总功率的算法为

$$P_2 = U_2I_2 + U_3I_3 + U_4I_4 + \cdots$$

根据二次电压、电流（或总功率）可选择变压器，三相变压器也是按以上方法进行选择的。控制变压器型号的含义如图 2-77 所示，JBK 系列变压器的主要技术参数见表 2-22。

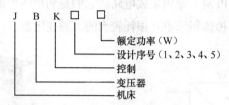

图 2-77　控制变压器型号的含义

表 2-22　　　　　　　　　　JBK 系列变压器的主要技术参数

额定功率/W	各绕组功率分配/W		
	控 制 电 路	照 明 电 路	指 示 电 路
160	160		
	90	60	10
	100	60	
	150		10
250	250		
	240		10
	170	80	
	160	80	10

【例 2-22】　CA6140A 车床上有额定电压为 24V、额定功率为 40W 的照明灯一盏，以及额定电压为 24V 的控制电路，据估算，控制电路的功率不大于 60W，请选用一个合适的变压器（可以不考虑尺寸）。

【解】　二次侧额定功率由总功率确定，总功率为

$$P_2 = U_2 I_2 + U_3 I_3 = 100W$$

一次电压为 380V，二次电压为 24V 和 24V。变压器具体型号为 JBK2-160，其中，照明电路分配功率 60W，控制电路分配功率 100W。

2.6.2 直流稳压电源

直流稳压电源（Power）的功能是将非稳定交流电源变成稳定直流电源，其图形和文字符号如图 2-78 所示。在自动控制系统中，特别是数控机床系统中，需要稳压电源给步进驱动器、伺服驱动器、控制单元（如 PLC 或 CNC 等）、小直流继电器、信号指示灯等提供直流电源，而且直流稳压电源的好坏在一定程度上决定控制系统的稳定性。

1. 开关电源

开关电源称为高效节能电源，因为内部电路工作在高频开关状态，所以自身消耗的能量很低，电源效率可达 80% 左右，比普通线性稳压电源提高近一倍，其外形如图 2-79 所示。目前生产的无工频变压器式和小功率开关电源中，仍普遍采用脉冲宽度调制器（简称脉宽调制器，PWM）或脉冲频率调制器（简称脉频调制器，PFM）专用集成电路。它们是利用体积很小的高频变压器来实现电压变化及电网隔离的，因此能省掉体积笨重且损耗较大的工频变压器。

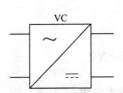

图 2-78　直流稳压电源的图形和文字符号

图 2-79　开关电源

开关电源具有效率高、允许输入电压范围宽、输出电压纹波小、输出电压小幅度可调（一般调整范围为±10%）和具备过电流保护功能等优点，因而得到了广泛的应用。

2. 电源的选用

在选择电源时需要考虑的问题主要有输入电压范围、电源的尺寸、电源的安装方式和安装孔位、电源的冷却方式、电源在系统中的位置及走线、环境温度、绝缘强度、电磁兼容、环境条件和纹波噪声。

① 电源的输出功率和输出路数。为了提高系统的可靠性，一般选用的电源工作在 50%～80% 负载范围内为佳。由于所需电源的输出电压路数越多，挑选标准电源的机会就越小，同时增加输出电压路数会带来成本的增加，因此目前多路输出的电源以 3 路、4 路输出较为常见。所以，在选择电源时应该尽量选用多路输出共地的电源。

② 应选用厂家的标准电源，包括标准的尺寸和输出电压。标准的产品价格相对便宜，质量稳定，而且供货期短。

③ 输入电压范围。以交流输入为例，常用的输入电压规格有 110V、220V 和通用输入电压（AC 85～264V）3 种规格。在选择输入电压规格时，应明确系统将会用到的地区，如果要出口美国、日本等市电为交流 110V 的国家，可以选择交流 110V 输入的电源，而只在国内使用时，可以选择交流 220V 输入的电源。

④ 散热。电源在工作时会消耗一部分功率，并且产生热量释放出来，所以用户在进行系统设计时（尤其是封闭的系统）应考虑电源的散热问题。如果系统能形成良好的自然对流风道，且电源位于风道上时，可以考虑选择自然冷却的电源；如果系统的通风比较差，或者系统内部温度比较高，则应选择风冷式电源。另外，选择电源时还应考虑电源的尺寸、工作环境、安装形式和电磁兼容等因素。

【例 2-23】某一电路有电压为+12V、功率为 1.8W 的直流继电器 10 只和电压为 5V、功率为 0.8W 的直流继电器 5 只，请选用合适的电源（不考虑尺寸和工作环境等）。

【解】　选择输入电压为 220V，输出电压为+5V、+12V 和−12V 3 路输出。

$P_{总} = P_1 + P_2 = 18W + 4W = 22W$，因为一般选用的电源工作在 50%～80%负载范围内，所以电源功率应该不小于 1.15 倍的 $P_{总}$，即不小于 27.5W，最后选择 T-30B 开关电源，功率为 30W。

2.6.3　导线和电缆

工业现场主要有 3 种常见的导线（Electric Wire）：动力线、控制线、信号线，与此相对应有 3 种类型的电缆。导线和电缆的选择应考虑工作条件（如电压、电流和电击的防护）和可能存在的外界影响（如环境温度、湿度，或存在腐蚀物质、燃烧危险和机械应力，包括安装期间的应力）。因而导线的横截面积、材质（铜或铝等）、绝缘材料都是设计时需要考虑的，可以参照相关手册。

1. 导线的分类

导线一般分为 4 类，其用途见表 2-23。

表 2-23　　　　　　　　　　　　　　导线的分类

类　　别	说　　　　明	用　　　途
1	铜或铝截面的硬线，截面积一般至少为 16mm²	用于无振动的固定安装
2	铜或铝最少股的绞芯线，截面积一般大于 16mm²	
5	多股细铜绞合线	用于有机械振动的安装，连接移动部件
6	多股极细铜软线	用于频繁移动

2. 正常工作时的载流容量

一般情况下，导线是铜质的。任何其他材质的导线都应具有承载相同电流的标称截面积，导线最高温度不应超过规定的值。如果用铝导线，截面积应至少为 16mm²。

导线和电缆的载流容量由两个因素来确定：一是在正常条件下，通过最大可能的稳态电流或间歇负载的热等效均方根值电流时导线的最高允许温度；二是在短路条件下，允许的短时极限温度。在稳态情况下环境温度为 40℃时，设备电柜与单独部件之间用 PVC 绝缘线布线的载流容量规定见表 2-24。

表 2-24　　　　　　　　　　PVC 绝缘铜导线或电缆的载流容量 I_z

截面积/mm²	用导线管和电缆管道装置放置和保护导线（单芯电缆）	用导线管和电缆管道装置放置和保护导线（多芯电缆）	没有导线管和电缆管道，电缆悬挂壁侧	电缆水平或垂直装在开式电缆托架上
	载流容量 I_z/A			
0.75	7.6			
1.0	10.4	9.6	12.6	11.5
1.5	13.5	12.2	15.2	16.1
2.5	18.5	16.5	21	22
4	25	23	28	30
6	35	29	36	37
10	44	40	50	52
16	60	53	66	70

【例 2-24】 有一个照明电路，总功率为 1.5kW，请选用一种合适的电缆。

【解】① 照明电路额定电压为 220V。

② 此照明电路额定电流为 $I_N = \dfrac{P_N}{U_N} = \dfrac{1\,500\text{W}}{220\text{V}} \approx 6.8\text{A}$，可选择载流容量 $I_z > 6.8$A 的电缆，查表 2-24 可知，截面积为 1mm² 的单芯铜电缆的载流容量 $I_z = 10.4$A 满足要求。

【例 2-25】 CA6140 车床的主电动机的额定电压为 380V、额定功率为 7.5kW，请对电动机的动力线选用合适的电缆。

【解】 电路中的额定电流 $I_N = \dfrac{P_N}{U_N} = \dfrac{7\,500\text{W}}{380\text{V}} \approx 19.7\text{A}$，查表 2-24 可知，截面积为 2.5mm² 的单芯电缆可用作主电动机的动力线。

3. 导线的颜色标志

① 保护导线（PE）必须采用黄绿双色。

② 动力电路的中性线（N）和中间线（M）必须是浅蓝色。

③ 交流或直流动力电路应采用黑色。

④ 交流控制电路采用红色。

⑤ 直流控制电路采用蓝色。

⑥ 用作控制电路联锁的导线，如果是与外边控制电路连接，而且当电源开关断开时仍带电，应采用橘黄色或黄色。

⑦ 与保护导线连接的电路采用白色。

2.6.4　指示灯

指示灯（Indicator Light）是用亮信息或暗信息来提供光信号的灯，具体作用如下。

① 指示：引起操作者注意或指示操作者应该完成某种任务。红、黄、绿和蓝色通常用于这种方式。

② 确认：用于确认一种指令、一种状态或情况，或者用于确认一种变化或转换阶段的结束。蓝色和白色通常用于这种方式，某些情况下也可用绿色。

图 2-80 所示为指示灯的外形，图 2-81 所示为指示灯的图形及文字符号，图 2-82 所示为指示灯型号的含义。指示灯的颜色应符合表 2-25 的要求。

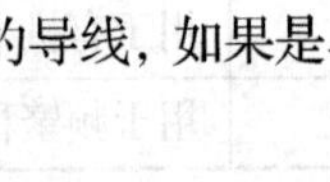

图 2-80　指示灯 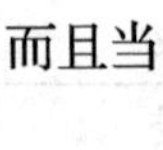　　　　　图 2-81　指示灯的图形及文字符号

图 2-82　指示灯型号的含义

表 2-25　　　　　　　　　　指示灯颜色的含义

颜 色	含 义	说 明	操作者的动作
红	紧急	危险情况	立即动作处理危险
黄	异常	异常情况、紧急	监视或干预
绿	正常	正常	任选
蓝	强制性	指示操作者需要	强制性动作
白	无确定性质	其他情况	监视

【例 2-26】　为 CA6140A 车床选择一盏合适的电源指示灯，已知控制电路的电压为 AC 24V。

【解】　选定的型号为 AD12-22/0，原因在于提示灯颈部尺寸 22 最为常见，所以颈部尺寸选定为 22；电源指示灯外形没有特殊要求，所以选为球形；红色比较显眼，故颜色定为红色；控制电路的电压为 AC 24V，所以指示灯的额定电压也为 AC 24V。

2.6.5　接线端子

接线端子（Terminal）用来与外部电路进行连接的电器的导电部分。接线端子的种类、规格非常多，现列举常用的 JH9 系列。JH9 系列接线端子的外形如图 2-83 所示，其主要技术参数见表 2-26。

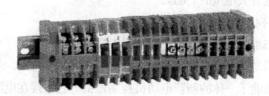

图 2-83　JH9 系列接线端子

表 2-26　　　　　　　　　JH9 系列端子块的主要技术参数

型 号	外形尺寸/mm			连接导线范围/mm²	额定电流/A	接线螺钉
	长 度	宽 度	厚 度			
JH9-1.5	32	32.4	8	0.75～1.5	17.5	M3
JH9-2.5	40	35	11	1.0～2.5	24	M4
JH9-6	43	38	14	1.5～6	41	M5
JH9-10	50	40	16.5	4～10	57	M6
JH9-25	60	42.4	18.5	10～25	101	M6

【例 2-27】　CA6140A 车床有多个端子块，请为控制电路选用合适的端子块。

【解】　控制电路的电流一般都较小，从前面的讲述可知，控制电路选用的导线截面积为 1mm²，因此选用 JH9-1.5 和 JH9-2.5 都可以，但 JH9-1.5 更合适。

2.6.6　启动器

启动器（Starter）是一种启动和停止电机所需的所有开关电器与适当的过载保护电器组合的电器。除了少数手动启动器外，一般由接触器、热继电器、控制按钮等电气元件按照一定的方式组合而成，并具有过载、失电压等保护功能，其中电磁启动器应用最为广泛。

1. 启动器的分类

按照启动方法分类，启动器有直接启动和减压启动两大类，其中减压启动器又分为星形－三角形启动器、自耦减压启动器、电抗减压启动器、电阻减压启动器和延边三角形启动器。

按照用途分类，启动器可分为可逆电磁启动器和不可逆电磁启动器。此外，还有其他的分类方法。

2. 电磁启动器

电磁启动器又称磁力启动器，是一种直接启动器。它一般由接触器、热继电器等组成，通过控制按钮操作远距离直接启动、停止中小型的三相笼型异步电动机。电磁启动器不具备短路保护功能，因此使用时需要在主电路中加装熔断器或者低压断路器。

常用的启动器有 QC25、QC36、MSJB、MSBB 等系列产品，其中 MSJB 和 MSBB 系列是引进德国的技术生产的。

3. 综合启动器

综合启动器是一种由熔断器、接触器、过载保护器件等组合的装置，是用于启动和保护电动机过载、短路或者欠电压的启动器。

QZ20 系列启动器是常用的综合启动器。

4. 软启动器

软启动器是一种用来控制笼型异步电动机的新型设备，是集电动机软启动、软停车、轻载节能和多种保护功能于一体的新颖电动机控制设备。它串接在电源和电动机之间，能通过限制电动机的启动转矩和启动电流以及控制停车，为所拖动的机械装置提供完善的控制和保护，具有无冲击电流、软停车、启动参数可调等特点。它还能在三相笼型异步电动机轻载运行时提供节能方式，从而节约能源，因此应用越来越广泛。固态启动器（Solid State Starter，SSS）也是一种软启动器。

常用的软启动器型号有瑞典 ABB 公司的 PS 系列、德国西门子公司的 3RW 系列，以及我国产生的 JKR 系列。

2.7　实训

1. 实训内容与要求

识别常用的低压电器，能分辨出接触器、中间继电器、热继电器、按钮、行程开关、断路器和接近开关的常开触头、常闭触头、主触头和辅助触头（若有）以及线圈（若有）的接线端子。

2. 实训条件

① 万用表。

② 各种接触器、中间继电器、热继电器、按钮、行程开关、接近开关实物，24V 开关电源一只，灯和导线若干。

③ 低压电器技术手册或者选型手册（通常由低压电器制造商提供）。

3. 实训步骤

（1）确定接触器的接线端子定义

方法 1

查询低压电器制造商提供的技术手册或者选型手册，手册上有该型号接触器各接线端子的详细定义。

方法 2

① 首先观察接触器，端子比较粗大的为主触头，比较细小的为辅助触头或者线圈的接线端子。

② 标注有 "NC" 的为常闭辅助触头，标注有 "NO" 的为常开辅助触头，剩下的一对接线端子为线圈接线端子。

③ 上一步可以用万用表测量，电阻为 0 的是常闭触头，电阻大于 0 但不为无穷大的是线圈，电阻为无穷大的是常开触头。

（2）确定中间继电器的接线端子定义

方法 1

查询低压电器制造商提供的技术手册或者选型手册，手册上有该型号中间继电器各接线端子的详细定义。

方法 2

通常中间继电器的外壳上有接线图，详细描述了接线端子的定义。万用表一般比较难判定中间继电器的端子定义。

（3）确定热继电器的接线端子定义

可以参考例 2-13。

（4）确定按钮的接线端子定义

方法 1

查询低压电器制造商提供的技术手册或者选型手册，手册上有该型号按钮各接线端子的详细定义。

方法 2

通常按钮的外壳上有接线图，详细描述了接线端子的定义。

方法 3

观察法，直接用肉眼观察桥式触头的通断情况，以确定按钮的接线端子的定义。此外，根据颜色也能分辨：红色为常闭触头，绿色为常开触头。

方法4

用万用表测量，电阻为 0 的是常闭触头，电阻为无穷大的是常开触头（按下按钮后，以上状态要能翻转）。行程开关的接线端子的定义的判断方法与按钮的类似。

（5）确定接近开关的接线端子定义

方法1

BN 表示棕色的导线，BU 表示蓝色的导线，BK 表示黑色的导线，WH 表示白色的导线；棕色的导线与负载相连，蓝色的导线与零电位点相连，黑色和白色的是信号端子。

方法2

通常接近开关的壳体上有接线图，详细描述了接线端子的定义。

（6）接近开关的实验

按照图 2-84 所示将一只电容式三线制 PNP 型接近开关、继电器、指示灯和电源连接起来。

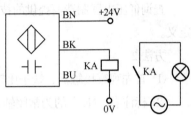

① 当有玻璃、PVC、铝和铁等物体靠近时，指示灯的明暗状态如何？

② 当把电容式接近开关换成电感式接近开关时，指示灯的明暗状态如何？

图 2-84　接近开关的接线图

③ 若把接近开关换成 NPN 型，应该如何接线？

① 重点掌握接触器、中间继电器、热继电器、时间继电器、固态继电器、按钮、熔断器、断路器、行程开关和接近开关的功能、应用场合及选型。

② 重点掌握接触器、中间继电器、热继电器、时间继电器、固态继电器、按钮、断路器、熔断器、行程开关和接近开关的接线端子定义的确定方法。

③ 重点掌握不同类型接近开关的接线方法。

④ 重点掌握电气控制系统的配线。

⑤ 掌握控制变压器、开关电源、指示灯和接线端子的选型和接线方法。

⑥ 了解刀开关、组合开关、启动器和气囊式时间继电器。

1. 在接触器标准中规定其适用工作制有什么意义？

2. 交流接触器在运行中有时在线圈断电后，衔铁仍然不掉下来，电动机不能停止，这时应如何处理？故障原因在哪里？应如何排除？

3. 接触器的线圈额定电流和额定电压与接触器的额定电流和额定电压有何区别？

4. 接触器的使用类别的含义是什么？

5. 线圈电压为 220V 的交流接触器误接入 380V 交流电源会发生什么问题？为什么？

6. 中间继电器的作用是什么？中间继电器和接触器有何区别？在什么情况下中间继电器可以取代接触器启动电动机？

7. 电动机的启动电流很大，当电动机启动时，电热继电器会不会动作？为什么？

8. 某电动机的额定功率为 5.5kW、电压为 380V、电流为 12.5A，启动电流为额定电流的 7 倍，现用按钮进行启停控制，要有短路保护和过载保护，应该选用哪种型号的接触器、按钮、熔断器、电热继电器和开关？

9. 什么是电流继电器和电压继电器？

10. 按钮和行程开关的工作原理、用途有何异同？

11. 温度继电器和电热继电器都用于保护电动机，它们的具体作用、使用条件有何不同？

12. 第 8 小题中若选用了低压断路器，还一定需要选用熔断器和电热继电器吗？请选择适合的低压断路器型号。

13. 熔断器的额定电流和熔体的额定电流有何区别？

14. 在什么情况下，电动机可以不进行过载保护？

15. 说明熔断器和电热继电器的保护功能有何不同？

16. 现使用 CJX1-9 型接触器控制一台电动机，若改用固态继电器，请选用合适的型号。

17. 空气式时间继电器如何调节延时时间？JS7-A 型时间继电器触头有哪几类？画出它们的图形符号。

18. 空气式时间继电器与晶体管式时间继电器、数显式时间继电器相比有何缺点？

19. 什么是主令电器？常用的主令电器有哪些？

20. 画出下列电器元件的图形符号，并标出其文字符号。

①断路器；②熔断器；③电热继电器的热元件和常闭触头；④时间继电器的延时断开的常开触头和延时闭合的常闭触头；⑤时间继电器的延时闭合的常开触头和延时断开的常闭触头；⑥复合按钮；⑦接触器的线圈和主触头；⑧行程开关的常开触头和常闭触头；⑨速度继电器的常开触头和常闭触头。

21. 智能电器有什么特点？其核心是什么？

22. 三线制 NPN 型接近开关怎样接线？

23. 电容式和电感式接近传感器的区别是什么？

24. 二线/三线制 NPN 和 PNP 型接近开关怎样接线？

25. 根据国家标准，三线制接近开关的信号线、电源线分别是什么颜色？

26. 常用的接近开关有哪些类型？

27. 怎样选用合适的接近开关？在选择接近开关的检测距离时要注意什么问题？

28. 固态继电器与接触器相比有何优势？

29. 某学生用万用表判定按钮的接线端子的定义，他的操作和结论如下：

① 用万用表的"欧姆挡"测定 1 号和 3 号端子间的电阻约为 0，所以判定 1 号和 3 号端子间是常闭触头。

② 用万用表的"欧姆挡"测定 1 号和 2 号端子间的电阻为无穷大，所以判定 1 号和 2 号端子间是常开触头。

请问该学生的结论是否正确？为什么？

30. 常见的启动器的种类和用途是什么？

31. 只用两个单相固态继电器，而把电源的第三相与电动机直接相连，这种设计方案的优缺点是什么？

32. 交流接触器的线圈能否串联使用？为什么？

33. 怎样区分常开和常闭触头？时间继电器的常开和常闭触头与中间继电器的常开和常闭触头有何区别？

34. 电压继电器和电流继电器在电路中起什么作用？

35. 是否可以用过电流继电器取代电热继电器作为电动机的过载保护？

36. 简要说明漏电保护器的工作原理。

37. 电子式电器的特点是什么？

38. 继电器有什么功能？

39. 同一电器的约定发热电流和额定电流哪个更大？

第3章

| 继电器－接触器控制电路 |

学习目标

- 掌握电气原理图的识读方法
- 掌握继电器－接触器控制电路的基本控制规律
- 掌握三相异步电动机的启动、正/反转、制动与调速
- 掌握直流电动机的启动、正/反转、制动与调速
- 了解单相异步电动机的启动、正/反转与调速
- 掌握电气控制系统常用的保护环节

　　继电器-接触器控制系统是应用最早的控制系统。它具有结构简单、易于掌握、维护和调整简便、价格低廉等优点，获得了广泛的应用。不同机械的电气控制系统具有不同的电气控制线路，但是任何复杂的电气控制线路都是由基本的控制环节组合而成的，在进行控制线路的原理分析和故障判断时，一般都是从这些基本的控制环节入手。因此，掌握这些基本的控制原则和控制环节对学习电气控制线路的工作原理和维修是至关重要的，本章着重介绍交流和直流电动机的启动、正/反转、制动和调速控制。

3.1　电气控制线路图

　　常用的电气控制线路图有电气原理图、电气布置图与安装接线图，下面简单介绍其中的电气原理图。

1. 电气原理图的用途

电气原理图是表示系统、分系统、成套装置、设备等实际电路以及各电气元器件中导线的连接关系和工作原理的图。绘制电气原理图时不必考虑其组成项目的实体尺寸、形状或位置。电气原理图为了解电路的作用、编制接线文件、测试、查找故障、安装和维修提供了必要的信息。

2. 电气原理图的内容

电气原理图应包含代表电路中元器件的图形符号、元器件或功能件之间的连接关系、参照代号、端子代号、电路寻迹（信号代号、位置索引标记）和了解功能件必需的补充信息。通常，主电路或其中一部分采用单线表示法。

电气原理图结构简单，层次分明，关系明确，适用于分析研究电路的工作原理，并且作为其他电气图的依据，在设计部门和生产现场获得了广泛的应用。

3. 绘制电气原理图的原则

现以图 3-1 所示的电动机启/停控制电气原理图为例来阐明绘制电气原理图的原则。

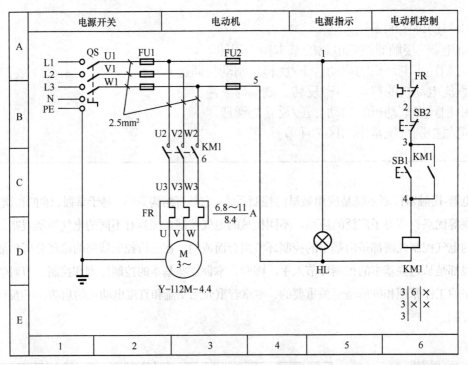

图 3-1　电动机启/停控制电气原理图

（1）电气原理图的绘制标准

电气原理图中所有的元器件都应采用国家统一规定的图形符号和文字符号。

（2）电气原理图的组成

电气原理图由主电路和辅助电路组成。主电路是从电源到电动机的电路，其中有转换开关、熔断器、接触器主触头、电热继电器发热元件与电动机等。主电路用粗线绘制在电气原理图的左侧或上方。辅助电路包括控制电路、照明电路、信号电路及保护电路等。它们由继电器、接触器的电磁线圈，继电器、接触器的辅助触头，控制按钮，其他控制元器件触头，熔断器，信号灯及控制开关等组成，用细实线绘制在电气原理图的右侧或下方。

（3）电源线的画法

电气原理图中直流电源用水平线画出，一般直流电源的正极画在电气原理图的上方，负极画在电气原理图的下方。三相交流电源线集中水平画在电气原理图的上方，相序自上而下按照 L1、L2、L3 排列，中性线（N 线）和保护接地线（PE 线）排在相线之下。主电路垂直于电源线画出，控制电路与信号电路垂直于两条水平电源线之间画出。耗电元器件（如接触器、继电器的线圈，电磁铁线圈，照明灯，信号灯等）直接与下方的水平电源线相接，控制触头接在上方的水平电源线与耗电元器件之间。

（4）电气原理图中电气元器件的画法

电气原理图中的各电气元器件均不画实际的外形图，只是画出其带电部件，同一电气元器件上的不同带电部件是按电路中的连接关系画出的，但必须按国家标准规定的图形符号画出，并且用同一文字符号标明。对于几个同类电器，在表示名称的文字符号之后加上数字序号，以示区别。

（5）电气原理图中电气触头的画法

电气原理图中各元器件触头状态均按没有外力作用时或未通电时触头的自然状态画出。对于接触器、电磁式继电器按电磁线圈未通电时的触头状态画出；对于控制按钮、行程开关的触头按不受外力作用时的状态画出；对于断路器和开关电器的触头按断开状态画出。当电气触头的图形符号垂直放置时，以"左开右闭"的原则绘制，即垂线左侧的触头为常开触头，垂线右侧的触头为常闭触头；当符号为水平放置时，以"上闭下开"的原则绘制，即在水平线上方的触头为常闭触头，水平线下方的触头为常开触头。

（6）电气原理图的布局

电气原理图按功能布置，即同一功能的电气元器件集中在一起，尽可能按动作顺序从上到下或从左到右的原则绘制。

（7）线路连接点、交叉点的绘制

在电路图中，对于需要测试和拆接的外部引线的端子，采用"空心圆"表示；有直接电联系的导线连接点，用"实心圆"表示；无直接电联系的导线交叉点不画黑圆点。在电气原理图中要尽量避免线条的交叉。

（8）电气原理图的绘制要求

电气原理图的绘制要层次分明，各电气元器件及触头的安排要合理，既要做到所用元器件、触头最少，耗能最少，又要保证电路运行可靠，节省连接导线及安装、维修方便。

4. 关于电气原理图图面区域的划分

为了便于确定电气原理图的内容和组成部分在图中的位置，有利于检索电气线路，因此常在各种幅面的图纸上分区。每个分区内竖边用大写的拉丁字母编号，横边用阿拉伯数字编号。编号的顺序应从与标题栏相对应的图幅的左上角开始，分区代号用该区的拉丁字母或阿拉伯数字表示，有时为了分析方便，也把数字区放在图的下面。为了方便理解电路工作原理，还常在图面区域对应的原

理图上方标明该区域的元器件或电路的功能，以方便阅读分析。

5. 继电器、接触器触头位置的索引

在电气原理图中，继电器、接触器线圈的下方注有其触头在图中位置的索引代号，索引代号用图面区域号表示。其中，左栏为常开触头所在的图区号，右栏为常闭触头所在的图区号。

6. 电气原理图中技术数据的标注

在电气原理图中各电气元器件的相关数据和型号常在电气元器件文字符号下方标注。图 3-1 中电热继电器文字符号 FR 下方标有 6.8～11，此数据为该电热继电器的动作电流值范围，而 8.4 为该电热继电器的整定电流值。关于布置图和接线图，将在第 4 章通过具体实例讲解。

3.2 继电器-接触器控制电路的基本控制规律

3.2.1 自锁和互锁

自锁和互锁统称为电器的联锁控制，在电气控制中应用十分广泛。

图 3-2 所示为电动机的单向连续运转控制线路。这是典型的利用接触器的自锁实现连续运转的电气控制线路。当合上电源开关 QS 时，按下启动按钮 SB1，控制电路中接触器的线圈 KM 得电，接触器的衔铁吸合，使接触器的常开触头闭合，电动机的绕组通电，电动机全压启动。此时，虽然 SB1 按钮松开，但接触器的线圈仍然通电，电动机正常运转，这种利用继电器或接触器自身的辅助触头使其线圈保持通电的现象称为自锁，也称为自保。电动机停止时，只需要按下按钮 SB2，线圈回路断开，衔铁复位，主电路及自锁电路均断开，电动机失电停止。这个电路也称为"启-保-停"电路。

图 3-3 所示为带互锁的三相异步电动机的正/反转控制线路。在生产实践中，有很多情况需要电动机正/反转运行，如夹具的夹紧与松开、升降机的提升与下降等。要改变电动机的转向，只需要改变三相电动机的相序，也就是说，将三相电动机的绕组任意两相换相即可。在图 3-3 中，KM1 是正转接触器，KM2 是反转接触器。当按下 SB1 按钮时，SB1 的常开触头接通，KM1 线圈得电，KM1 的常开触头闭合自锁，KM1 的常闭触头断开使 KM2 的线圈不能上电，电动机通电正向运行。当按下 SB3 按钮使电动机停机后，再按下 SB2 按钮时，SB2 的常开触头接通，KM2 的线圈得电，KM2 的常开触头闭合自锁，电动机通电反向运行，KM2 的常闭触头断开使 KM1 的线圈不能上电。如果不使用 KM1 和 KM2 的常闭触头，那么当 SB1 和 SB2 同时按下时，电动机的绕组会发生短路，因此任何时候只允许一个接触器工作。为了适应这一要求，当按下正转按钮时，KM1 通电，KM1 使 KM2 不通电；同理，KM2 通电，KM2 使 KM1 不通电，构成这种制约关系称为互锁。利用接触器、

继电器等电器的常闭触头的互锁称为电器互锁。这种按下 SB1 按钮就正转，按下 SB3 按钮使电动机停机后再按 SB2 按钮才反转的控制电路称为"正-停-反"电路，这种电路很有代表性。

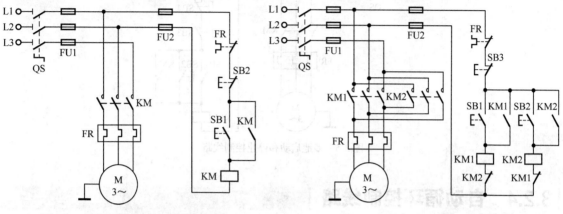

图 3-2　电动机单向连续运转控制线路　　　　　　图 3-3　按钮联锁正/反转控制线路

3.2.2　点动和连续运行控制线路

在生产实践中，机械设备有时需要长时间运行，有时需要间断工作，因而控制电路要有连续工作和点动工作两种状态。

电动机点动控制线路如图 3-4 所示。当电源开关 QS 合上时，按下按钮 SB1，接触器线圈获电吸合，KM 的主触头闭合，电动机 M 启动运行。当松开按钮 SB1 时，接触器 KM 的线圈断电释放，KM 的主触头断开，电动机 M 断电停止转动。这个电路不能实现连续运转。电动机连续运转控制线路如图 3-2 所示，接触器的自锁使电动机的绕组持续通电，因此可以实现连续运转（长动）控制。

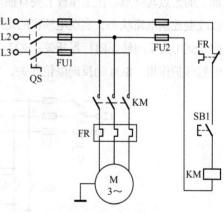

图 3-4　电动机点动控制线路

3.2.3　多地联锁控制线路

多地联锁控制线路如图 3-5 所示。

在一些大型生产机械设备上，要求操作人员在不同的方位进行操作与控制，即实现多地控制。多地控制是用多组启动按钮、停止按钮来进行的，这些按钮连接的原则是，启动按钮的常开触头要并联，即逻辑或的关系；停止按钮的常闭触头要串联，即逻辑与的关系。当要使电动机停机时，按下 SB3 或者 SB4 按钮均可，SB3 或者 SB4 按钮分别安装在不同的方位；当要启动电动机时，按下 SB1 或者 SB2 按钮均可，SB1 或者 SB2 按钮分别安装在不同的方位。

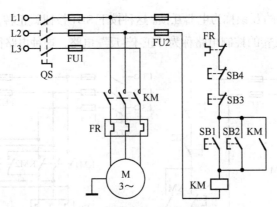

图 3-5　多地启动和停止控制线路

3.2.4　自动循环控制线路

在生产中，某些设备的工作台需要进行自动往复运行（如平面磨床），而自动往复运行通常是利用行程开关来控制自动往复运动的行程的，并由此来控制电动机的正/反转或电磁阀的通/断电，从而实现生产机械的自动往复运动。在图 3-6 中，在床身两端固定有行程开关 SQ1、SQ2，用来表明加工的起点与终点。在工作台上安有撞块，撞块随运动部件工作台一起移动，分别压下 SQ1、SQ2，以改变控制电路状态，实现电动机的正/反向运转，拖动工作台实现工作台的自动往复运动。图 3-6 中，SQ1 为反向转正向行程开关；SQ2 为正向转反向行程开关；SQ3 为正向限位开关，当 SQ1 失灵时起保护作用；SQ4 为反向限位开关，当 SQ2 失灵时起保护作用。

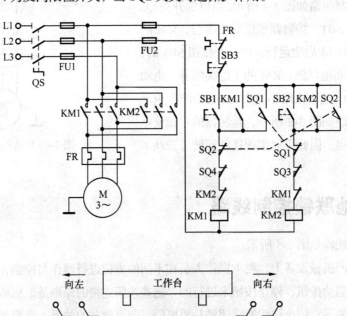

图 3-6　自动往复循环控制线路

图 3-6 中的往复运动过程：合上主电路的电源开关 QS，按下正转启动按钮 SB1，KM1 的线圈通电并自锁，电动机 M 正转启动旋转，拖动工作台前进向右移动；当移动到位时，撞块压下 SQ2，其常闭触头断开、常开触头闭合，前者使 KM1 的线圈断电，后者使 KM2 的线圈通电并自锁，电动机 M 正转变为反转，拖动工作台由前进变为后退，工作台向左移动；当后退到位时，撞块压下 SQ1，使 KM2 断电，KM1 通电，电动机 M 由反转变为正转，拖动工作台变后退为前进，如此周而复始地实现自动往返工作。当按下停止按钮 SB3 时，电动机停止，工作台停下。

3.2.5　其他控制线路

1. 既能点动又能连续运行的控制

图 3-7 所示的电路既能实现点动又能实现连续运行的控制。当按下 SB1 按钮时，KM 的线圈得电，触头自锁，电动机连续运行。当按下 SB3 按钮时，KM 的线圈得电，电动机运行；当松开按钮时，按钮复位，电动机停止运行，实现对电动机的点动控制。

2. 3 个接触器组成的正/反转电路

图 3-8 所示的电路能实现连续正/反转运行控制。当按下正转按钮 SB1 时，正转接触器 KM2 吸合，KM2 的常开辅助触头闭合自锁，电动机正转。当按下 SB3 按钮时，首先断开正转接触器 KM2，接触器 KM1 随之断开，这两个接触器组

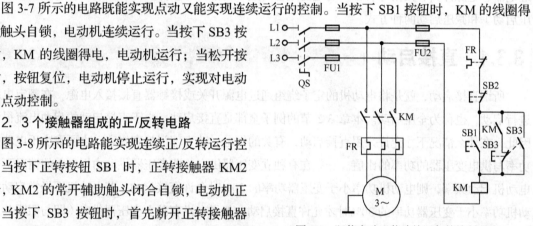

图 3-7　既能点动又能连续运行的控制电路

成四断点灭弧电路实现灭弧，随后接通反转接触器 KM3 电路，KM3 的常闭辅助触头闭合自锁；松开后，接触器 KM1 获电动作，电动机反转。这个电路由于采用了四断点电路，能有效熄灭电弧，防止电弧短路。这个电路是"正-反"电路，与"正-停-反"电路是有区别的。

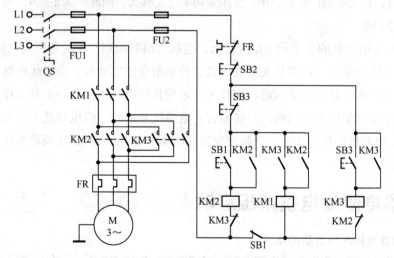

图 3-8　3 个接触器组成的正/反转电路

三相异步电动机的启动控制电路

三相异步电动机具有结构简单、运行可靠、价格便宜、坚固耐用和维修方便等一系列优点，因此，在工矿企业中三相异步电动机得到了广泛的应用。三相异步电动机的控制线路大多数由接触器、继电器、电源开关、按钮等有触头的电器组合而成。通常，三相异步电动机的启动有直接启动（全压启动）和减压启动两种方式。

3.3.1 直接启动

所谓直接启动，就是将电动机的定子绕组通过电源开关或接触器直接接入电源，在额定电压下进行启动，也称为全压启动。本章 3.2 节的例子全部是直接启动。由于直接启动的启动电流很大，因此，在什么情况下才允许采用直接启动，有关的供电、动力部门都有规定，主要取决于电动机的功率与供电变压器的功率的比值。一般在有独立变压器供电（即变压器供动力用电）的情况下，若电动机启动频繁，则电动机功率小于变压器功率的 20% 时允许直接启动；若电动机不经常启动，电动机功率小于变压器功率的 30% 时才允许直接启动。如果在没有独立变压器供电（即与照明共用电源）的情况下，电动机启动比较频繁，则常按经验公式来估算，满足下列关系则可直接启动。

$$\frac{启动电流 I_{st}}{额定电流 I_N} \leq \frac{3}{4} + \frac{电源电容量}{4 \times 电动机功率}$$

直接启动因为无需附加启动设备，并且操作控制简单、可靠，所以在条件允许的情况下应尽量采用。考虑到目前在大中型厂矿企业中，变压器功率已足够大，因此绝大多数中、小型笼型异步电动机都采用直接启动。

由于笼型异步电动机的全压启动电流很大，空载启动时的启动电流为额定电流的 4～8 倍，带载启动时的电流会更大，特别是大型电动机，若采用全压启动时，会引起电网电压的降低，使电动机的转矩降低，甚至启动困难，而且还会影响其他电网中设备的正常工作，所以大型笼型异步电动机不允许采用全压启动。一般而言，电动机启动时，供电母线上的电压降落不得超过 10%～15%，电动机的最大功率不得超过变压器功率的 20%～30%。下面将介绍几种常用的减压启动方法。

3.3.2 串电阻或电抗减压启动

1. 串电阻或电抗减压启动的原理

异步电动机采用定子串电阻或电抗的减压启动原理，如图 3-9 所示。在启动时，接触器 KM2

断开，KM1 闭合，将启动电阻 R 串入定子电路，使启动电流减小；待转速上升到一定程度后，再将 KM2 闭合，R 被短路，电动机接上全部电压而趋于稳定运行。

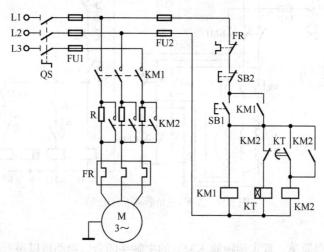

图 3-9　定子串电阻或电抗的减压启动线路

2. 定子串电阻或电抗的减压启动线路

定子串电阻或电抗的减压启动线路如图 3-9 所示。定子串电阻减压启动的过程：合上主电路的电源开关 QS，当按钮 SB1 合上时，KM1 的线圈得电自锁，电阻串入主电路（串入定子绕组电路），电动机减压启动；同时，时间继电器 KT 的线圈得电，开始延时，当电动机完全启动后，时间继电器发生动作，此时 KM2 接触器得电自锁，KM2 接触器的主触头闭合，将电阻短接，同时将时间继电器从线路中摘除，电动机正常运行。

定子串电阻或电抗的减压启动方法有以下缺点：

① 定子串电阻或电抗势必减小定子绕组的电压，由于启动转矩与定子绕组的电压的二次方成正比，定子串电阻或电抗将在很大程度上减小启动转矩，故它只适用于空载或轻载启动的场合。

② 不经济，在启动过程中，电阻上消耗的能量大，不适用于经常启动的电动机，若采用电抗代替电阻，则所需设备费较高，且体积大。

3.3.3　星形–三角形减压启动

所谓三角形（△）连接就是绕组首尾相连，如图 3-10 所示，当接触器 KM2 的主触头闭合和 KM3 的主触头断开时，电动机的三相绕组首尾相连组成三角形连接；所谓星形（丫）连接就是绕组只有一个公共连接点，当 KM3 的主触头闭合和 KM2 的主触头断开时，三相绕组只有一个公共连接点，即 KM3 的主触头处。

1. 星形–三角形减压启动的原理

星形连接用"丫"表示，三角形连接用"△"表示，星形-三角形连接用"丫-△"表示。同一台电动机以星形连接启动时，启动电压只有三角形连接的 $1/\sqrt{3}$，启动电流只有三角形连接的 1/3，因此丫-△启动能有效地减小启动电流。

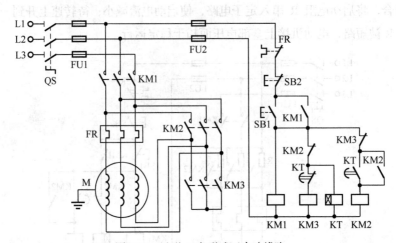

图 3-10　星形-三角形减压启动线路

Υ-△启动的过程很简单，首先接触器 KM3 的主触头闭合，电动机以星形连接启动，电动机启动后，KM3 的主触头断开，接着接触器 KM2 的主触头闭合，以三角形连接运行。

2. 星形-三角形减压启动线路

图 3-10 所示为星形-三角形减压启动线路。星形-三角形减压启动的过程：合上主电路的电源开关 QS，启动时按下 SB1 按钮，接触器 KM1 和 KM3 的线圈得电，定子的三相绕组交汇于一点，也就是 KM3 的主触头处，以星形连接，电动机减压启动；同时，时间继电器 KT 的线圈得电，延时一段时间后 KT 的常闭触头断开，KM3 的线圈断电，使 KM3 的常闭触头闭合、常开触头断开，接着 KM2 的线圈得电，KM2 的常开触头闭合自锁，三相异步电动机的三相绕组首尾相连，电动机以三角形连接运行，KM2 的常闭触头断开，时间继电器的线圈断电。

星形-三角形减压启动除了可用接触器控制外，还有一种专用的手操式Υ-△启动器，其特点是体积小、重量轻、价格便宜、不易损坏、维修方便，可以直接外购。

这种启动方法的优点是设备简单、经济，启动电流小；缺点是启动转矩小，且启动电压不能按实际需要调节，故只适用于空载或轻载启动的场合，并且只适用于正常运行时定子绕组按三角形连接的异步电动机。由于这种方法应用广泛，我国规定 4kW 及以上的三相异步电动机的定子额定电压为 380V，连接方法为星形连接。当电源线电压为 380V 时，它们就能采用Υ-△换接启动。

3.3.4　自耦变压器减压启动

自耦变压器减压启动的原理如图 3-11 所示。启动时 KM1、KM2 闭合，KM3 断开，三相自耦变压器 TM 的 3 个绕组连成星形接于三相电源，使接于自耦变压器二次侧的电动机减压启动；当转速上升到一定值后，KM1 和 KM2 断开，自耦变压器 TM 被切除，同时 KM3 闭合，电动机接上全电压运行。

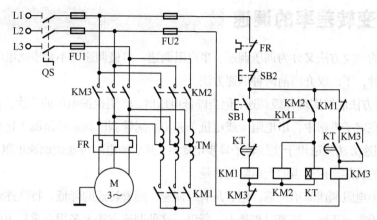

图 3-11　自耦变压器减压启动线路

由变压器的工作原理得知，此时，TM 的二次电压与一次电压之比为 $K = \dfrac{U_2}{U_1} = \dfrac{N_2}{N_1} < 1$，因此 $U_2 = KU_1$，启动时加在电动机定子每相绕组的电压是全压启动时的 K 倍，因而电流 I_2 也是全压启动时的 K 倍，即 $I_2 = KI_{st}$（注意：I_2 为变压器二次电流，I_{st} 为全压启动时的启动电流）；而变压器一次电流 $I_1 = KI_2 = K^2 I_{st}$，即此时从电网吸取的电流 I_1 是直接启动时 I_{st} 的 K^2 倍。这与Y-△减压启动时情况一样，只是在Y-△减压启动时的 $K = 1/\sqrt{3}$ 为定值，而自耦变压器启动的 K 是可调节的，这就是此种启动方法优于Y-Y启动方法之处，当然它的启动转矩也是全压启动时的 K^2 倍。这种启动方法的缺点是变压器的体积大、价格高、维修麻烦，并且启动时自耦变压器处于过电流（超过额定电流）状态下运行，因此，不适用于启动频繁的电动机。所以，它在启动不太频繁、要求启动转矩较大、功率较大的异步电动机上应用较为广泛。通常把自耦变压器的输出端做成固定抽头（一般 K 为 80%、65% 或 50%，可根据需要进行选择），连同转换开关（图 3-11 中的 KM1、KM2 和 KM3 主触头）和保护用的继电器等组合成一个设备，称为启动补偿器。

 三相异步电动机的调速控制

三相异步电动机的调速公式为

$$n = n_0(1-s) = \frac{60f}{p}(1-s) \tag{3-1}$$

式中，s 为转差率；n_0 为理想转速；f 为转子电流频率；p 为极对数。通过式（3-1）就可以得出相应的以下 3 种调速方法。

3.4.1 改变转差率的调速

改变转差率的调速方法又分为调压调速、串电阻调速、串极调速（不是串励电动机调速）和电磁离合器调速 4 种，下面仅介绍前两种调速方法。

① 调压调速方法能够实现无级调速，但当降低电压时，转矩也按电压的二次方比例减小，所以调速范围不大。在定子电路中，串电阻（或电抗）和用晶闸管调压调速都是属于这种调速方法。

② 串电阻调速方法只适用于绕线转子异步电动机，其启动电阻可兼做调速电阻用，不过此时要考虑稳定运行时的发热，应适当增大电阻的容量。

转子电路中串电阻调速简单可靠，但它是有级调速，随着转速的降低，特性逐渐变软。转子电路电阻损耗与转差率成正比，低速时损耗大。所以，这种调速方法大多用在重复短期运转的生产机械中，如在起重运输设备中应用非常广泛。

3.4.2 改变极对数的调速

在生产中有大量的生产机械，它们并不需要连续平滑调速，只需要几种特定的转速即可，而且对启动性能没有高的要求，一般只在空载或轻载下启动，在这种情况下，多数笼型异步电动机通过改变极对数来进行调速是合理的。

三相异步电动机的转速为

$$n_0 = 60 f / p \hspace{3cm} (3\text{-}2)$$

由式（3-2）可知，同步转速 n_0 与极对数 p 成反比，故改变极对数 p 即可改变电动机的转速。多速电动机启动时最好先接成低速，然后再换接为高速，这样可获得较大的启动转矩。多速电动机虽然体积稍大，价格稍高，只能有级调速，但因结构简单，效率高，特性好，且调速时所需附加设备少，所以，广泛用于机电联合调速的场合，特别是中小型机床上用得极多，如镗床上就采用了多速电动机。

3.4.3 变频调速

异步电动机的转速正比于定子电源的频率 f，若连续地调节定子电源频率 f，即可实现连续地改变电动机的转速。

1. 变频器及其工作原理

（1）初识变频器

变频器一般是利用电力半导体元器件的通断作用将工频电源变换为另一频率的电能控制装置。变频器有着"现代工业维生素"之称，在节能方面的效果不容忽视。随着各界对变频器节能技术和应用等方面认识的逐渐加深，目前我国的变频器市场变得异常活跃。

变频器产生的最初目的是速度控制，应用于印刷、电梯、纺织、机床和生产流水线等行业，而目前相当多的运用是以节能为目的的。由于中国是能源消耗大国，而中国的能源储备又相对贫乏，因此国家大力提倡各种节能措施，其中着重推荐了变频器调速技术。在水泵、中央空调等领域，变频器可以取代传统的通过限流阀和回流旁路技术，充分发挥节能效果；在火电、冶金、矿山和建材行业，高压变频调速的交流电动机系统的经济价值正在得以体现。

变频器是一种高技术含量、高附加值、高效益回报的高科技产品，符合国家产业发展政策。进入 21 世纪以来，我国中、低压变频器市场的增长速度很快。

从产品优势的角度看，通过高质量地控制电动机转速，提高制造工艺水准，变频器不但有助于提高制造工艺水平（尤其在精细加工领域），而且可以有效节约电能，是目前最理想、最有前途的电动机节能设备。

从变频器行业所处的宏观环境看，无论是国家中、长期规划，短期的重点工程、政策法规以及国民经济整体运行趋势，还是人们节能环保意识的增强、技术的创新、发展高科技产业的要求，从国家相关部委到各相关行业，变频器都受到了广泛的关注，市场吸引力巨大。

（2）交-直-交变频调速的原理

下面以图 3-12 说明交-直-交变频调速的原理：交-直-交变频调速就是变频器先将工频交流电整流成直流电，逆变器在微控制器（如 DSP）的控制下，将直流电逆变成不同频率的交流电。目前市面上的变频器多是这种原理工作的。

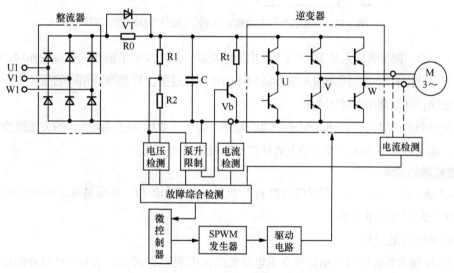

图 3-12 变频器的原理图

在图 3-12 中，R0 起限流作用，当 U1、V1、W1 端子上的电源接通时，R0 接入电路，以限制启动电流。延时一段时间后，晶闸管 VT 导通，将 R0 短路，避免造成附加损耗。Rt 为能耗制动电阻，当制动时，异步电动机进入发动机状态，逆变器向电容 C 反向充电，当直流回路的电压（即电阻 R1、R2 上的电压）升高到一定的值时（图中实际上测量的是电阻 R2 的电压），通过泵升电路使开关元器件 Vb 导通，这样电容 C 上的电能就消耗在制动电阻 Rt 上了。通常为了散热，制动电阻 Rt 安装在变频器外侧。电容 C 除了参与制动外，在电动机运行时，主要起滤波作用。顺便指出，起滤波作用是电容器的变频器称为电压型变频器，起滤波作用是电感器的变频器称为电流型变频器，其中比较多见的是电压型变频器。

微控制器经过运算输出正弦控制信号后，经过 SPWM（正弦脉宽调制）发生器调制，再由驱动电路放大信号，放大后的信号驱动 6 个功率晶体管，产生三相交流电压 U、V、W 驱动电动机运转。下面将以西门子 M440 型变频器为例介绍相关内容。

【例 3-1】　如图 3-13 所示，若将输入端 L1 和 L2 的电源线对调，三相交流电动机 M 的转向是否会改变？

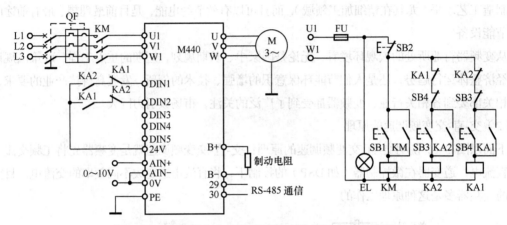

图 3-13　变频器控制电动机正/反转、调速和制动控制线路

【解】　不会。因为将输入端 L1 和 L2 的电源线对调，虽然改变了输入端电源的相序，但是输出端电压的相序并没有改变，因为输入端不同相序的电源经过整流后都得到相同的直流电，不会影响输出端的相序，其原理图参考图 3-12。

要改变电动机的转向，必须改变输出端的相序，若一定要想通过"调线"的方法改变三相电动机的转向，那么就将电动机接线端子上的任意两根相线对调即可。

2. 变频器的控制

图 3-13 所示的电路，可以实现电动机的正/反转、调速和制动。显而易见，相对继电器-接触器系统，这个电路图要简单得多。

（1）电动机的正/反转

继电器-接触器系统控制三相异步交流电动机的正/反转，在前面的章节中已经介绍过，要实现三相异步交流电动机的正/反转，通常至少需要两个接触器。

图 3-13 中电动机的正/反转的控制过程：当按下按钮 SB1 时，接触器 KM 带电自锁，为电动机 M 的运行做准备。当按钮 SB4 合上时，继电器 KA1 带电自锁，电动机正转。当按钮 SB3 合上时，先使继电器 KA1 的线圈断电，接着继电器 KA2 带电自锁，电动机反转。一般电动机的启停不是通过通、断接触器 KM 实现的。

（2）调速

通常变频器有多种调速方式，下面介绍其中的 4 种。

① 调节控制电压（电流）调速。图 3-13 中，将 AIN-与 0V 接线端子短接，再向 AIN+和 AIN-

之间输入 0～10V 电压,更换设置可接其他范围的电压,更换接线方式也可输入电流信号(如 4～20mA 信号)。当然, 也可以外接一个旋转电位器在以上接线端子上,并引入电位, 当转动旋转电位器时,AIN+和 AIN–端子上得到不同的电压,电动机的转速与这个控制电压成正比,这种调速方法最简单。

【例 3-2】 在图 3-13 的变频器中,AIN+和 AIN–接线端子上有 10V 的电压,电动机的额定转速是 1 440r/min,则当电动机的转速是 720r/min 时,AIN+和 AIN–端子上的控制电压应该是多少?

【解】 首先在变频器中将模拟量的信号范围设置为 0～10V,再将频率范围设置为 0～50Hz,可以求得 AIN+和 AIN–端子上的控制电压为

$$U_K = \frac{10}{1\,440} \times 720V = 5V$$

所以 AIN+和 AIN–端子上的控制电压为 5V。

② 键盘调速。通常变频器有一个小键盘,对照变频器的说明书,在键盘上输入特定的指令就可以调速了,这种调速方法简单,不需要购置其他设备,应优先使用。

③ 通信调速。通常变频器可以与其他智能设备(如 PLC 或计算机)进行通信,具有通信功能的变频器一般带有通信接口,如 RS-232C、RS-485、现场总线(如 PROFIBUS)等接口。图 3-13所示的 M440 变频器的 29 和 30 接口就是 RS-485 通信接口,S7-200 系列 PLC 可以通过这些接口进行 USS 通信,从而进行调速。此外,此变频器若配上 PROFIBUS 现场总线模块,其他的主控设备还可通过 PROFIBUS 现场总线对变频器进行调速。通信调速容易实现远程控制,应用比较广泛。

④ 多段调速。一般的变频器都有多段调速功能,多段调速就是在变频器中设定若干个对应一定转速的频率,每个频率对应一个端子,当这个端子与 24V(有的为 0)接线端子短接时,变频器控制的电动机就以对应的设定转速转动,频率数值可以通过键盘在一定的范围内任意设定。例如, 变频器中设定 10Hz(假设电动机的转速为 288r/min)、20Hz、30Hz 分别对应 DIN1、DIN2、DIN3 这 3 个端子,当 DIN1 与 24V 接线端子短接时,电动机的转速为 288r/min;当 DIN2 与 24V接线端子短接时,电动机的转速为 576r/min;当 DIN1 与 24V 接线端子短接时,电动机的转速为 864r/min。可见,多段调速是不连续的,但速度可任意设定,很有使用价值。多段调速线路如图 3-14 所示。

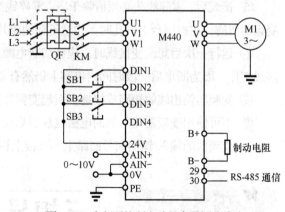

图 3-14　变频器控制电动机多段调速线路

（3）制动

使用变频器时,电动机的制动比较简单,如图 3-13 所示,只要在 B+和 B–端子上连接一个制动电阻即可,当按下按钮 SB2 时,系统断电,制动开始(制动电阻通常作为附件在变频器供应商处购买)。

3. 变频器的选用

下面举例说明如何选用变频器。

【例 3-3】 有一台功率为 1.5kW 的电动机,轻载启动,要求用变频器控制,而且电动机要具备

快速停机功能，应该如何选用变频器？

【解】　变频器的种类较多，常用的变频器有一般用途变频器和风机、水泵用变频器等，显然控制电动机选用一般用途变频器较好。选择变频器的一般原则：选用变频器的功率要大于或等于被控制电动机的功率，一般大一个级别较好，由于电动机启动时带轻载，故启动电流较大，因此选用 2.2kW 的变频器。

4. 变频器的其他问题

① 过载保护。图 3-14 所示的线路中，没有设计电热继电器进行过载保护，是否是设计失误呢？当然不是。通常，当变频器后接电动机时，可以不用电热继电器保护电动机，因为变频器对电动机有过载保护作用（有的资料称为电子过电流保护）。有的情况下也应该设置电热继电器，如一台变频器控制多台电动机或者变频器和电动机的功率相差较大的情况下，需要用电热继电器进行过载保护。

② 电磁干扰的防护。变频器的设计允许它在具有很强电磁干扰的工业环境中运行，但要注意以下几点。

- 变频器及控制柜内所有的设备都要用粗而短的导线与接地端子排可靠接地。
- 与变频器相连的控制设备（如 PLC）也应该可靠接地，而且要与变频器连接到同一个接地网中。
- 电气柜中布线时应该强、弱电分开；在强、弱电必须交叉时，两者之间最好以 90° 直角交叉。
- 因为变频器输出的三相交流电不是标准的正弦波，有高次谐波，所以在工作时会对周围的电子设备产生干扰。防止变频器被干扰以及防止变频器干扰其他的设备，可以配备不同型号的滤波器和电抗器，这些附件可以在购买变频器时一并采购。

③ 电源及电动机接线的端子应使用带有绝缘套管的端子。

④ 电源一定不能接到变频器输出端（U、V、W）上，否则会损坏变频器。

⑤ 接线后，零碎线头必须清除干净。零碎线头可能造成线路异常、失灵和故障，必须始终保持变频器清洁。在控制台上打孔时，注意不要使碎片粉末等进入变频器中。

⑥ 运行一次后想改变接线时，应该切断电源后过 10min 以上，用测试工具测试电压后再进行接线工作。因为断电后一段时间内电容上仍然有危险的高压电存在。

⑦ 变频器输出端的短路或接地会引起变频器模块的损坏。

⑧ 不可使用变频器输入侧的电磁接触器启动、停止变频器。

⑨ 变频器的输入/输出信号回路上不可接上许可容量以上的电压。

 三相异步电动机的制动控制

三相异步电动机的制动方法有机械制动和电气制动，其中电气制动又有 3 种制动方式：反接制

动、能耗制动和再生发电制动。

3.5.1 机械制动

机械制动就是利用机械装置使电动机在断电后迅速停转的一种方法，较常用的就是电磁抱闸。

图 3-15 所示为机械制动线路，其制动过程是，合上电源开关 QS，当按下按钮 SB1 时，接触器 KM1 得电，电磁抱闸 YB 的线圈得电，闸瓦松开，接着接触器 KM2 得电，电动机开始运转；当按下按钮 SB2 时，KM1 和 KM2 都断电，电磁抱闸的闸瓦在弹力的作用下抱紧闸轮，实施机械制动。

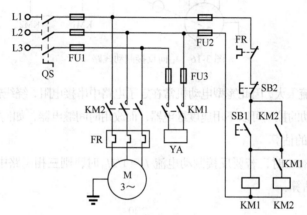

图 3-15　机械制动线路

3.5.2 反接制动

1. 电源反接

（1）电源反接制动的原理

如果正常运行时异步电动机三相电源的相序突然改变，即电源反接，这就改变了旋转磁场的方向，产生一个反向的电磁转矩使电动机迅速停止。电源反接的制动方式又分为单向反接制动和双向反接制动，本节只介绍单向反接制动。

（2）单向反接制动线路

单向反接制动线路如图 3-16 所示，速度继电器 KS 和电动机同轴安装，当电动机的速度在 120r/min 时，其触头动作；当电动机的速度在 100r/min 时，其触头复原。具体制动过程是，合上电源开关 QS，当按下按钮 SB1 时，接触器 KM1 的线圈得电，KM1 的常开触头自锁，电动机正转，速度继电器 KS 的常开触头闭合，为制动做准备；当按下按钮 SB2 时，接触器 KM1 的线圈断电，同时接触器 KM2 的线圈得电，反向磁场产生一个制动转矩，电动机的速度迅速降低，当转速低于 100r/min 时，速度继电器的常开触头断开，接触器 KM2 的线圈断电，反接制动完成，电动机自行停车。

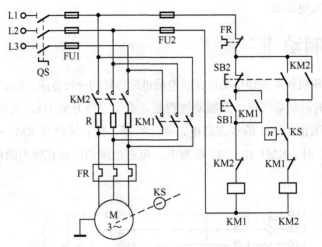

图 3-16　单向反接制动线路

由于反接制动时电流很大，因此笼型电动机常在定子电路中串接电阻，绕线转子电动机则在转子电路中串接电阻。反接制动的控制可以不用速度继电器，而改用时间继电器，如何控制请读者自己思考。

（3）反接制动电阻的估算

当电源的电压为 380V 时，若要反接制动电流 $I_Z = 1/2 I_{st}$ 时，则三相电路中每相应串入的反接制动电阻 R_Z 用以下公式估算：

$$R_Z = 1.5 \times \frac{200}{I_{st}}$$

反接制动电阻的功率用以下公式估算：

$$P = (1/3 \sim 1/4)(I_Z)^2 R_Z$$

【例 3-4】　有一台电动机的功率为 1.5kW，现要求其反接制动电流 $I_Z \leqslant 1/2 I_{st}$，在三相电路中应该串入多大阻值和功率的电阻？

【解】　先估算电动机的额定电流和启动电流。额定电流为

$$I_N = \frac{P_N}{U_N} = \frac{1500W}{380W} = 3.95A$$

一般 $I_{st} = (4 \sim 7)I_N$，可取 $I_{st} = 5.5I_N = 5.5 \times 3.95A = 21.7A$，则

$$R_Z = 1.5 \times \frac{200}{I_{st}} = 1.5 \times \frac{200}{21.7}\Omega = 13.8\Omega$$

$$P = (1/3 \sim 1/4)(I_Z)^2 R_Z = 1/3 \times (0.5 \times 21.7)^2 \times 13.8W \approx 542W$$

2. 倒拉反接制动

倒拉反接制动出现在位能负载转矩超过电磁转矩的时候。例如，起重机下放重物，为了使下降速度不致太快，就常用这种工作状态。在倒拉反接制动状态下，转子轴上输入的机械功率转变成电功率后，连同从定子输送来的电磁功率一起消耗在转子电路的电阻上。

3.5.3 自励发电−短接制动

自励发电−短接制动线路如图 3-17 所示。当按下 SB2 时，接触器 KM1 断开，接触器 KM2 接通电源，接触器的常开触头自锁，与此同时，时间继电器的线圈得电，L2 和 L3 两相绕组短接制动，L1 绕组自励发电制动，延时一段时间后制动完成，时间继电器的常闭触头切断，整个控制回路断电。

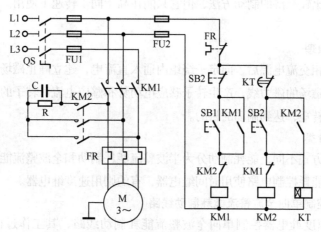

图 3-17　自励发电−短接制动线路

自励发电−短接制动采用一相自励发电制动、两相短接制动，既发挥了自励发电制动效果好的优点，又发挥了短接制动线路简单的优点。这种制动方式适用于较小的三相笼型异步电动机。

3.5.4 电容−电磁制动

电容−电磁制动线路如图 3-18 所示。当按下停止按钮 SB2 时，KM1 的线圈失电，其常闭辅助触头闭合，电容接入定子绕组进行电容制动。同时，SB2 的常开触头闭合，使得时间继电器 KT 的线

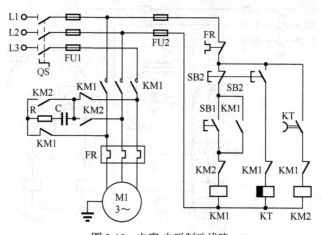

图 3-18　电容−电磁制动线路

圈得电，制动接触器的接触器 KM2 获电动作，其主触头闭合，将电动机的三相绕组短接成电磁制动，使得电动机迅速减速，制动完成后，KT 常开触头断开。

3.5.5　能耗制动

异步电动机的反接制动用于准确停车有一定的困难，因为它容易造成反转，而且电能损耗也比较大。反馈制动虽是比较经济的制动方法，但它只能在高于同步转速下使用。能耗制动是比较常用的准确停车方法。

1. 能耗制动的原理

当电动机脱离三相交流电源后，向定子绕组内通入直流电，建立静止磁场，转子以惯性旋转，转子的导体切割定子磁场的磁力线，产生转子感应电动势和感应电流。转子的感应电流和静止磁场的作用产生制动电磁转矩，达到制动的目的。

2. 能耗制动的分类

根据电源的整流方式不同，能耗制动分为半波整流能耗制动和全波整流能耗制动；根据能耗制动的时间原则，有的能耗控制电路使用时间继电器，有的则用速度继电器。

3. 速度继电器控制单向全波整流能耗制动线路

图 3-19 所示为速度继电器控制单向全波整流能耗制动线路，其工作过程是，在启动时，先合上电源开关 QS，然后按下按钮 SB1，接触器 KM1 的线圈获电吸合，KM1 的主触头闭合，电动机转动，当电动机的转速高于 120r/min 时，速度继电器 KS 的常开触头闭合，为能耗制动做准备；当按下按钮 SB2 时，先是 KM1 的线圈断电释放，KM1 的主触头断开，电动机在惯性作用下继续转动，接触器 KM2 的线圈得电吸合，KM2 的主触头闭合，整流器 VC 向电动机的定子绕组提供直流电，建立静止磁场，电动机进行全波能耗制动，电动机的速度急剧下降，当电动机的速度低于 100r/min 时，速度继电器 KS 的常开触头断开，KM2 的线圈断电，切断能耗制动的电源。

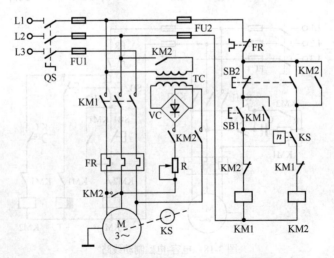

图 3-19　速度继电器控制单向全波整流能耗制动线路

4. 能耗制动的优缺点

能耗制动的优点是制动准确，制动平稳；缺点是需要加装附加电源，制动转矩小，低速时制动转矩更小。

5. 能耗制动电源的电压和电流的计算

直流电流公式为

$$I_Z = (3.5 \sim 4)I_0 = 1.5I_N \tag{3-3}$$

直流电压公式为

$$U_Z = I_Z R \tag{3-4}$$

式中，I_Z为直流电流；I_0为电动机空载电流；I_N为电动机的额定电流；U_Z为直流电压。

【例3-5】 有一台笼型电动机，功率为13kW，额定电压为380V，额定电流I_N=25A，空载电流I_0=9.7A，定子绕组的电阻为0.63Ω，定子绕组为丫接线。这台电动机采用全波能耗制动时所需的直流电压、直流电流以及变压器的二次电流、二次电压和功率是多少？

【解】 直流电流为

$$I_Z = (3.5 \sim 4)I_0 = 4 \times 9.7A = 38.8A$$

直流电压为

$$U_Z = I_Z R = 38.8A \times 0.64\Omega \approx 25V$$

变压器的二次电流为

$$I_2 = I_Z / 0.9 = 38.8A / 0.9\Omega \approx 43A$$

变压器的二次电压为

$$U_2 = U_Z / 0.9 = 25V / 0.9\Omega \approx 28V$$

变压器的功率为

$$P = U_2 I_2 = 28V \times 43A = 1204W \approx 1.2kW$$

3.6　直流电动机的电气控制

直流电动机具有较好的启动、制动和调速性能，容易实现控制，因此，早期需要无级调速的场合多选用直流电动机调速。直流电动机有串励、并励、复励和他励4种，本节将介绍他励直流电动机的启动、换向、调速和制动。

3.6.1　直流电动机电枢串电阻单向启动控制

1. 直流电动机电枢串电阻启动的原因和原理

直流电动机直接启动时的电流很大，通常达到额定电流的10~20倍，产生很大的启动转矩，这

本来对于电动机的启动是有利的，但过大的转矩容易损坏电动机的电枢绕组和换向器，因此，启动时在电枢中串入电阻可以减小启动电流。

另外，他励直流电动机在弱磁或者零磁时，会产生"飞车"现象，因此电枢在通电以前，先在励磁电路中接入励磁电压，同时还要进行串电阻保护。所以直流电动机的启动控制是基于串电阻和弱磁保护设计的。

2. 直流电动机电枢串电阻单向启动控制过程

直流电动机电枢串电阻启动的方法比较多，有速度原则启动、电流原则启动和时间原则启动，下面将分别介绍。

（1）速度原则启动

图 3-20 所示为直流电动机电枢串电阻单向启动线路。先合上电源开关 QS，励磁电路通电，当按下按钮 SB2 时，接触器 KM 的线圈得电，KM 自锁，其常开触头闭合，常闭触头断开，电枢通电，由于电动机启动开始时速度很低，速度继电器全部断开，所以串入了电阻 R1、R2 和 R3；当速度升高到一定数值时，速度继电器 KS1 的常开触头闭合，致使串入电枢中的电阻减小，只有电阻 R2 和 R3 串入电枢，随着电动机的速度继续升高，速度继电器 KS2 的常开触头和 KS3 的常开触头先后闭合，串入电枢的电阻都从电路中短接，电动机完全启动。

当励磁电路停电时，绕组中产生感应电动势，绕组 W、电阻 R4 和二极管 VD 组成释放回路，起保护作用，VD 又称为续流二极管。

（2）电流原则启动

电流原则的直流电动机电枢串电阻单向启动线路如图 3-21 所示。先闭合电源开关 QS，再按下启动按钮 SB2，时间继电器 KT 的线圈和接触器 KM1 的线圈同时得电，KM1 的常开触头自锁，电动机的电枢串入电阻启动，同时继电器 KA 的线圈得电，KA 的常闭触头断开，使得 KM2 的线圈不能得电；当电动机的速度升高到一定速度时，电枢的电流下降，KA 的线圈断电释放，其常闭触头闭合，KM2 的线圈得电，KM2 的常开触头闭合，串入电枢的电阻被短接，电动机完全启动。时间继电器的作用是当启动的瞬间，KT 的常开触头断开，保证 KM2 的线圈不得电，而延时一段时间后，KT 的常开触头闭合，为 KM2 的线圈得电做准备。

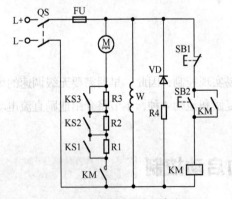

图 3-20　直流电动机电枢串电阻
单向启动线路（速度原则）

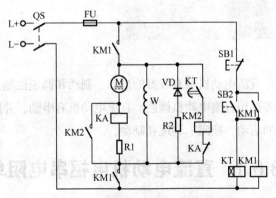

图 3-21　直流电动机电枢串电阻
单向启动线路（电流原则）

（3）时间原则启动

时间原则的直流电动机电枢串电阻单向启动线路如图 3-22 所示。先闭合电源开关 QS，再按下启动按钮 SB2，接触器 KM 的线圈得电，KM 的常开触头自锁，电动机的电枢串入电阻 R1 和 R2 启动；时间继电器 KT1 的线圈得电，延时一段时间后，KT1 的常开触头闭合，继电器 KA1 的线圈得电，其常开触头闭合，电阻 R1 被短接，同时 KT2 的线圈得电，延时一段时间后，KT2 的常开触头闭合，KA2 的线圈得电，其常开触头闭合，电阻 R2 短接，电动机完全启动。

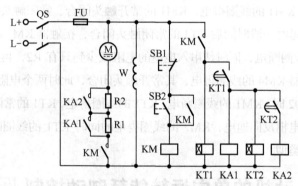

图 3-22　直流电动机电枢串电阻单向启动线路（时间原则）

3.6.2　直流电动机的可逆运行控制

1. 直流电动机的换向原理

只要改变直流电动机电枢或者励磁绕组的极性，就可以改变直流电动机的旋转方向。例如，在图 3-23 中，若要改变电枢的极性就是将通电电源的正、负极 L+ 和 L– 对调。直流电动机的换向通常采用改变电枢极性的方法。

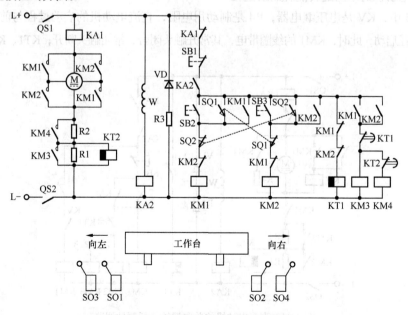

图 3-23　直流电动机的可逆运行线路

2. 直流电动机的可逆运行控制过程

在图 3-23 中，KM1 是正转接触器，KM2 是反转接触器，KM1 和 KM2 有互锁，不能同时得电，KM1 得电再断电后，KM2 再得电，实际上改变了电动机的电枢极性。SQ1 是反向转正向行程开关，SQ2 是正向转反向行程开关。

首先合上电源开关 QS1 和 QS2，励磁绕组 W 和 KA2 的线圈得电，接着时间继电器 KT1 的线圈得电，KT1 的常闭触头立即断开，确保 KM3 和 KM4 的线圈不得电，为电动机启动做准备；当合上按钮 SB2 时，接触器 KM1 的线圈得电，KM1 的常开触头闭合、常闭触头断开，电阻 R1、R2 串入电枢，电动机启动，延时一段时间后 KT1 的常闭触头闭合，接触器 KM3 的线圈得电，其常开触头闭合，致使 KT2 的线圈断电，同时使串入电枢的电阻减少到只有 R2，再延时一段时间后，KT2 的常闭触头闭合，接触器 KM4 的线圈得电，其常开触头闭合，此时两个电阻都被短接，启动完成。当正转碰到行程开关 SQ2 时，KM1 的线圈断电，KT1 的线圈得电，KT1 的常闭触头断开，接着 KM2 的线圈得电，电动机的电枢反向通电，KM2 的线圈得电的同时 KT1 的线圈断电，延时开始。反向启动的过程与正向启动类似。

3.6.3 直流电动机的单向运转能耗制动控制

前面介绍了三相异步交流电动机的制动方法有反接制动和能耗制动，直流电动机的制动方法也有反接制动和能耗制动。下面详细讲述能耗制动的原理和过程。

1. 直流电动机的单向运转能耗制动原理

切断直流电动机的电源后，直流电动机变成直流发电机，动能变成电能，而能耗制动就是将这些电能迅速消耗在电阻上，从而达到制动的目的。

2. 直流电动机的单向运转能耗制动过程

在图 3-24 中，KV 是电压继电器，R4 是制动用电阻，直流电动机的启动过程与前述内容相同。假设电动机已经启动，此时，KM1 的线圈带电，其常开触头闭合、常闭触头断开；KT1、KT2、KM4 的

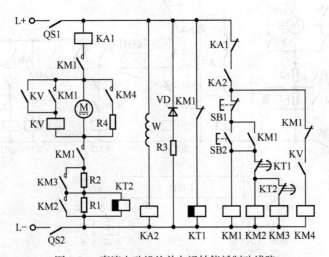

图 3-24　直流电动机的单向运转能耗制动线路

线圈处于断电状态；KM2 和 KM3 的线圈则带电。当按下按钮 SB1 时，KM1 的线圈断电释放，其主触头断开、常闭触头闭合；由于电动机有很大的惯性，电动机的电动势仍然使电压继电器 KV 的触头保持吸合状态，KM4 的线圈得电，其主触头闭合，使得电枢、KM4 的主触头和电阻 R4 组成一个回路，电能消耗在这个回路上，随着电动机的速度迅速下降，电枢两端的电动势也下降，当下降到一定的数值时，电压继电器 KV 释放，KV 的常开触头断开，接触器 KM4 的线圈断电，能耗制动结束。

3.6.4　直流电动机的调速

直流电动机的调速公式为

$$n = \frac{U_d}{C_e \Phi} - \frac{R_d}{C_e C_m \Phi^2} T = n_0 - \Delta n \tag{3-5}$$

式中，n 为直流电动机的转速；C_e 和 C_m 为常数；U_d 为电枢的端电压；R_d 为电枢回路的总电阻；T 为输出转矩；Φ 为励磁绕组的磁通。

由式（3-5）可知，要调速可以改变 U_d、R_d 和 Φ，因此直流电动机有 3 种调速方式。其中，保持 Φ 和 R_d 不变，改变电枢端电压 U_d 进行调速的方法称为"调压调速"；改变电枢回路电阻 R_d 进行调速的方法称为"变电阻调速"；保持 U_d 和 R_d 不变，改变励磁回路的磁通 Φ 进行调速的方法称为"弱磁调速"，由于电动机设计时，磁通通常设计到最大，因此调速时只能向减弱的方向调节磁通，因此将这种方法称为"弱磁调速"。

调压调速方法使用得比较多，常用的有晶闸管直流调速装置和大功率晶体管脉宽调制（PWM）调速装置，这两种装置都有系列产品出售，需要使用时不必自行设计，外购即可。

弱磁调速只能向上调节速度，而且其机械特性很软，通常通过改变励磁回路中的电流大小来改变磁通，具体请参考有关文献。

3.7　单相异步电动机的控制

单相异步电动机结构简单，价格低廉，在小功率的驱动的场合得到了广泛的应用，特别是在家电的应用中，目前很多家电上至少配有一台单相异步电动机。现代的家庭如果没有单相异步电动机是不可想象的，正因为如此，国外把家庭拥有单相异步电动机数量的多少作为衡量一个家庭现代化水平高低的标志。本节主要介绍单相异步电动机的启动和调速方法。

3.7.1　单相异步电动机的启动

三相异步电动机的启动比较简单，无需辅助装置就能产生一个旋转磁场，带动转子旋转。而单

相异步电动机若只有一个绕组是不能产生旋转磁场的，因此在不借助外力的情况下，单相异步电动机不能启动。为了使单相异步电动机能够启动，除了有主绕组外，还需要启动绕组或者副绕组，因此，有人认为单相异步电动机只有一个绕组的想法是不准确的。仅有主绕组的单相异步电动机是不实用的。

1. 单相异步电动机的启动方法分类

单相异步电动机的启动方法分为单相分相启动、单相电容启动、单相电容启动运转 3 种方法。下面详细介绍单相电容启动。

2. 单相电容启动

如图 3-25 所示，定子上有两个绕组，其中启动绕组先与一个电容和一个离心开关串联，再与主绕组并联。启动绕组的移相较大，因此通电后能够产生旋转磁场，带动转子旋转，当转速达到额定转速的 80%时，离心开关动作将启动绕组回路切断，所以正常工作时，只有主绕组工作。单相电容启动的特点是启动转矩大，电冰箱和水泵的电动机常采用这种启动方法。

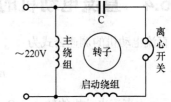

图 3-25　单相异步电动机的电容启动原理图

单相分相启动与单相电容启动相比，只是没有电容，其余相同，其特点是启动转矩中等，适用于风机和医疗器械。

单相电容启动运转与单相电容启动相比，只是没有离心开关，其余相同，因此启动后电容和启动绕组都参与运行（参考图 3-25），其特点是启动转矩小，但电动机的功率因数和效率高，电动机结构小巧，适用于电风扇和空载、轻载启动的设备。

3.7.2　单相异步电动机的调速

单相异步电动机常用的调速方法就是变频调速和调压调速，前者如家用变频空调和变频洗衣机，其工作原理与三相异步电动机的变频调速相同，这里不再讲述；后者则更为常见，如家用电风扇的调速。

1. 调压调速的原理和方法

调压调速的原理：单相异步电动机的转速与电动机定子绕组所加的电压有直接的关系，在定子磁极数不变的情况下，电动机绕组上的电压越高，则转速越高；反之，绕组上的电压越低，则转速越低。

单相异步电动机的电压调速有以下几种：电抗器调速、调速绕组调速、副绕组抽头调速和晶闸管调速。下面主要介绍电抗器调速和晶闸管调速。

2. 电抗器调速

图 3-26 所示为家用电风扇的单相异步电动机电抗器调速原理图，此单相异步电动机有一个主绕组和一个副绕组，属于电容启动运行式电动机。当选择开关选择"低"挡位时，由于电抗器的分压最多，导致主绕组的电压最低，因此转速也最低；当选择开关选择"高"

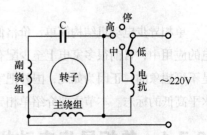

图 3-26　单相异步电动机电抗器调速原理图

挡位时，由于电抗器不分压，主绕组的电压最高，因此转速也最高；当选择开关选择"中"挡位时，由于电抗器的分压中等，主绕组的电压中等，因此转速也是中等。这种方法是有级调速。

3. 晶闸管调速

晶闸管调速也是调压调速，这种方法主要是通过控制晶闸管的通、断时间长短来控制加在单相异步电动机定子绕组上的电压大小进行调速的。晶闸管调速器无需体积较大的电抗器，因此其结构相对小巧。此外，晶闸管调速能实现无级调速。

【例 3-6】　有一台电风扇，通电后不转动，但用手拨动扇页后，电风扇正常运行，停电后经过检查，并未发现有线路断开的故障，分析这台电风扇可能的故障。

【解】　电风扇的原理图可以参考图 3-25，电风扇不能启动，但用手拨动扇页后，电风扇正常运行，说明电风扇的主绕组和调速器没有故障，问题可能出在副绕组和电容上。但检测后发现线路中没有断路的故障，因此可以得出故障在电容上，更换电容器可解决此问题。

3.7.3　单相异步电动机的正/反转

电容启动式电动机实际上是借助电容器将"单相"交流电分裂为相位差接近 90° 的"两相"交流电，从而使电动机产生旋转磁场。因此，把两相绕组中任一相绕组的头和尾进行对调，即可改变磁场的旋转方向，从而使电动机的旋转方向也发生改变。电容启动式单相异步电动机的换向原理如图 3-27 所示。

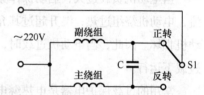

图 3-27　单相异步电动机正/反转原理图

此外，市场上有专门控制单相异步电动机正/反转的专用模块出售，关于这种模块的具体的工作原理可以参考相关手册。

3.8　电气控制系统常用的保护环节

为了保证电力拖动控制系统中的电动机及各种电器和控制电路能正常运行，消除可能出现的有害因素，并在出现电气故障时，尽可能使故障缩小到最小范围，以保障人身和设备的安全，因此必须对电气控制系统设置必要的保护环节。常用的保护环节有过电流保护、过载保护、短路保护、过电压保护、失电压保护、断相保护、弱磁保护与超速保护等。本节主要介绍低压电动机常用的保护环节。

3.8.1　电流保护

电器元器件在正常工作中，通过的电流一般在额定电流以内。短时间内，只要温升允许，超过额定电流也是可以的，这就是各种电气设备或元器件根据其绝缘情况条件的不同，具有不同的过载能力的原因。电流保护的基本原理是将保护电器检测的信号经过变换或者放大后去控制被保护对象，当达到整定数值时，保护电器动作。电流保护主要有过电流保护、过载保护、短路保护和断相保护几种。

1. 短路保护

当电动机绕组和导线的绝缘损坏，或者控制电器及线路损坏发生故障时，线路将出现短路现象，产生很大的短路电流，可达额定电流的几十倍，使电动机、电器、导线等电气设备严重损坏，因此在发生短路故障时，保护电器必须立即动作，迅速将电源切断。

常用的短路保护电器是熔断器和断路器。熔断器的熔体与被保护的电路串联，当电路正常工作时，熔断器的熔体不起作用；当电路短路时，很大的短路电流流过熔体，使熔体立即熔断，切断电动机电源。同样，若在电路中接入断路器，当出现短路时，断路器会立即动作，切断电源使电动机停转。图 3-4 中就使用了熔断器作短路保护，若将电源开关 QS 换成断路器，同样可以起到短路保护作用。

2. 过载保护

当电动机负载过大，启动操作频繁或断相运行时，会使电动机的工作电流长时间超过其额定电流，电动机绕组过热，温升超过其允许值，导致电动机的绝缘材料变脆，寿命缩短，严重时会使电动机损坏。因此，当电动机过载时，保护电器应立即动作，切断电源使电动机停转，避免电动机在过载下运行。

常用的过载保护电器是电热继电器。当电动机的工作电流等于额定电流时，电热继电器不动作，电动机正常工作；当电动机短时过载或过载电流较小时，电热继电器不动作，或经过较长时间才动作；当电动机过载电流较大时，电热继电器动作，先后切断控制电路和主电路的电源，使电动机停转。图 3-4 中就使用了电热继电器作过载保护。

对于电动机进行断相保护，可选用带断相保护的电热继电器来实现过载保护。对于三相异步电动机，一般要进行短路保护和过载保护。

3. 断相保护

在故障发生时，三相异步电动机的电源有时出现断相，如果有两相电断开，电动机处于断电状态，只要注意防止触电事故，通常是没有危险的。但是如果只有一相电断开时，电动机是可以运行的，但电动机的输出转矩很小，运行时容易产生烧毁电动机的事故，因此要进行断相保护。

图 3-28 所示为简单星形零序电压断相保护原理图，通常星形连接电动机的中性点对地电压为零，当发生断相时，会造成零电位点存在电位差，从而使继电器 KA 吸合，使控制电路的接触器线圈断电，从而切断主电路，进而使电动机停止转动。

图 3-29 所示为欠电流继电器断相保护原理图。图中使用 3 只继电器，当没有发生断相事故时，欠电流继电器的线圈带电，其常开触头闭合，电动机可以正常运行；而当有一相断路时，欠电流继电器的线圈断电，从而使接触器的线圈断电，使主电路断电，进而使电动机停止运行，起到断相保护作用。

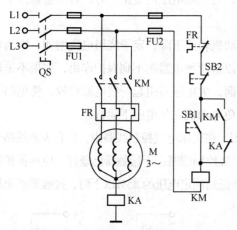

图 3-28　简单星形零序电压断相保护原理图

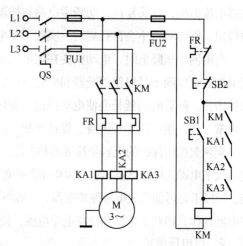

图 3-29　欠电流继电器断相保护原理图

4. 过电流、欠电流保护

过电流保护是区别于短路保护的一种电流保护。所谓过电流，是指电动机或电器元器件超过其额定电流的运行状态，它一般比短路电流小，不超过 6 倍的额定电流。在过电流的情况下，电器元器件并不会马上损坏，只要在达到最大允许温升之前电流值能恢复正常，还是允许的。但过大的冲击负载会使电动机经受过大的冲击电流，以致损坏电动机。同时，过大的电动机电磁转矩也会使机械的传动部件受到损坏，因此要瞬时切断电源。电动机在运行中产生过电流的可能性要比发生短路时要大，特别是在频繁启动和正/反转、重复短时工作的电动机中更是如此。

过电流保护常用过电流继电器来实现，通常过电流继电器与接触器配合使用，即将过电流继电器线圈串接在被保护电路中，当电路电流达到其整定值时，过电流继电器动作，而过电流继电器的常闭触头串接在接触器的线圈电路中，使接触器的线圈断电释放，接触器的主触头断开来切断电动机电源。这种过电流保护环节常用于直流电动机和三相绕线转子电动机的控制电路中。若过电流继电器的动作电流为 1.2 倍电动机启动电流，则过电流继电器亦可实现短路保护作用。

3.8.2　电压保护

电动机或者电器元器件是在一定的额定电压下工作的，电压过高、过低或者工作过程中人为因素的突然断电，都可能造成生产设备的损坏或者人员的伤亡，因此在电气控制线路设计中，应根据实际要求设置失电压保护、过电压保护及欠电压保护。

1. 零电压、欠电压保护

生产机械在工作时若发生电网突然停电，则电动机将停转，生产机械运动部件也随之停止运转。一般情况下操作人员不可能及时拉开电源开关，如果不采取措施，当电源电压恢复正常时，电动机便会自行启动，很可能造成人身和设备事故，并引起电网过电流和瞬间网络电压下降，因此必须采取零电压保护措施。

在电气控制线路中，用接触器和中间继电器进行零电压保护。当电网停电时，接触器和中间继电器电流消失，触头复位，切断主电路和控制电路电源；当电源电压恢复正常时，若不重新按下启动按钮，则电动机不会自行启动，实现了零电压保护。

当电网电压降低时，电动机便在欠电压下运行，电动机转速下降，定子绕组电流增加。因为电流增加的幅度尚不足以使熔断器和电热继电器动作，所以这两种电器起不到保护作用，如果不采取保护措施，随着时间延长会使电动机过热损坏。另一方面，欠电压将引起一些电器释放，使电路不能正常工作，也可能导致人身、设备事故。因此，应避免电动机在欠电压下运行。

实现欠电压保护的电器是接触器和电磁式电压继电器。在机床电气控制线路中，只有少数线路专门装设了电磁式电压继电器以起欠电压保护作用，而大多数控制线路由于接触器已兼存欠电压保护功能，所以不必再加设欠电压保护电器。一般当电网电压降低到额定电压的 85% 以下时，接触器或电压继电器动作，切断主电路和控制电路电源，使电动机停转。

2. 过电压保护

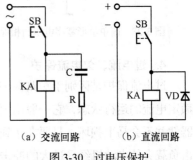

电磁铁、电磁吸盘等大电感负载及直流电磁机构、直流继电器等在通、断电时会产生较高的感应电动势，将使电磁线圈绝缘击穿而损坏，因此必须采用过电压保护措施。通常对于交流回路，在线圈两端并联一个电阻和一个电容；而对于直流回路，则在线圈两端并联一个二极管，以形成一个放电回路，实现过电压的保护，如图 3-30 所示。

（a）交流回路　　　（b）直流回路

图 3-30　过电压保护

3.8.3　其他保护

除上述保护外，还有速度保护、漏电保护、超速保护、行程保护、油压（水压）保护等，这些都是在控制电路中串接一个受这些参量控制的常开触头或常闭触头来实现对控制电路的电源控制。这些装置有离心开关、测速发电机、行程开关和压力继电器等。

3.9 实训

1. 实训内容与要求

三相异步电动机的控制，具体要求：三相异步电动机的丫-△启动。

2. 实训条件

① 控制柜（或网孔板）1 个、电热继电器 1 只、接触器 3 只、按钮 2 只、指示灯 2 只、时间继电器 1 只、熔断器 5 只、断路器 1 只、三相异步电动机 1 台和导线等辅助材料若干。

② 万用表等常用电工仪表和工具。

3. 实训步骤

① 根据图 3-10 所示的丫-△减压启动线路，绘制接线图和布置图。

② 配盘，接线。

③ 检查。

④ 通电调试。

① 重点掌握电气原理图的识读方法，并能绘制简单的电气原理图。

② 重点掌握继电器-接触器控制电路的基本规律，特别要理解自锁和互锁的含义。

③ 重点掌握三相异步电动机的启动、正/反转、制动与调速电气控制电路，特别要重点掌握丫-△减压启动、反接制动、能耗制动和变频调速等内容。

④ 一般掌握直流电动机的启动、正/反转、制动与调速，要重点掌握正/反转和调速控制的原理和控制电路。

⑤ 重点掌握电气控制系统常用的保护环节，要重点掌握短路保护和过载保护。

1. 三相异步交流电动机换向的原理是什么？

2. 直流电动机换向的原理是什么？

3. 三相异步交流电动机有哪几种调速方法？

4. 直流电动机有哪几种调速方法？

5. 电气控制系统的常用保护环节有哪些？

6. 常用的电气系统图有哪些？

7. 多地启动和停止控制用在什么场合？

8. 根据图 3-4 所示的电动机单向点动线路，画出对应的接线图和布置图。

9. 根据图 3-8 所示的电动机正/反转原理图，画出对应的接线图和布置图。

10. 图 3-6 所示为自动往复循环控制线路，指出 SQ3 和 SQ4 的作用是什么？

11. 大功率的三相异步交流电动机为何要减压启动？

12. 直流电动机启动时为何要在电枢中串入电阻？

13. 三相异步交流电动机减压启动的常用方法有哪些？

14. 三相异步交流电动机制动的常用方法有哪些？

15. 直流电动机制动的常用方法有哪些？

16. 有一台电动机的功率为 7.5kW，现要求其反接制动电流 $I_Z \leqslant 1/2I_{st}$，估算在三相电路中应该串入多大阻值和功率的电阻。

17. 有一台笼型电动机，功率为 20kW，额定电压为 380V，额定电流 I_N =38.4A，定子绕组的电阻为 0.83Ω，定子绕组为丫接线，估算这台电动机采用全波能耗制动时所需的直流电压、直流电流以及变压器的二次电压和功率。

18. 单相异步电动机只有一个绕组吗？

19. 简述家用电风扇的电抗器调速的原理。

20. 单相异步电动机有几种启动方法？

21. 单相异步电动机有几种常用的调速方法？

22. 图 3-16 中为什么没有进行欠电压和零电压保护？

23. 图 3-16 中的反接制动采用了速度继电器，若不使用速度继电器，而采用时间继电器，应该如何设计控制线路？

Chapter

4

第4章

|典型设备电气控制电路分析|

学习目标

- 能识读 CA6140A 普通车床电气原理图，掌握接线图和布置图的画法
- 能识读 XA5032 铣床的电气原理图
- 能识读 YH10-30 型压力机的电气原理图
- 能识读气动机械手的电气原理图
- 能识读 XK714A0 数控铣床的电气原理图

4.1 CA6140A 普通车床的电气控制

|4.1.1 初识 CA6140A 车床|

1. CA6140A 车床的功能

车床在机械加工中应用得最为广泛，约占切削机床总数的 25%～50%。在各种车床中，应用得最多的是普通车床。

普通车床可以用来车削工件的外圆、内圆、端面，可以钻孔、铰孔、拉油槽和车削各种公制和英制螺纹等，普通车床特别适合单件、小批量加工和机修使用。CA6140A 是普通车床中最为常见的机型。

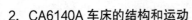

2. CA6140A 车床的结构和运动

CA6140A 车床主要由床身、主轴箱、进给变速箱、溜板箱、溜板与刀架、尾架和丝杠等几部分组成。

切削时，主运动是工件做旋转运动，而刀具做直线进给运动。电动机的动力由 V 带通过主轴箱传递给主轴。变换主轴箱外的手柄位置，可以改变主轴转速。主轴通过卡盘带动工件做旋转运动。主轴一般只要求单方向旋转，只有在旋转车螺纹时才需要反转来退刀。它是用操纵手柄通过机械的方法来改变主轴旋转方向的。

由于进给运动消耗的功率很小，所以也由主轴电动机拖动，不再另外加装单独的电动机拖动。几个进给方向的快速移动，由快速移动电动机拖动。

3. CA6140A 车床的控制要求

CA6140A 车床上配有 3 台三相异步电动机，主轴电动机的功率为 7.5kW，快速移动电动机的功率为 275W，冷却泵电动机的功率为 150W，都要进行启停控制，无反转；主轴电动机和快速移动电动机都可单独进行启停控制，而冷却泵电动机必须在主轴电动机开启后才能启动；配有照明灯和指示灯。此外，CA6140A 车床配有皮带罩开关、开门断电开关和卡盘防护开关，起保护设备和人身安全作用。

4.1.2　CA6140A 车床的电气控制电路

1. 电气原理图分析

（1）主电路分析

CA6140A 车床的电气原理图如图 4-1 所示。电源经 QF 开关引入，该开关为断路器。断路器不仅起电源的引入作用，还能起到短路保护作用，由于整个电路的总功率约为 8kW，因此与主轴电动机的功率几乎相当，所以主轴电动机回路中没有单独配备短路保护元器件，而由 QF 开关保护。快速移动电动机只配备了熔断器，起短路保护作用，而没有配备电热继电器，这是因为快速移动电动机运行的时间很短，而且载荷也比较小，所以没有必要进行过载保护。冷却泵需要长时间工作，而且由于电源引入开关 QF 的额定电流远大于冷却泵的额定电流，起不到短路保护作用，因此必须进行短路保护和过载保护。

（2）控制电路分析

控制电路采用交流 24V 电压供电，24V 电压是安全电压，增强了系统的安全性。熔断器 FU6起短路保护作用。

车床的左侧有皮带罩保护行程开关 SQ1，当拆下皮带罩时，SQ1 的常闭触头断开，控制电路被切断，车床是不能启动的，很显然 SQ1 是起保护作用的，可防止拆下皮带而造成事故。车床的控制柜内安装了一个电柜开门断电开关 SQ2，当因检修等原因打开电柜门时，控制系统断电，车床是不能启动的。此外，车床上还安装了卡盘防护开关 SQ3，起保护作用，如果不使用此功能，可将 5号和 11 号端子用导线短接。

控制原理如下：要使车床能够正常运行，首先应该保证电柜的门已经关好，皮带罩没有拆下，

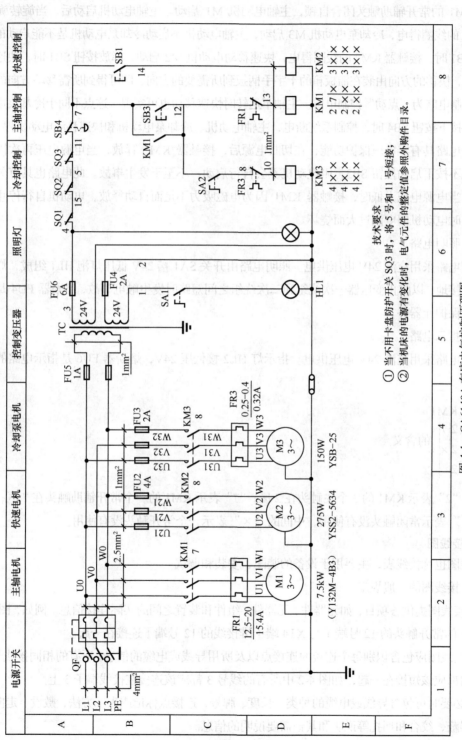

图 4-1 CA6140A 车床电气控制原理图

因为只有这样才能保证 SQ1 和 SQ2 的常闭触头闭合。当按下启动按钮 SB3 时，接触器 KM1 的线圈得电，KM1 的常开辅助触头闭合自锁，主轴电动机 M1 启动。主轴电动机启动后，当旋转旋钮 SA2 时，KM3 的线圈得电，冷却泵电动机 M3 启动，主轴电动机不启动冷却泵电动机是不能启动的。当按下按钮 SB1 时，接触器 KM2 的线圈得电，快速移动电动机 M2 启动，释放按钮 SB1 时，快速移动电动机停止，快移的方向由装在溜板箱的十字手柄扳到所需要的方向，即可得到所需移动方向的快速移动，此控制电路为"点动"控制电路。主轴不运转时快速移动也可实现，这点不同于冷却泵电动机的控制。当按下按钮 SB4 时，控制系统断电，主轴电动机、冷却泵电动机和快速移动电动机停止转动。

这一电路具有零电压保护功能，在切断电源后，接触器 KM1 释放，当电源电压再次恢复正常时，如果不按下启动按钮 SB3，则电动机不会自行启动，不至于发生事故。此电路也具有欠电压保护功能，当电源电压太低时，接触器 KM1 因为电磁吸力不足而自动释放，电动机自行停止，以避免欠电压时电动机因电流过大而烧坏。

（3）照明电路

照明电路采用交流 24V 电压供电。照明电路由开关 SA1 接 24V 低压灯泡 HL1 组成，灯泡的另一端必须接地，以防止变压器一次绕组和二次绕组之间短路时发生触电事故，熔断器 FU4 是照明电路的短路保护元器件。

（4）指示电路

指示电路采用交流 24V 电压供电。指示灯 HL2 接低压 24V，熔断器 FU6 是指示电路的短路保护元器件。

（5）　$\begin{array}{c} \text{KM1} \\ \dfrac{2\,|\,7\,|\,\times}{2\,|\,\times\,|\,\times} \\ 2\,|\quad| \end{array}$　的含义

3 个"2"表示 KM1 的 3 个主触头在 2 区；"7"表示 KM1 的一个常开辅助触头在 7 区；右侧的两个"×"表示常闭触头没有使用，中间的"×"表示一个常开触头没有使用。

2. 接线图

接线图也称接线表，主要用于设备的装配、安装和调试。

（1）接线图的一般规定

① 接线图提供各项目，如元器件、元器件、组件和装置之间的实际连接信息。例如，图 4-2 中，按钮 SB3 的常开触头的 12 号端子与 XT4 端子排接线的 12 号端子连接在一起。

② 接线图应包含识别每个连接的连接点以及所用导线或电缆的信息，所有的相同接线号，即使位置不同都应该短接在一起，如图 4-2 中所有的线号 3 都应该连接在接线端子 3 上。

③ 必要时可包含导线或电缆的种类、长度、牌号，连接点标记或表示方法，敷设、走向、端头处理、屏蔽、绞合和捆扎等说明和其他需要说明的信息。

（2）接线图的绘制原则

① 接线图布局应采用位置布局法，即按照电气元器件的实际位置布局，但无需按照比例绘制。

图 4-2 中的接线图就是按照电气元器件的实际位置布局的，没有按照比例绘制。

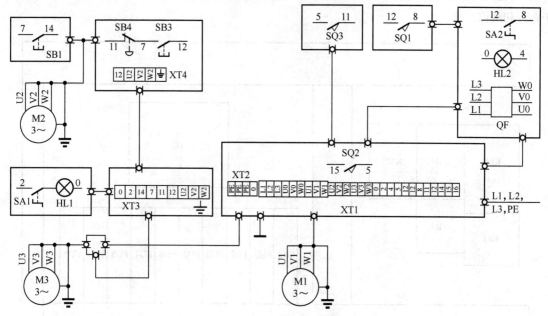

图 4-2　CA6140A 车床电气控制接线图

② 元器件应采用简单的轮廓（如正方形、矩形或圆形）或者简化的图形表示，也可以采用 GB/T 4728—2000 中规定的符号表示。如图 4-2 中，接触器和接线端子都用矩形简化图表示，而按钮则直接采用了按钮的符号表示。

③ 端子应该表示清楚，但无需表示端子的符号，如图 4-2 中，4 个端子排 XT1、XT2、XT3 和 XT4 上的端子号都清楚示出了。

3. 布置图

布置图根据电气元器件的外形绘制，并标出各元器件的间距尺寸。每个电气元器件的安装尺寸及其公差范围应严格按照产品手册标准标注，作为底板加工的依据，以保证各电器顺利安装。在布置图中，还要选用适当的接线端子或者接插件，按一定的顺序标上进出线的接线号。

布置图是用来标明电气原理图中各元器件的实际安装位置的，可视电气控制系统复杂程度采取集中绘制或单独绘制，如图 4-3 所示，其中由于控制系统简单，所以采用了集中绘制。常画的有电气控制箱中的电气元器件布置图、控制面板图等。布置图是控制设备生产及维护的技术文件，电气元器件的布置应注意以下几方面：

① 体积大和较重的电气元器件应该安装在电器安装板的下方，而发热元器件尽可能安装在电器安装板的上面。

② 强电、弱电应分开，弱电应屏蔽，以防止外界干扰。

③ 需要经常维护、检修、调整的电气元器件不宜过高或过低。

④ 电气元器件的布置应考虑整齐、美观、对称。外形尺寸与结构类似的电器安装在一起，以利

安装和配线。

⑤ 电气元器件布置不宜过密，应留有一定的间距，如用走线槽，应加大各排电器的间距，以利于布线和维修。

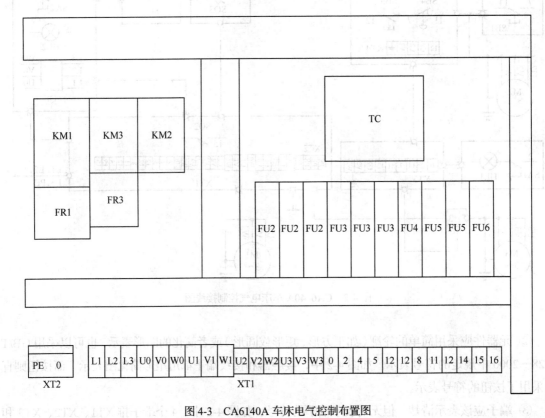

图 4-3　CA6140A 车床电气控制布置图

4. 明细表

明细表是含有规定列项的表格，用来表示构成一个组件（或分组件）或系统的项目（零件、部件、软件设备等），以及参考文件的明细表。

（1）明细表的分类

明细表分成 A 类和 B 类。A 类明细表的每个列项代表一种组成项目，并规定其数量。A 类明细表属于"汇总表"。B 类明细表的每个列项代表一种组成事件。B 类明细表属于"详表"。

（2）CA6140A 车床控制的明细表

电动机启停控制的明细表见表 4-1。

表 4-1　　　　　　　　　　　　　　元器件明细表

配件号	名称	数量	型号	
			380V，50Hz 地区	**380V，60Hz 地区**
M1	主轴电动机	1	Y132M-4，B3 左 380V，50Hz，7.5kW	Y132M-6，B3 左 380V，60Hz，7.5kW

续表

配件号	名称	数量	型号	
			380V，50Hz 地区	**380V，60Hz 地区**
M2	快速移动电动机	1	YSS2-5362 380V，50Hz，275W	YSS2-5362 380V，60Hz，275W
M3	冷却泵电动机	1	YSB-25 380V，50Hz，150W	YSB-25 380V，60Hz，150W
TC	控制变压器	1	JBK2-250，380V，50Hz， 160W，24V，60W；24V， 100W	JBK2-250，380V，50Hz，160W，24V， 60W；24V，100W
KM1	交流接触器	1	CJX2-16/22 线圈电压 24V，50Hz	CJX2-16/22 线圈电压 24V，50Hz
KM2	交流接触器	1	CJX2-9/22 线圈电压 24V，50Hz	CJX2-9/22 线圈电压 24V，60Hz
KM3	交流接触器	1	CJX2-9/22 线圈电压 24V，50Hz	CJX2-9/22 线圈电压 24V，60Hz
FR1	电热继电器	1	3UA 12.5～20A，整定到 15.4A	3UA 10～16A，整定到 12.6A
FR3	电热继电器	1	3UA 0.25～0.4A，整定到 0.32A	
FU2	熔断器	3	熔断器座 RT23-16，熔芯 6A	
FU3	熔断器	1	熔断器座 RT23-16，熔芯 6A	
FU4	熔断器	2	熔断器座 RT23-16，熔芯 2A	
FU5	熔断器	1	熔断器座 RT23-16，熔芯 1A	
FU6	熔断器	1	熔断器座 RT23-16，熔芯 6A	
QF	电源总开关	1	DZ15-40/40	
HL1	机床照明灯	1	JC-10，24V，40W	
HL2	信号灯	1	AD-11/B 交流 24V	
SA1	照明开关	1		
SB1	快速按钮	1	LAY9，绿色	
SB2	冷却按钮	1	LAY3-10X，黑色	
SB3	主轴启动按钮	1	LAY3-10，绿色	
SB4	主轴停止按钮	1	LAY3-01ZZS/1，红色	
XT1	接线板	1	JH9-1009、JH9-1.519，60A 10 节，15A 19 节	
XT2	接线板	1	JDG-B-1	
XT3 XT4	接地接线板	3	JX5-1005	
SQ1	皮带罩开关	1	LXK2-411K	
SQ2	电柜开门断电开关	1	JWM6-11	
SQ3	卡盘防护开关	1	LXK2-311	

XA5032 铣床的电气控制

4.2.1 初识 XA5032 铣床

1. XA5032 铣床的功能

铣床在机械加工中应用十分广泛，铣床的保有量仅次于车床，占第 2 位。铣床的种类很多，有立式铣床、卧式铣床、龙门铣床、仿形铣床和各种专用铣床（如用于加工圆弧齿轮的格里森铣床），而最为常见的是立式铣床和卧式铣床。

XA5032 立式铣床可以用来加工各种平面、斜面、沟槽和齿轮等。根据需要配用不同的铣床附件，还可以扩大机床的使用范围。配用分度头，可铣削直齿齿轮和铰刀等零件，如在配用分度头的同时，把分度头的传动轴与工作台纵向丝杠用挂轮联系起来，可以铣削螺旋面；配用圆形工作台，可以铣削凸轮和弧形槽。

2. XA5032 铣床的结构和运动

XA5032 铣床主要由床身、主传动轴、进给变速箱、立铣头、主变速箱、电气控制箱升降台和工作台等几部分组成。

铣床的刀具主要是各种形式的铣刀，切削时，主运动是刀具的旋转运动；进给运动在大多数的铣床上是由工件在垂直铣刀轴线方向的直线移动来实现的。为了调整铣刀与工件的相对位置，工件或铣刀可在 3 个相互垂直的方向上做调整运动，而且根据加工要求，可在其中的任何一个方向做进给运动。

3. XA5032 铣床的控制要求

XA5032 铣床上配有 3 台三相异步电动机，主轴电动机的功率为 7.5kW，进给移动电动机的功率为 1.5kW，冷却泵电动机的功率为 125W，都要进行启停控制；启动、停止和急停都可以多点控制；主轴电动机和进给移动电动机需要正/反转控制，而冷却泵电动机启停可以单独控制；主运动由离合器制动；配有照明灯和指示灯。此外，XA5032 铣床配有开门断电开关起保护设备和人身安全作用。

4.2.2 XA5032 铣床的电气控制

XA5032 铣床的电气控制原理图如图 4-4 和图 4-5 所示。

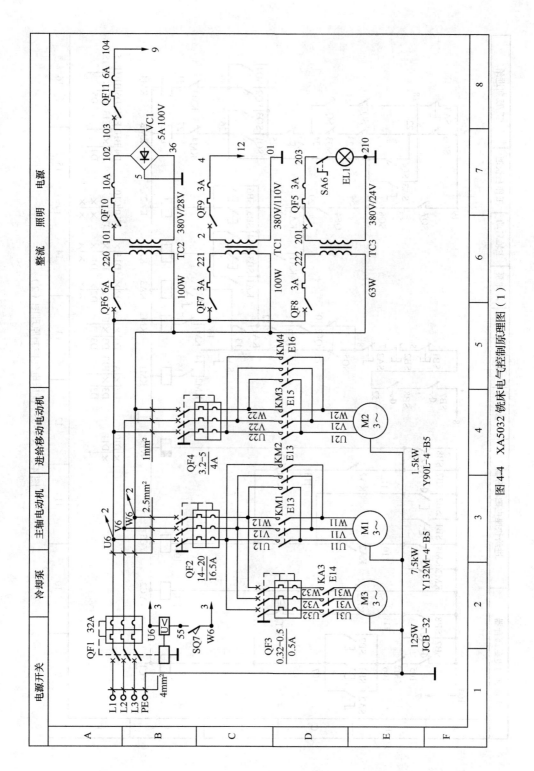

图 4-4 XA5032 铣床电气控制原理图（1）

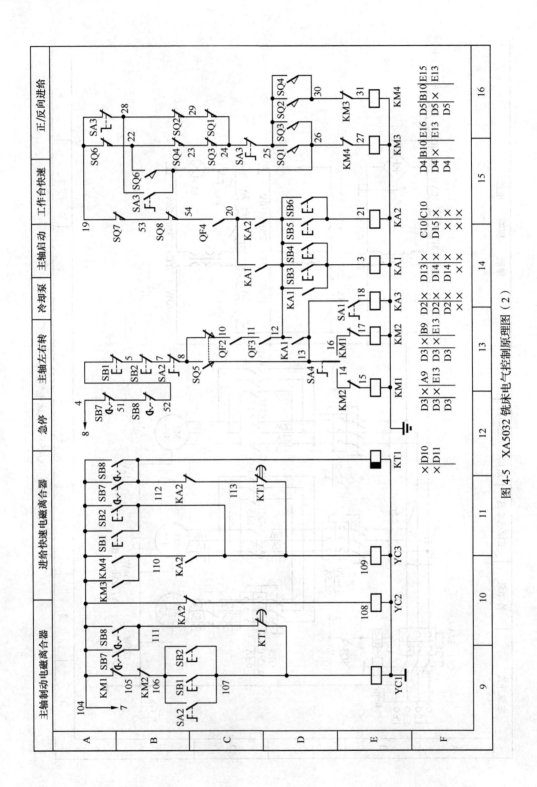

图 4-5　XA5032 铣床电气控制原理图（2）

1. 主轴运动的电气控制

启动主轴时，先闭合电源引入开关 QF1，QF1 是断路器，再把换向开关 SA4 转到主轴所需要的旋转方向，然后按启动按钮 SB3 或 SB4，使继电器 KA1 的线圈得电，进而使其常开触头闭合自锁。当 SA4 转向 14 时，接触器 KM1 得电自锁，主轴左转；当 SA4 转向 16 时，接触器 KM2 得电自锁，主轴右转，主轴右转的回路为 SB7→SB8→SB1→SB2→SA2→SQ5→QF2→QF3→KA1→SA4→KM1（常闭触头）→KM2（线圈）。

停止主轴时，按停止按钮 SB1 或 SB2，切断 KM1 或 KM2 线圈的供电线路，并且接通 YC1 主轴制动电磁离合器，主轴即可停止转动，铣床主轴的制动是机械制动。

主轴冲动，为了使变速时齿轮易于啮合，必须使主轴电动机瞬时转动，当主轴变速操纵手柄推回原来位置时，压下行程开关 SQ5，使接触器 KM1 和 KM2 瞬时接通，主轴就做瞬时转动，应以连续较快的速度推回变速手柄，以免电动机转速过高打坏齿轮。

2. 进给运动的电气控制

升降台的上下运动和工作台的前后运动完全由操纵手柄控制，手柄的连动机构与行程开关相连，前后各一个，SQ3 控制工作台向前和向下运动，SQ4 控制工作台向后和向上运动，SQ1 和 SQ2 分别控制工作台向右及向左运动，手柄的方向就指向运动的方向。

使用工作台的向后、向上手柄压下 SQ4 及工作台的向左手柄压下 SQ2，接通接触器 KM4 的线圈，即按选择方向做进给运动。向左运动的回路为 SQ6（常闭触头，SQ6 之前的省略）→SQ4（常闭触头）→SQ3（常闭触头）→SA3→SQ2→KM3（常闭触头）→KM4（线圈）。

使用工作台的向前、向下手柄压下 SQ3 及工作台的向右手柄压下 SQ1，接通接触器 KM3 的线圈，即按选择方向做进给运动。

只有在主轴启动后，进给轴才能启动。

进给轴的冲动，当变换进给速度时，当手柄向前拉至极端位置且在反向推回之前，推动行程开关 SQ6（常开触头），瞬时接通接触器 KM3，则进给移动电动机做瞬时转动，使齿轮容易啮合。

3. 快速行程的电气控制

主轴电动机启动后，将进给操作手柄搬到所需的位置，则工作台就按照手柄所指的方向以选定的速度运动，此时如果将快速按钮 SB5 或 SB6 压下，接通继电器 KA2 的线圈和 YC3 离合器，并切断进给离合器，工作台以原来的速度快速移动，放开快速按钮，快速移动立即停止，仍然以原来的进给速度继续运动。

4. 机床进给的安全互锁

为了保证操作者的安全，在机床工作台进行加工时，先应使 z 向手柄向外推向极限位置，使行程开关 SQ8 的常闭触头闭合，工作方向可进行 x、y、z 方向的机动运行，否则不得进行机动操作，以确保安全。另外，当出现紧急情况时，可以按下急停按钮 SB7 或 SB8 切断全部控制电路，以自锁保持，直到故障排除，再人工解锁。

5. 圆工作台的回转

圆工作台的回转运动是进给移动电动机经过传动机构驱动的，使用圆工作台时，先将 SA3 转到接通位置，然后操纵启动按钮，则接触器 KM1 和 KM3 相继接通，圆工作台开始转动。圆工作台的回路为 SQ6→SQ4→SQ3→SQ1→SQ2→SA3→KM4（触头）→KM3（线圈）。

6. 主轴刀制动

当主轴换刀时，先将转换开关 SA2 搬到接通位置，主轴被电磁离合器制动，不能旋转，此时可以进行换刀；当换刀完毕时，再将旋转开关搬到断开位置，主轴才可以启动。

7. 冷却泵回路

当将旋钮开关 SA1 搬到闭合位置时，KA3 继电器吸合，冷却泵电动机运行；当将旋钮开关搬到断开位置时，KA3 继电器断开，冷却泵电动机停止运行。

8. 供电

① 机床照明。变压器 TC3 将 380V 交流电变成 24V 交流电，照明灯由开关 SA6 控制。

② 控制电路用电。控制电路的电主要消耗在继电器和接触器的线圈上，变压器 TC1 将 380V 交流电变成 110V 交流电。

③ 离合器的电源。变压器 TC2 将 380V 交流电变成 28V 交流电，经过 VC1 整流后变成约 40V 的直流电。

9. 开门断电

左门上有门锁控制断路器 QF1，当开左门时，QF1 断电，起到开门断电的作用。右门上的行程开关 SQ7 与断路器 QF1 分励线圈相连，当开右门时，SQ7 闭合，使断路器 QF1 断开，达到开门断电的效果。

XA5032 铣床的启停控制明细表见表 4-2。

表 4-2　　　　　　　　　　　元器件明细表

符　号	名　称	数　量	型　号
M1	主轴电动机	1	Y132-4-B5，7.5kW、380V、50Hz、1 440r/min
M2	进给移动电动机	1	Y90L-4-B5，1.5kW、380V、50Hz、1 400r/min
M3	冷却泵电动机	1	JCB-22，0.125kW、380V、50Hz、2 790r/min
TC1	控制变压器	1	JBK5-100，AC 380V/110V、50Hz
TC2	整流变压器	1	JBK5-100，AC 380V/28V、50Hz
TC3	照明变压器	1	JBK5-100，AC 380V/24V、50Hz
KM1、KM2	交流接触器	各 1	3TB4417，线圈电压 110V、50Hz
KM3、KM4	交流接触器	各 1	3TB4017，线圈电压 110V、50Hz
KA1、KA2、KA3	继电器	各 1	LCI-D0601F5N
KT1	时间继电器	1	H3Y-2，PYF08A，线圈电压 DC 24V
QF1	电源总开关	1	DZ15-40/40
QF2	断路器	1	3VU1340-IMNOO，额定电流 20A，整定值 16.5A

续表

符 号	名 称	数 量	型 号
QF3	断路器	1	3VU1340-IMEOO，额定电流 0.6A，整定值 0.5A
QF4	断路器	1	3VU1340-INJOO，额定电流 5A，整定值 4A
QF6、QF10、QF11	DZ47-63	各 1	额定电流 6A
QF5、QF7、QF8、QF9、QF12	DZ47-63	各 1	额定电流 3A
SQ1、SQ2	行程开关	各 1	LX1-11K
SQ3、SQ4	行程开关	各 1	1LS-T
SQ5、SQ6	行程开关	各 1	LX3-11K
SQ7	行程开关	1	X2N
SQ8	行程开关	1	3SE3100-2BA
EL1	机床照明灯	1	E27，AC 24V，40W
SA1、SA2、SA3、SA4、SA5	主令开关	各 1	LAY11-223-22X/3K　黑色
SB1、SB2	按钮	各 1	LAY11-223-22/3K　黑色
SB3、SB4	按钮	各 1	LAY11-226-11/K　白色
SB5、SB6	按钮	各 1	LAY11-227-11/K　灰色
SB7、SB8	按钮	各 1	LAY11-223-22M/ZK　红色，蘑菇形
YC1	主轴制动电磁离合器	1	
YC2	进给电磁离合器	1	
YC3	快速电磁离合器	1	
VC1	硅整流桥	1	2PQIV-1，10A、100V
XT1	接线板	1	JH9，1.5mm^2，32 节；2.5mm^2，3 节，带导轨
XT2	接线板	1	JH9，1.5mm^2，31 节，带导轨
XT3	接线板	1	JH9，1.5mm^2，11 节，带导轨

4.3　油压机的电气控制

　　锻压机械设备的应用非常广泛，常用的锻压机械有压力机、油压机、空气锤等，其中油压机广泛用于金属材料的压制工艺上。本节以 YH10-30 型油压机为例分析其电气控制线路。

4.3.1 主要结构与控制要求

YH10-30 型油压机的结构如图 4-6 所示，主要由 4 根立柱、液压缸、夹具、滑板、机身（工作台）液压及驱动控制装置等组成。

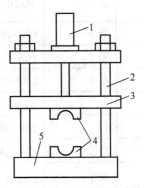

图 4-6 YH10-30 型油压机的结构

1—液压缸 2—立柱 3—滑板 4—夹具 5—工作台

油压机的压力、压制速度可以在规定的范围内调节，具有定压成形工作方式，循环过程包括滑板下行、加压、保压、回程和原位停止，还可以进行手动控制。液压机采用油压驱动、电气控制，一台交流电动机驱动液压泵，另一台驱动风机对液压系统进行抽风制冷。

4.3.2 电气控制线路分析

YH10-30 型油压机的电气控制原理图如图 4-7 所示。

1. 主电路的分析

QF1 是断路器，是电源引入开关，QF2 和 QF3 也是断路器，主要对电动机 M1 和 M2 进行短路保护和过载保护。接触器 KM1 和 KM2 对电动机进行启/停控制。两台电动机都是全电压直接启动，都是三角形连接。为了安全起见，电动机的外壳必须按照要求可靠接地。

2. 控制电路的分析

QF4 是单极断路器，主要用于控制电路的短路保护，也可以用于手动切断控制电路的电源。SB1 是急停按钮，当系统有异常情况时，可以按下急停按钮，复位时顺时针旋转即可。TC 是控制变压器，为控制电路提供 24V 的电源。通常控制柜中不引入中性线，因此即使是 24V 的电源最好由 380V 电源变压得到。

（1）冷却控制电路

当按钮 SB3 接通时，接触器 KM1 的线圈得电，KM1 的触头自锁，电动机 M1 抽风制冷；当按下按钮 SB2 时，接触器 KM1 的线圈失电，电动机 M1 停止运行。

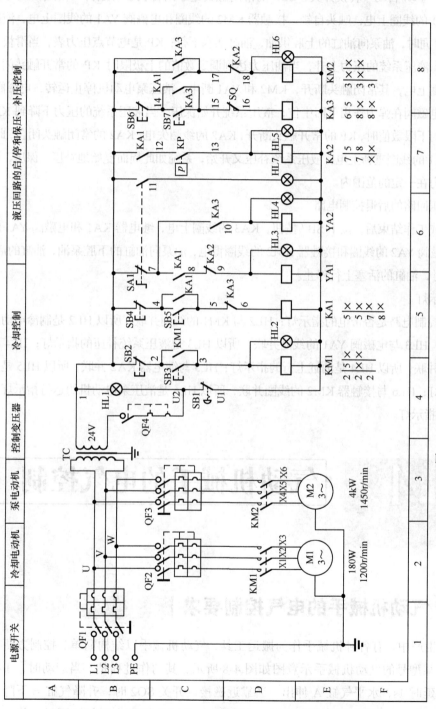

图 4-7　YH10-30 型油压机电气控制原理图

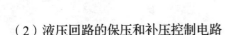

（2）液压回路的保压和补压控制电路

SB8 为"手动/自动"转换开关，SB8 的常闭触头处于闭合状态时是自动模式，此时合上 SB5 按钮时，KA1 的线圈上电，触头自锁，接触器 KM2 的线圈和电磁阀 YA1 的线圈上电，液压泵电动机 M2 运转，同时，油泵向油缸的上腔供油，油缸活塞下行；KP 是电节点压力表，当滑板下行并对夹具施压时，液压系统的压力上升，当油压力达到调定数值的上极限时 KP 的常开触头闭合，KA2 继电器的线圈上电，其常闭触头断开，KM2 和 YA1 断电，液压泵电动机停止运转，电磁阀 YA1 的线圈断电，电磁阀在弹力作用下回中位，液压系统开始保压。当液压系统的压力下降到 KP 电节点压力表设定的下限数值时，KP 的常开触头断开，KA2 的线圈失电，KA2 的常闭触头闭合，此时 KM2 和电磁阀 YA1 的线圈重新上电，液压系统补压又开始，系统如此周而复始地补压、保压，以维持液压系统的压力在一定的范围内。

（3）液压回路的后退控制电路

当压制或工作结束后，按下 SB7 按钮，KA3 的线圈上电，继电器 KA1 和电磁阀 YA1 的线圈失电，同时电磁阀 YA2 的线圈和接触器 KM2 的线圈得电，油泵向油缸的下腔泵油，油缸的活塞上行，当碰到 SQ 时，油缸的活塞上行停止。

（4）指示灯

HL1 是控制电路是否带电的指示灯；HL2 与 KM1 的线圈并联，所以 HL2 是制冷电动机运行与否的指示灯；HL3 与电磁阀 YA1 的线圈并联，所以 HL3 是液压系统补压的指示灯；HL4 与电磁阀 YA2 的线圈并联，所以 HL4 是油缸上行的指示灯；HL5 与继电器 KA2 并联，所以 HL5 是液压系统保压的指示灯；HL6 与接触器 KM2 的线圈并联，所以 HL6 是液压泵电动机的运行指示灯。HL7 手动/自动转化指示灯。

4.4　气动机械手的电气控制

4.4.1　气动机械手的电气控制要求

在工业生产中，有各种机械手作为搬运工具，气动机械手以结构简单、控制方便得到了广泛的应用。某型号的气动机械手示意图如图 4-8 所示，其动作过程是，当启动时，手指气缸 C 夹紧物体，延时 1s，水平气缸 A 伸出，当靠近磁接近开关 SQ2 时，升降气缸 B 下降，当靠近磁接近开关 SQ4 时，手指气缸松开物体，延时 1s，升降气缸和水平气缸同时动作，升降气缸上升，直到靠近磁接近开关 SQ3，而水平气缸缩回，直到靠近磁接近开关 SQ1，完成一个工作循环。

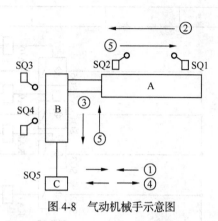

图 4-8　气动机械手示意图

4.4.2　气动机械手的气动回路

气动机械手的气动原理图如图 4-9 所示。电磁阀的动作顺序见表 4-3。

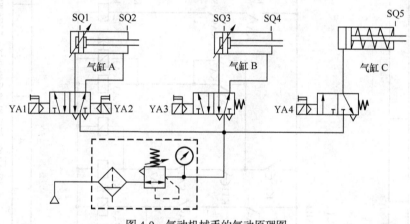

图 4-9　气动机械手的气动原理图

表 4-3　　　　　　　　　　电磁阀的动作顺序

工　步	YA1	YA2	YA3	YA4	输 入 信 号
夹紧				+	SQ1、SQ3
伸出	+			+	SQ5、KT1
下降			+	+	SQ2
松开			+		SQ4
上升、缩回		+			$\overline{SQ5}$、KT1

4.4.3　气动机械手的电气控制线路

气动机械手的电气控制原理图如图 4-10 所示。

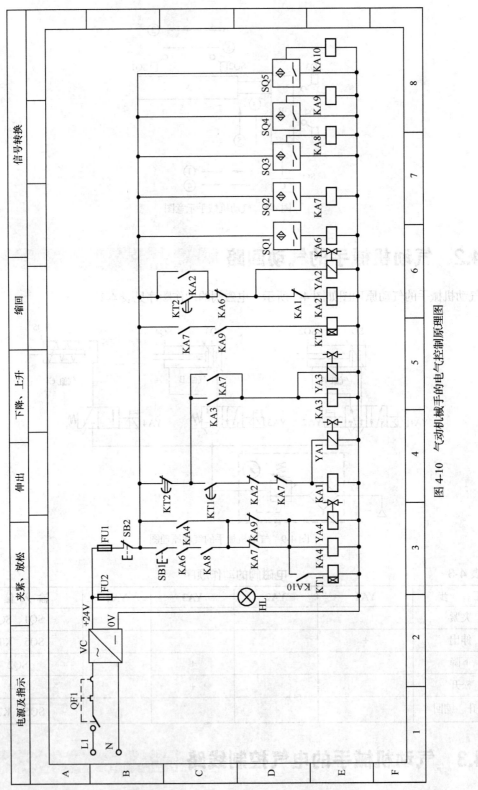

图 4-10 气动机械手的电气控制原理图

1. 系统电源及指示

由于选用的电磁阀是 DC24V，而且 5 只磁接近开关也需要 DC24V 电源，因此，控制系统的其他电气元器件的额定电压选定为 DC24V。控制柜中已经有 DC24V 电源，经过一只开关电源，转换成 DC24V 电源。指示灯 HL 作为 DC24V 的指示用。

2. 信号转换

本系统共有 5 只磁接近开关，很容易判断都是 PNP 型接近开关，其中，SQ1 和 SQ2 是二线制接近开关，SQ3、SQ4 和 SQ5 是三线制接近开关。接近开关有效时，输出的是 DC24V 信号，都用 1 只继电器将其信号转换成触头通断信号。例如，当 SQ1 有效时，输出 DC24V 信号，使得 KA6 的线圈得电，引起 KA6 的常开触头闭合、常闭触头断开，其余的信号转换也类似。

3. 动作过程

当接通电源开关 QF1 时，控制系统有 24V DC 电源。在起始位置时，接近开关 SQ1 和 SQ3 起作用，致使继电器 KA6 和 KA8 的线圈上电，从而使 KA6 和 KA8 的常开触头闭合，为系统启动准备条件。当按下按钮 SB1 时，继电器 KA4 的线圈上电，常开触头自锁，电磁阀 YA4 和时间继电器 KT1 上电，汽缸 C 夹紧物体，延时 1s 后，KT1 的常开触头闭合，继电器 KA1 的线圈和电磁阀 YA1 上电，水平汽缸 A 伸出，当伸出到水平极限位置时，SQ2 起作用，KA7 上电，升降汽缸 B 下降，同时切断 KA6 和 YA1 的电源，当升降汽缸下降到下限位置时，SQ4 起作用，KA9 上电，此时，KA4 和 YA4 同时断电，KT2 的线圈上电，夹紧汽缸释放物体，延时 1s 后，KT2 的常开触头闭合、常闭触头断开，KA3 和 YA3 同时断电，升降汽缸上升，与此同时 KA2 和 YA2 同时上电，水平汽缸回缩，当水平汽缸和升降汽缸都回到原始位置时，系统停止运行。

4.5　数控铣床的电气控制

4.5.1　XK714A 数控铣床

数控铣床是典型的机电一体化产品，它综合了微电子、计算机、自动控制、精密检测、伺服驱动、机械设计与制造技术方面的最新成果，与普通机床相比，数控机床能够完成平面、曲线和空间曲面的加工，加工精度和效率都比较高，因而应用日益广泛。

XK714A 数控铣床是三坐标立式铣床，其 X、Y、Z 3 个方向的进给轴采用伺服电动机驱动滚珠丝杠，其主轴采用变频器驱动主轴电动机，机床选用了我国自主研发的 HNC-21 数控系统。XK714A 数控铣床的 3 个进给轴和主轴都是闭环控制。系统不仅具有汉字显示双向螺距补偿、高速插补、连网和输入/输出等功能，还提供了软盘接口、硬盘接口、RS-232 接口等。XK714A 数控铣床适合在机械制造、模具、电子等行业对复杂表面进行加工。

XK714A 数控铣床主要由底座、立柱、工作台、主轴箱、电气控制柜、HNC-21 数控系统、冷却系统、润滑系统等组成。它的立柱和工作台部分安装在底座上，主轴箱在立柱上上下移动。它的左右方向为 X 轴，前后方向为 Y 轴，主轴在立柱上的上下移动为 Z 轴。

XK714A 数控铣床配有自动换刀装置，主要通过刀具松紧电磁阀实现换刀动作。此外，换刀时主轴吹气电磁阀还要向主轴锥孔吹气，以清除锥孔内的脏物。

4.5.2 XK714A 数控铣床的电气控制线路

XK714A 数控铣床的电气控制线路比较复杂，下面将对 XK714A 数控铣床的强电主电路、变频调速电路、电源电路、交流控制电路和直流控制电路分别介绍。

1. 强电主电路

XK714A0 数控铣床的强电主电路如图 4-11 所示。QF1 为电源总开关，QF2、QF3、QF4 分别是伺服强电、主轴强电和冷却电动机的断路器，它们的作用是当以上电路短路或过载时，断路器跳闸，从而起到保护作用。KM1、KM2、KM3 分别是控制伺服电动机、主轴电动机和冷却电动机的接触器。TC2 是 Y-△型伺服变压器，其作用是将交流 380V 电压变为 200V，供伺服驱动器使用。RC1、RC2、RC3 是灭弧器，当电路断开时，吸收接触器、伺服驱动器、变频器的能量，避免产生过电压。伺服驱动器与数控系统和编码器相连的信号线在图中没有画出，请读者参考相关资料。

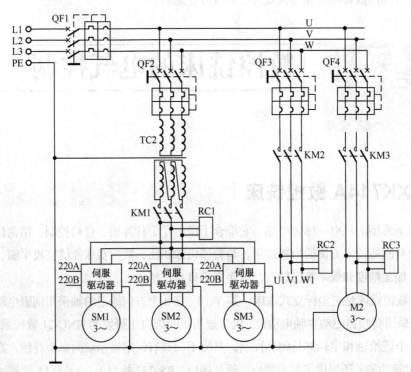

图 4-11　XK714A0 数控铣床电气控制线路——强电主电路

2. 变频调速电路

XK714A 数控铣床的变频调速电路比较简单，如图 4-12 所示。其中的 U1、V1 和 W1 与图 4-11 中的相同端子号相连，是变频器的电源引入线，U、V 和 W 直接与主轴电动机相连。电动机制动时，动能转化成电能，消耗在与 B1 和 B2 相连的制动电阻上。11、20 和 27 与 110 相连，而 110 是整个直流控制系统的零电位点。

当继电器 KA8 的线圈得电时，继电器 KA8 的常开触头闭合，变频器使电动机 M1 正转；当继电器 KA9 的线圈得电时，继电器 KA9 的常开触头闭合，变频器使电动机 M1 反转。KA8 和 KA9 的常闭触头起互锁作用。

变频器的 13 和 17 与数控系统 HNC-21 的 14 和 15 相连，数控系统通过 14 和 15 发出调速信号，使主轴电动机 M1 得到不同的转速。

此外，用于检测主轴的位置和速度的编码器、编码器与变频器上的位置卡相连的信号线以及变频器与数控系统相连的其他信号线在图 4-12 中没有画出，请读者参考相关资料。

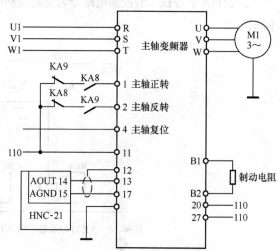

图 4-12　XK714A0 数控铣床电气
控制线路——变频调速电路

3. 电源电路

XK714A 数控铣床的电源电路如图 4-13 所示。TC1 为控制变压器，一次绕组为 AC 380V，二次绕组为 AC 110V、AC 220V 和 AC 24V。其中，AC 110V 是交流控制电路和热交换器的电源，AC 24V 是机床的工作灯的电源，AC 220V 向润滑电动机、风扇电动机和直流稳压电源提供电源。QF5、QF6 和 QF7 是断路器起过载和短路保护作用，同时可手动接通和切断电源。DC 24V 电源向数控系统、24V 继电器、PLC 的输入和输出、电柜排风扇等提供电源。220A 和 220B 向伺服驱动器提供电源。

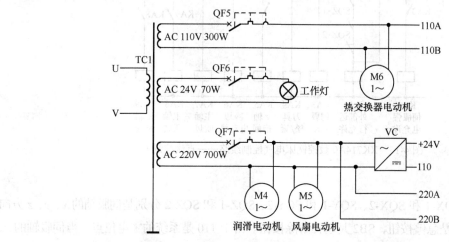

图 4-13　XK714A0 数控铣床电气控制线路——电源电路

图 4-11 中的端子号 U1、V1 和 W1 与图 4-12 中的相同端子号相连，图 4-11 中的端子号 U 和 V 与图 4-13 中的相同端子号相连，图 4-11 中的端子号 220A 和 220B 与图 4-13 中的相同端子号相连。另外，需要指出的是图 4-12 中的 U、V 和 W 是变频器生产厂家定义的端子号，直接与主轴电动机相连，而不与图 4-11 中的 U、V 和 W 相连。

4. 控制电路

　　XK714A 数控铣床的控制电路分为交流控制电路（如图 4-14 所示）和直流控制电路（如图 4-15 所示）。

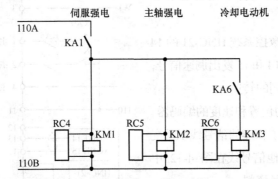

图 4-14　XK714A0 数控铣床电气控制线路——交流控制电路

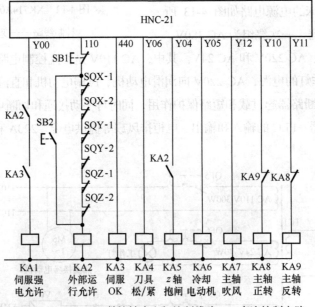

图 4-15　XK714A0 数控铣床电气控制线路——直流控制电路

（1）主轴控制

　　图 4-15 中，SQX-1 和 SQX-2、SQY-1 和 SQY-2、SQZ-1 和 SQZ-2 分别是伺服轴的 x、y、z 方向的限位开关，SB1 是急停按钮，SB2 是超程解除按钮。由于 110 是系统的零电位点，当伺服轴的 x、y、z 方向的限位开关没有被压上、SB1 急停按钮没有按下时，KA2 的线圈得电，KA2 的常开触头闭

合，当伺服驱动器准备好后，伺服驱动器向 HNC-21 发出信号，HNC-21 收到信号后使 440 变成低电平，此时 KA3 的线圈得电，KA3 的常开触头闭合，当 HNC-21 的 Y00 输出低电平发出伺服强电允许时，KA1 的线圈得电，图 4-14 中 KA1 的常开触头闭合，进而使 KM1、KM2 的线圈得电，KM1 和 KM2 的常开触头吸合，变频器上加上 AC 380V 电压、伺服驱动器上加上 AC 200V 电压。若要使主轴正转，HNC-21 的 Y10 输出低电平发出正转信号时，使 KA8 的线圈得电，从而图 4-12 中 KA8 的常开触头闭合，主轴电动机正转。若要主轴反转，HNC-21 的 Y11 输出低电平发出反转信号时，使 KA9 的线圈得电，从而图 4-12 中 KA9 的常开触头闭合，主轴电动机反转。

图 4-14 中的灭弧器 RC4、RC5、RC6 的作用是当电路断开时，吸收接触器的能量，避免产生过电压。

（2）冷却电动机控制

HNC-21 的 Y05 输出低电平时发出冷却电动机工作信号，使 KA6 的线圈得电，从而图 4-14 中 KA6 的常开触头闭合，图 4-11 中 KM3 的常开触头闭合，冷却电动机运转，冷却系统工作。

（3）换刀控制

当 HNC-21 的 Y06 输出低电平发出刀具松紧信号时，使 KA4 的线圈得电，刀具松紧电磁阀通电，刀具松开，将刀具拔下，延时一段时间后，HNC-21 的 Y12 输出低电平发出吹气信号，使 KA7 的线圈得电，继电器 KA7 的常开触头闭合，主轴吹气电磁阀通电，吹掉主轴锥孔内的脏物，延时一段时间后，HNC-21 的 Y12 输出高电平，吹气电磁阀断电，停止吹气。HNC-21 数控系统实际上就是一台特殊的工业控制计算机，它具有定时功能，因此虽然吹气时有延时，仍然不需要时间继电器。

本节的 XK714A0 数控铣床电气控制线路图并没有画成一整张图，而是画成 5 张图纸，这种画法对于比较复杂的电气控制系统是常采用的。阅读时，先读懂每一张，最后综合 5 张图纸一起分析，也就是采用"化整为零"和"综合分析"的原则。

4.6 实训

1. 实训内容与要求

CA6140A 车床控制柜的制作。

2. 实训条件

① 万用表及常用电工工具。

② 各种接触器、中间继电器、电热继电器、按钮、行程开关、电动机、控制变压器、端子、信号灯、线槽、控制柜、导线和常用电工辅助材料。

③ 原理图、接线图和布置图。

3. 实训步骤

① 根据布置图和接线图先进行配盘。

② 根据接线图进行接线。

③ 模拟调试和带载荷调试（运行电动机即可）。

① 重点掌握电气元器件接线图和布置图的阅读方法和画法，能识读电气元器件接线图和布置图。

② 重点掌握电气控制原理图的识读方法，能识读简单的电气控制原理图。

③ 能根据电气元器件接线图、电气元器件布置图和电气控制原理图进行配盘、接线和调试。

1. 为什么图 4-1 中的 M1 电动机没有进行短路保护，而 M2、M3 电动机有短路保护？

2. 为什么图 4-1 中的 M2 电动机没有进行过载保护，而 M1、M3 电动机有过载保护？若图中不使用电热继电器，可以使用什么电器取代？

3. 图 4-1 中的电动机不进行接地有什么问题？

4. 分析图 4-4 和图 4-5，若变速手柄推不上，应该怎么办？

5. 分析图 4-4 和图 4-5，主轴是怎样制动的？

6. 分析图 4-4 和图 4-5，简述圆工作台的工作过程。

7. 分析图 4-4 和图 4-5，设计 XA5032 铣床的接线图和布置图。

8. 若图 4-7 中不用限位开关 SQ，会出现什么问题？是否影响液压系统的保压与补压？

9. 若图 4-7 中不用断路器 QF2、QF3，可用什么电器取代？

10. 根据图 4-7 设计 YH10-30 油压机的接线图和布置图。

11. 在图 4-10 中，若将 PNP 型接近开关换成 NPN 型接近开关，应该怎样接线？若将接近开关换成行程开关，则应该怎样设计原理图？

12. 根据图 4-10 设计机械手的接线图和布置图。

13. 在图 4-11 中，RC1、RC2、RC3 的作用是什么？

14. 在图 4-12 中，控制系统电动机 M1 是怎样进行调速、制动和换向的？

15. 在图 4-15 中，换刀是怎样进行的？

Chapter 5

第5章

| 可编程控制器基本知识 |

学习目标

- 了解 PLC 的发展历史
- 了解 PLC 的主要特点和应用范围
- 了解 PLC 的分类和性能指标
- 了解 PLC 的发展趋势及其在我国的情况
- 掌握 PLC 的结构和工作原理
- 掌握 S7-200 系列 PLC 及其扩展模块的接线
- 掌握 S7-200 系列 PLC 数据类型、元器件的功能与地址分配

5.1 概述

可编程控制器（Programmable Logic Controller，PLC），国际电工委员会（IEC）于 1985 年对可编程控制器做了如下定义：可编程序控制器是一种数字运算操作的电子系统，专为在工业环境下应用而设计。它采用可编程序的存储器，用来在其内部存储执行逻辑运算、顺序控制、定时、计数和算术运算等操作的指令，并通过数字、模拟的输入和输出，控制各种类型的机械或生产过程。可编程控制器及其有关设备都应按易于与工业控制系统连成一个整体及易于扩充功能的原则设计。PLC 是一种工业计算机，其种类繁多，不同厂家的产品有各自的特点，但作为工业标准设备，可编程控

制器又有一定的共性。

1. PLC 的发展历史

20 世纪 60 年代以前，汽车生产线的自动控制系统基本上都是由继电器控制装置构成的；当时每次改型都直接导致继电器控制装置的重新设计和安装。为了改变这一现状，1969 年，美国的通用汽车公司（GM）公开招标，要求用新的装置取代继电器控制装置，并提出 10 项招标指标，要求编程方便、现场可修改程序、维修方便、采用模块化设计、体积小、可与计算机通信等。同一年，美国数字设备公司（DEC）研制出了世界上第一台可编程控制器 PDP-14，在美国通用汽车公司的生产线上试用成功，并取得了满意的效果，可编程控制器从此诞生。由于当时的 PLC 只能取代继电器-接触器控制，功能仅限于逻辑运算、计时、计数等，所以称为可编程逻辑控制器。伴随着微电子技术、控制技术与信息技术的不断发展，可编程控制器的功能不断增强。美国电气制造商协会（NEMA）于 1980 年正式将其命名为 "可编程控制器"，又称 PC，由于这个名称和个人计算机的名称相同，容易混淆，因此在我国，很多人仍然习惯称其为 PLC。

由于 PLC 具有易学易用、操作方便、可靠性高、体积小、通用灵活和使用寿命长等一系列优点，因此很快就在工业中得到了广泛的应用。同时，这一新技术也受到了其他国家的重视。1971 年日本引进了这项技术，很快研制出日本第一台 PLC，欧洲于 1973 年研制出第一台 PLC，我国从 1974 年开始研制，1977 年国产 PLC 正式投入工业应用。

进入 20 世纪 80 年代以来，随着电子技术的迅猛发展，以 16 位和 32 位微处理器构成的微机化 PLC 得到了快速发展（如 GE-FANUC 的 RX7i，使用的是赛扬 CPU，其主频达 1GHz，其信息处理能力几乎和 PC 相当），使得 PLC 在设计、性能价格比以及应用方面有了突破，不仅控制功能得到了增强，功耗和体积大大减小，成本急速下降，可靠性随之提高，编程和故障检测更为灵活方便，而且随着远程输入/输出、通信网络、数据处理和图像显示的发展，已经使得 PLC 普遍用于控制复杂的生产过程。PLC 已经成为工厂自动化的三大支柱之一。

2. PLC 的主要特点

PLC 之所以能够高速发展，除了工业自动化的客观需要外，还有许多适合工业控制的独特优点，它较好地解决了工业控制领域中普遍关心的可靠、安全、灵活、方便、经济等问题，其主要特点如下。

（1）抗干扰能力强，可靠性高

在传统的继电器控制系统中，使用了大量的中间继电器、时间继电器，由于元器件的固有缺点，如元器件老化、接触不良、触头抖动等现象，大大降低了系统的可靠性。而在 PLC 控制系统中，大量的开关动作由无触头的半导体电路完成，因此故障大大减少。

此外，PLC 在硬件和软件方面采取了措施，提高其可靠性。在硬件方面，所有的 I/O 接口都采用了光电隔离，使得外部电路与 PLC 内部电路实现了物理隔离；各模块都采用了屏蔽措施，以防止辐射干扰；电路中采用了滤波技术，以防止或抑制高频干扰。在软件方面，PLC 具有良好的自诊断功能，一旦系统的软硬件发生异常情况，CPU 会立即采取有效措施，以防止故障扩大。通常 PLC 具有看门狗功能。

对于大型的 PLC 系统, 还可以采用双 CPU 构成冗余系统或者采用三 CPU 构成表决系统, 使系统的可靠性进一步提高。

（2）程序简单易学, 系统的设计调试周期短

PLC 是面向用户的设备, PLC 的生产厂家充分考虑到现场技术人员的技能和习惯, 可采用梯形图或面向工业控制的简单指令形式。梯形图与继电器原理图很相似, 直观、易懂、易掌握, 不需要学习专门的计算机知识和语言。设计人员可以在设计室设计、修改和模拟调试程序, 非常方便。

（3）安装简单, 维修方便

PLC 不需要专门的机房, 可以在各种工业环境下直接运行, 使用时只须将现场的各种设备与 PLC 相应的 I/O 端相连接即可投入运行。各种模块上均有运行和故障指示装置, 便于用户了解运行情况和查找故障。

（4）采用模块化结构

为了适应工业控制需求, 除了整体式 PLC 外, 绝大多数 PLC 采用模块化结构。PLC 的各部件（包括 CPU、电源、I/O 等）都采用模块化设计。此外, PLC 相对于通用工控机, 其体积和重量要小得多。

（5）丰富的 I/O 接口模块, 扩展能力强

PLC 针对不同的工业现场信号（如交流或直流、开关量或模拟量、电压或电流、脉冲或电位、强电或弱电等）有相应的 I/O 模块与工业现场的元器件或设备（如按钮、行程开关、接近开关、传感器及变送器、电磁线圈、控制阀等）直接连接。另外, 为了提高操作性能, 它还有多种人-机对话的接口模块; 为了组成工业局部网络, 它还有多种通信连网的接口模块等。

3. PLC 的应用范围

目前, PLC 在国内外已广泛应用于专用机床、机床、控制系统、自动化楼宇、钢铁、石油、化工、电力、建材、汽车、纺织机械、交通运输、环保以及文化娱乐等各行各业。随着 PLC 性能价格比的不断提高, 其应用范围还将不断扩大。其应用大致可归纳为以下几类:

（1）顺序控制

顺序控制是 PLC 最基本、最广泛应用的领域, 它取代传统的继电器顺序控制。PLC 用于单机控制、多机群控制、自动化生产线的控制, 如数控机床、注塑机、印刷机械、电梯控制和纺织机械等。

（2）计数和定时控制

PLC 为用户提供了足够的定时器和计数器, 并设置相关的定时和计数指令。PLC 的计数器和定时器精度高, 使用方便, 可以取代继电器系统中的时间继电器和计数器。

（3）位置控制

大多数的 PLC 制造商目前都提供拖动步进电动机或伺服电动机的单轴或多轴位置控制模块, 这一功能可广泛用于各种机械, 如金属切削机床、装配机械等。

（4）模拟量处理

PLC 通过模拟量的输入/输出模块实现模拟量与数字量的转换, 并对模拟量进行控制, 有的还具有 PID 控制功能, 如用于锅炉的水位、压力和温度控制。

（5）数据处理

现代的 PLC 具有数学运算、数据传递、转换、排序和查表等功能，也能完成数据的采集、分析和处理。

（6）通信连网

PLC 的通信包括 PLC 相互之间、PLC 与上位计算机、PLC 与其他智能设备之间的通信。PLC 系统与通用计算机可以直接或通过通信处理单元、通信转接器相连构成网络，以实现信息的交换，并可构成"集中管理、分散控制"的分布式控制系统，满足工厂自动化系统的需要。

4. PLC 的分类

（1）从组成结构形式分类

从组成结构形式分类，可以将 PLC 分为两类：一类是整体式 PLC（也称单元式），其特点是电源、中央处理单元、I/O 接口都集成在一个机壳内；另一类是标准模板式结构化的 PLC（也称组合式），其特点是电源模板、中央处理单元模板、I/O 模板等在结构上是相互独立的，可根据具体的应用要求选择合适的模块，安装在固定的机架或导轨上，构成一个完整的 PLC 应用系统。

（2）按输入/输出（I/O）点数分类

① 小型 PLC。小型 PLC 的 I/O 点数一般在 128 点以下。

② 中型 PLC。中型 PLC 采用模块化结构，其 I/O 点数一般在 256～1 024 点之间。

③ 大型 PLC。一般 I/O 点数在 1 024 点以上的称为大型 PLC。

5. PLC 的性能指标

各厂家的 PLC 虽然各有特色，但其主要性能指标是相同的。

（1）输入/输出（I/O）点数

I/O 点数是最重要的一项技术指标，是指 PLC 的面板上连接外部输入、输出端子数，常称为"点数"，用输入与输出点数的和表示。点数越多，表示 PLC 可接入的输入元器件和输出元器件越多，控制规模越大。点数是 PLC 选型时最重要的指标之一。

（2）存储容量

存储容量通常用 K 字（KW）或 K 字节（KB）、K 位来表示，这里 1K=1 024。有的 PLC 用"步"来衡量，一步占用一个地址单元。存储容量表示 PLC 能存放多少用户程序。例如，三菱型号为 FX2N—48MR 的 PLC 存储容量为 8 000 步。有的 PLC 的存储容量可以根据需要配置，有的 PLC 的存储器可以扩展。

（3）扫描速度

扫描速度是指 PLC 执行程序的速度。它以 ms/K 为单位，即执行 1K 步指令所需的时间。

（4）指令系统

指令系统表示该 PLC 软件功能的强弱。指令越多，编程功能就越强。

（5）内部寄存器（继电器）

PLC 内部有许多寄存器用来存放变量、中间结果、数据等，还有许多辅助寄存器可供用户使用。因此，寄存器的配置也是衡量 PLC 功能的一项指标。

（6）扩展能力

扩展能力是反映 PLC 性能的重要指标之一。PLC 除了主控模块外，还可配置实现各种特殊功能的高功能模块，如 A/D（模/数）模块、D/A（数/模）模块、高速计数模块、远程通信模块等。

6. PLC 与继电器系统的比较

在 PLC 出现以前，继电器硬接线电路是逻辑、顺序控制的唯一执行者，它结构简单，价格低廉，一直被广泛应用。PLC 出现后，几乎所有的方面都超过继电器控制系统。两者的性能比较见表 5-1。

表 5-1　　　　　　　　　　　PLC 与继电器控制系统的比较

比 较 项 目	继电器控制系统	PLC
控制逻辑	硬接线多，体积大，连线多	软逻辑，体积小，接线少，控制灵活
控制速度	通过触头开关实现控制，动作受继电器硬件限制，通常超过 10ms	由半导体电路实现控制，指令执行时间短，一般为微秒级
定时控制	由时间继电器控制，精度差	由集成电路的定时器完成，精度高
设计与施工	设计、施工、调试必须按照顺序进行，周期长	系统设计完成后，施工与程序设计同时进行，周期短
可靠性与维护	触头寿命短，可靠性和维护性差	无触头，寿命长，可靠性高，有自诊断功能
价格	低廉	昂贵

7. PLC 与计算机的比较

采用微电子技术制造的 PLC 与计算机一样，也由 CPU、ROM（或者 Flash ROM）、RAM、I/O 接口等组成，但又不同于一般的计算机，PLC 采用了特殊的抗干扰技术，是一种特殊的工业控制计算机，更加适合工业控制。两者的性能比较见表 5-2。

表 5-2　　　　　　　　　　　PLC 与计算机的比较

比 较 项 目	PLC	计 算 机
应用范围	工业控制	科学计算、数据处理、计算机通信
使用环境	工业现场	具有一定温度和湿度的机房
输入/输出	控制强电设备，需要隔离	与主机弱电联系，不隔离
程序设计	一般使用梯形图，易学易用	编程语言丰富，如 C、BASIC 等
系统功能	自诊断、监控	使用操作系统
工作方式	循环扫描方式和中断方式	中断方式

8. PLC 的发展趋势

PLC 的发展趋势如下：

① 向高性能、高速度、大容量的方向发展。

② 网络化。强化通信能力和网络化，向下将多个可编程控制器或者多个 I/O 框架相连；向上与工业计算机、以太网等相连，构成整个工厂的自动化控制系统。

③ 小型化，低成本，简单易用。

目前，有的小型 PLC 的价格只有几百元人民币。

④ 不断提高编程软件的功能。

编程软件可以对 PLC 控制系统的硬件组态，在屏幕上可以直接生成和编辑梯形图、指令表、功能块图和顺序功能图程序，并可以实现不同编程语言的相互转换。

⑤ 适合 PLC 应用的新模块。

随着科技的发展，对工业控制领域将提出更高的、更特殊的要求，因此，必须开发特殊功能模块来满足这些要求。

⑥ PLC 的软件化与 PC 化。

目前已有多家厂商推出了在 PC 上运行的可实现 PLC 功能的软件包，也称为"软 PLC"，"软 PLC"的性能价格比比传统的 "硬 PLC" 更高，是 PLC 的一个发展方向。

PC 化的 PLC，它采用了 PC 的 CPU，功能十分强大，如 GE 的 Rx7i 和 Rx3i 使用的就是工控机用的赛扬 CPU，主频已经达到 1GHz。

9. PLC 在我国的应用

目前，PLC 在我国得到了广泛的应用，几乎所有知名厂家的 PLC 产品在我国都有应用。在我国使用较多的 PLC 品牌有德国的西门子（Siemens），法国的施奈德（Schneider），奥地利的贝加莱（B&R），日本的三菱（Mitsubishi）、欧姆龙（Omron）、日立（Hitachi）和松下（Panasonic），美国的通用电气（GE-FANUC）和罗克维尔（Rockwell）等。总的来说，我国使用的小型 PLC 主要以日本的品牌为主，而大中型 PLC 主要以欧美的品牌为主。目前，我国大约 95%以上的 PLC 市场被国外品牌所占领。

我国自主品牌的 PLC 生产厂家有近 30 余家。在目前已经上市的众多 PLC 产品中，还没有形成规模化的生产和名牌产品，甚至还有一部分是以仿制、来件组装或"贴牌"方式生产的。单从技术角度来看，国产小型 PLC 与国际品牌小型 PLC 的差距正在缩小。例如，上海新华等公司生产的微型 PLC 已经比较成熟，其可靠性在许多低端应用中得到了验证，但其技术与世界先进水平还有相当的差距。

 PLC 的结构和工作原理

5.2.1 PLC 的硬件组成

可编程控制器种类繁多，但其基本结构和工作原理相同。可编程控制器的功能结构区由 CPU（中

央处理器）、存储器和输入/输出模块 3 部分组成，如图 5-1 所示。

1. CPU（中央处理器）

CPU 的功能是完成 PLC 内所有的控制和监视操作。中央处理器一般由控制器、运算器和寄存器组成。CPU 通过数据总线、地址总线和控制总线与存储器、输入/输出接口电路连接。

2. 存储器

在 PLC 中使用两种类型的存储器：一种是只读类型的存储器，如 EPROM 和 EEPROM；另一种是可读/写的随机存储器（RAM）。PLC 的存储器分为 5 个区域，如图 5-2 所示。

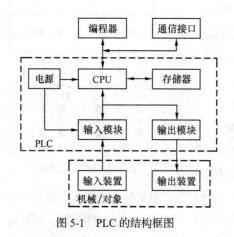

图 5-1 PLC 的结构框图

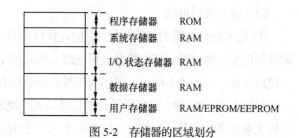

图 5-2 存储器的区域划分

程序存储器的类型是只读存储器（ROM），PLC 的操作系统存放在其中，程序由制造商固化，通常不能修改。存储器中的程序负责解释和编译用户编写的程序、监控 I/O 接口的状态、对 PLC 进行自诊断、扫描 PLC 中的程序等。系统存储器属于随机存储器（RAM），主要用于存储中间计算结果和数据、系统管理，有的 PLC 厂家用系统存储器存储一些系统信息，如错误代码等，系统存储器不对用户开放。I/O 状态存储器属于随机存储器，用于存储 I/O 装置的状态信息，每个输入模块和输出模块都在 I/O 映像表中分配一个地址，而且这个地址是唯一的。数据存储器属于随机存储器，主要用于数据处理，为计数器、定时器、算术计算和过程参数提供数据存储。有的厂家将数据存储器细分为固定数据存储器和可变数据存储器。用户存储器的类型可以是随机存储器、可擦除可编程只读存储器（EPROM）和电擦除可编程只读存储器（EEPROM），高档的 PLC 还可以使用 Flash ROM（闪速存储器）。用户存储器主要用于存放用户编写的程序。存储器的关系如图 5-3 所示。

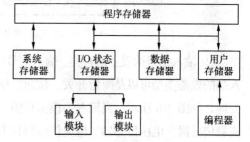

图 5-3 存储器的关系

只读存储器可以用来存放系统程序，PLC 断电后再上电，系统内容不变且重新执行。只读存储器也可用来固化用户程序和一些重要参数，以免因偶然操作失误而造成程序和数据的破坏或丢失。随机存储器中一般存放用户程序和系统参数。当 PLC 处于编程工作时，CPU 从 RAM 中读取指令并执行。用户程序执行过程中产生的中间结果也在 RAM

中暂时存放。RAM 通常有 CMOS 型集成电路，功耗小，但断电时内容消失，所以一般使用大电容或后备锂电池，以保证掉电后 PLC 的内容在一定时间内不丢失。

3. 输入/输出接口

可编程控制器的输入和输出信号可以是开关量或模拟量。输入/输出接口是 PLC 内部弱电（Low Power）信号和工业现场强电（High Power）信号联系的桥梁。输入/输出接口主要有两个作用，一是利用内部的电隔离电路将工业现场和 PLC 内部进行隔离，起保护作用；二是调理信号，可以将把不同的信号（如强电、弱电信号）调理成 CPU 可以处理的信号（5V、3.3V 或 2.7V 等），如图 5-4 所示。

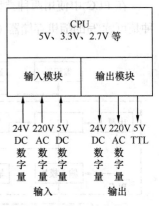

图 5-4　输入/输出接口

输入/输出接口模块是 PLC 系统中最大的部分，输入/输出接口模块通常需要电源，输入电路的电源可以由外部提供，对于模块化的 PLC 还需要背板（安装机架）。

（1）输入接口电路

① 输入接口电路的组成和作用。输入接口电路由接线端子、信号调理和电平转换电路、模块状态显示电路、电隔离电路和多路选择开关模块组成，如图 5-5 所示。现场的信号必须连接在输入端子才可能将信号输入到 CPU 中，它提供了外部信号输入的物理接口。信号调理和电平转换电路十分重要，可以将工业现场的信号（如强电 AC220V 信号）转化成电信号（CPU 可以识别的弱电信号）。电隔离电路主要利用电隔离元器件将工业现场的机械或者电输入信号与 PLC 的 CPU 的信号隔开，它能确保过高的电干扰信号和浪涌不串入 PLC 的微处理器，起保护作用。电隔离电路有 3 种隔离方式，用得最多的是光电隔离，其次是变压器隔离和干簧继电器隔离。当外部有信号输入时，输入模块上有指示灯显示，电隔离电路比较简单，当电路中有故障时，它帮助用户查找故障，由于氖灯或 LED 灯的寿命比较长，所以这个灯通常是氖灯或 LED 灯。多路选择开关接收调理完成的输入信号，存储在多路选择开关模块中，当输入循环扫描时，多路选择开关模块中的信号输送到 I/O 状态寄存器中。

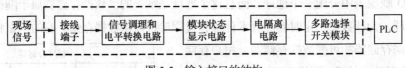

图 5-5　输入接口的结构

② 输入信号的设备的种类。输入信号可以是离散信号和模拟信号。当输入端是离散信号时，输入端的设备类型可以是限位开关、按钮、压力继电器、继电器触头、接近开关、选择开关、光电开关等，如图 5-6 所示。当输入为模拟量输入时，输入设备的类型可以是压力传感器、温度传感器、流量传感器、电压传感器、电流传感器和力传感器等。

（2）输出接口电路

① 输出接口电路的组成和作用。输出接口电路由多路选择开关模块、信号锁存器、电隔离电路、模块状态显示电路、输出电平转换电路和接线端子组成，如图 5-7 所示。在输出扫描期间，多路选择开关模块接收来自映像表中的输出信号，并对这个信号的状态和目标地址进行译码，最后将信息

送给信号锁存器；信号锁存器是将多路选择开关模块的信号保存起来，直到下一次更新；输出接口的电隔离电路作用和输入模块的一样，但是由于输出模块输出的信号比输入信号要强得多，因此要求隔离电磁干扰和浪涌的能力更高；输出电平转换电路将电隔离电路送来的信号放大成足够驱动现场设备的信号，放大的元器件可以是双向晶闸管、晶体管和干簧继电器等；输出接口的接线端子用于将输出模块与现场设备相连接。

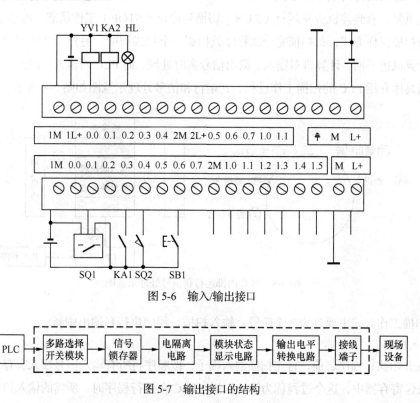

图 5-6 输入/输出接口

图 5-7 输出接口的结构

可编程控制器有 3 种输出接口形式：继电器输出、晶体管输出和晶闸管输出。继电器输出形式的 PLC 的负载电源可以是直流电源或交流电源，但其输出频率较低；晶体管输出形式的 PLC 的负载电源是直流电源，其输出频率较高；晶闸管输出形式的 PLC 的负载电源是交流电源。选型时要特别注意 PLC 的输出形式。

② 输出信号的设备的种类。输出信号可以是离散信号和模拟信号。当输出端是离散信号时，输出端的设备类型可以是电磁阀的线圈、电动机的启动器、控制柜的指示器、接触器的线圈、LED 灯、指示灯、继电器的线圈、报警器和蜂鸣器等，如图 5-6 所示。当输出为模拟量输出时，输出设备的类型可以是流量阀、AC 驱动器（如交流伺服驱动器）、DC 驱动器、模拟量仪表、温度控制器和流量控制器等。

5.2.2 PLC 的工作原理

PLC 是一种存储程序的控制器。用户根据某一对象的具体控制要求，编制好控制程序后，用编

程器将程序输入到 PLC（或用计算机下载到 PLC）的用户程序存储器中寄存。PLC 的控制功能就是通过运行用户程序来实现的。

　　PLC 运行程序的方式与计算机相比有较大的不同。计算机运行程序时，一旦执行到 END 指令，程序运行结束。而 PLC 从 0 号存储地址所存放的第一条用户程序开始，在无中断或跳转的情况下，按存储地址号递增的方向顺序逐条执行用户程序，直到 END 指令结束，然后再从头开始执行，并周而复始地重复，直到停机或从运行（RUN）切换到停止（STOP）工作状态。PLC 这种执行程序的方式称为扫描工作方式，每扫描完一次程序就构成一个扫描周期。另外，PLC 对输入、输出信号的处理与计算机也不同。计算机对输入、输出信号实时处理，而 PLC 对输入、输出信号是集中批处理的。下面具体介绍 PLC 的扫描工作过程。其运行和信号处理示意图如图 5-8 所示。

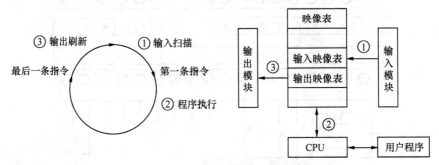

图 5-8　PLC 内部运行和信号处理示意图

　　PLC 扫描工作方式主要分为 3 个阶段：输入扫描、程序执行和输出刷新。

1. 输入扫描

　　PLC 在开始执行程序之前，首先扫描输入端子，按顺序将所有输入信号读入寄存器——输入状态的输入映像寄存器中，这个过程称为输入扫描。PLC 在运行程序时，所需的输入信号不是实时读取输入端子上的信息，而是读取输入映像寄存器中的信息。在本工作周期内这个采样结果的内容不会改变，只有到下一个扫描周期输入扫描阶段才被刷新。PLC 的扫描速度取决于 CPU 的时钟速度。

2. 程序执行

　　PLC 完成了输入扫描工作后，按顺序从 0 号地址开始的程序进行逐条扫描执行，并分别从输入映像寄存器、输出映像寄存器以及辅助继电器中获得所需的数据进行运算处理，再将程序执行的结果写入输出映像寄存器中保存。但这个结果在全部程序未被执行完毕之前不会送到输出端子上，也就是物理输出是不会改变的。扫描时间取决于程序的长度、复杂程度和 CPU 的功能。

3. 输出刷新

　　在执行到 END 指令，即执行完所有程序后，PLC 会将输出映像寄存器中的内容送到输出锁存器中进行输出，驱动用户设备。扫描时间取决于输出模块的数量。

　　由此可知，PLC 的程序扫描特性决定了 PLC 的输入和输出状态并不能在扫描的同时改变。例如，一个按钮的输入信号的输入刚好在输入扫描之后，那么这个信号只有在下一个扫描周期才能被读入。

　　上述 3 个步骤是 PLC 的软件处理过程，可以认为就是程序扫描时间。扫描时间通常由 3 个因素决定，一是 CPU 的时钟速度，越高档的 CPU，时钟速度越高，扫描时间越短；二是 I/O 模块的数量，模块数量越少，扫描时间越短；三是程序的长度，程序长度越短，扫描时间越短。一般的 PLC 执行容量为 1KB 的程序需要的扫描时间是 1～10ms。

5.2.3 PLC 的立即输入、输出功能

比较高档的 PLC 都有立即输入、输出功能。

1. 立即输出功能

所谓立即输出功能就是输出模块在执行用户程序时，能立即被刷新。PLC 临时挂起（中断）正常运行的程序，将输出映像表中的信息输送到输出模块，立即进行输出刷新，然后再回到程序中继续运行。立即输出的示意图如图 5-9 所示。注意：立即输出功能并不能立即刷新所有的输出模块。

2. 立即输入功能

立即输入适用于要求对反映速度很严格的场合，如几毫秒的时间对于控制来说十分关键的情况下。立即输入时，PLC 立即挂起正在执行的程序，扫描输入模块，然后更新特定的输入状态到输入映像表中，最后继续执行剩余的程序。立即输入的示意图如图 5-10 所示。

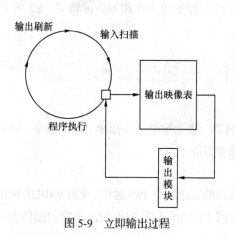

图 5-9 立即输出过程

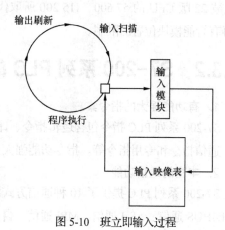

图 5-10 班立即输入过程

S7-200 系列 PLC

5.3.1 西门子 PLC 简介

德国的西门子（SIEMENS）公司是欧洲最大的电子和电气设备制造商之一，其生产的 SIMATIC

PLC 在欧洲处于领先地位。其第一代 PLC 是 1975 年投放市场的 SIMATIC S3 系列的控制系统。1979 年，西门子公司将微处理器技术应用到 PLC 中，研制出了 SIMATIC S5 系列，取代了 S3 系列，目前 S5 系列产品仍然在工业现场使用。20 世纪末，西门子公司又推出了 S7 系列产品。最新的 SIMATIC 产品为 SIMATIC S7 和 C7 等几大系列。SIMATIC C7 是基于 S7-300 系列的，同时集成了 HMI。

SIMATIC S7 系列产品分为通用逻辑模块（LOGO!）、微型 PLC（S7-200 系列、S7-200 START、S7-1200）、和大中型 PLC（S7-300、S7-400、S7-1500 系列）7 个产品系列。

从 CPU 模块的功能来看，SIMATIC S7-200 系列微型 PLC 发展至今大致经历了两代。

• 第一代产品（21 版），其 CPU 模块为 CPU 21X，主机都可进行扩展。它具有 4 种不同结构配置的 CPU 单元：CPU 212、CPU 214、CPU 215 和 CPU 216。这里对第一代 PLC 产品不再做具体介绍。

• 第二代产品（22 版），其 CPU 模块为 CPU 22X，是在 21 世纪初投放市场的，速度快，具有较强的通信能力。它有 4 种 CPU 单元：CPU 221、CPU 222、CPU 224 和 CPU 226，除 CPU 221 之外，其他都可添加扩展模块。22 版 CPU 与 21 版 CPU 相比，硬件、软件都有改进。22 版 CPU 向下兼容 21 版 CPU 的功能。22 版 CPU 与 21 版 CPU 的主要区别是，21 版 CPU 的自由口通信速率 300、600 被 22 版 CPU 的 57 600、115 200 所取代，22 版 CPU 不再支持 300 和 600 波特率，22 版 CPU 不再有智能模块位置的限制。

5.3.2 S7-200 系列 PLC 的特点

1. 有功能强大的指令集

S7-200 系列 PLC 指令包含逻辑指令、计数器、定时器、复杂数学运算指令、PID 指令、字符指令、通信指令和专用指令等。指令功能强大，使得编程变得简单。

2. 丰富的通信功能

S7-200 系列 PLC 提供了 10 种通信方式满足不同应用的需求，如 PPI 通信、PROFIBUS 通信、MODIBUS 通信、AS-I 通信、MPI 通信、自由口通信、以太网通信等，提供如此丰富的通信方式供用户选择是其他小型 PLC 难以匹敌的。此外，有的 PLC 上配备两个通信口，使用时十分方便。

3. 编程软件容易使用且功能强大

STEP 7-Micro/WIN 编程软件为用户提供了开发、编译和监控等友好的编程环境，拥有全中文的界面、中文在线帮助和丰富的编程向导，特别是编程向导，将复杂的 PID、PPI 通信、以太网通信等复杂的编程变成向导完成，大大减少了编写程序的工作量，非常有利于初学者入门。

4. 提供多种扩展模块

S7-200 系列 PLC 配有多种扩展模块和人机界面，如数字量输入/输出模块、模拟量输入/输出模块、定位模块和各种通信模块，特别是通信模块种类很多。这为设计者提供了充分的选择余地。

5. 有较好的性能价格比

S7-200 系列 PLC 不仅性能卓越，而且价格与同类 PLC 产品相差不多，具有较好的性能价格比。

正是由于 S7-200 系列 PLC 具有以上卓越的性能，所以一经推出就受到市场的广泛认可，在国内市场的反响尤其好，因此西门子公司专门针对我国市场推出了 S7-200CN 系列 PLC。本书将重点介绍 S7-200 CPU 22X 系列 PLC。

5.4　S7-200 系列 CPU 及其扩展模块

S7-200 系列 PLC 的硬件包括 S7-200 CPU 和扩展模块，扩展模块则包括模拟量 I/O 扩展模块、数字量 I/O 扩展模块、温度测量扩展模块、特殊功能模块（如定位模块）和通信模块等。

5.4.1　S7-200 CPU

S7-200 CPU 将微处理器、集成电源和多个数字量 I/O 点集成在一个紧凑的盒子中，形成功能比较强大的 S7-200 系列微型 PLC，如图 5-11 所示。

1. S7-200 CPU 的技术性能

西门子公司的 S7-200 的中央处理器是 32 位的。西门子公司提供多种类型的 CPU，以适用各种应用要求，不同的 CPU 有不同的技术参数，其规格（节选）见表 5-3。读懂这个性能表是很重要的，设计者在选型时，必须要参考这个表格。例如，晶体管输出时，输出电流为 0.75A，若这个点控制一台电动机的启/停，设计者必须考虑这个电流是否足够驱动接触器，从而决定是否增加一个中间继电器。

图 5-11　S7-200 PLC

表 5-3　　　　　　　　　　　　　　S7-200 CPU 规格表

项　　目		CPU 221	CPU 222	CPU 224	CPU 224XP	CPU 226
程序存储字节	使用运行编程模式	4 096		8 192	12 288	16 384
	不使用运行编程模式			12 288	16 384	24 576
数字量 I/O		6/4	8/6	14/10		24/16
模拟量 I/O		无			2/1	无
本位通信口		1 个 RS-485		2 个 RS-485		
PPI、DP/T 波特率		9.6KB、19.2KB、187.5KB				
自由口波特率		1.2～115.2KB				
高速脉冲输出/kHz		20×2			100×2	20×2

续表

项　目		CPU 221	CPU 222	CPU 224	CPU 224XP	CPU 226
数字量输入特性		典型数值：DC24V，4mA				
数字量输出特性		输出电压：DC20.4～28.8V 每个点的额定电流：0.75A（晶体管输出）、2A（继电器输出）				
供电能力/mA	DC 5V	0	340	660		1 000
	DC 24V	180	180	280		400
定时器		256				
计数器		256				

2. S7-200 CPU 的工作方式

CPU 的前面板即存储卡插槽的上部，有 3 盏指示灯显示当前工作方式。指示灯为绿色时，表示运行状态；指示灯为红色时，表示停止状态；标有"SF"的灯亮表示系统故障，PLC 停止工作。

CPU 处于停止工作方式时，不执行程序。进行程序的上传和下载时，都应将 CPU 置于停止工作方式。停止方式可以通过 PLC 上的旋钮设定，也可以在编译软件中设定。

CPU 处于运行工作方式时，PLC 按照自己的工作方式运行用户程序。运行方式可以通过 PLC 上的旋钮设定，也可以在编译软件中设定。

3. S7-200 CPU 的接线

（1）CPU 22X 的输入端子的接线

S7-200 系列 CPU 的输入端接线与三菱的 FX 系列 PLC 的输入端接线不同，后者不需要接入直流电源，其电源由系统内部提供，而 S7-200 系列 CPU 的输入端则必须接入直流电源。

下面以 S7-224 CPU 为例介绍输入端的接线。"1M"和"2M"是输入端的公共端子，与 DC24V 电源相连，电源有两种连接方法对应 PLC 的 NPN 型和 PNP 型接法。当电源的负极与公共端子相连时，为 PNP 型接法，如图 5-12 所示；而当电源的正极与公共端子相连时，为 NPN 型接法，如图 5-13 所示。"M"和"L+"端子可以向传感器提供 DC24V 的电压，注意这对端子不是电源输入端子。

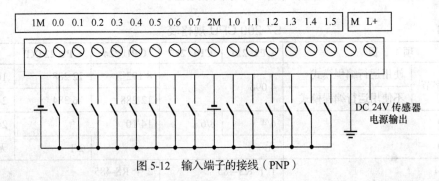

图 5-12　输入端子的接线（PNP）

初学者往往不容易区分 PNP 型和 NPN 型的接法，经常混淆，若读者记住以下的方法，就不会出错：把 PLC 作为负载，以输入开关（通常为接近开关）为对象，若信号从开关流出（信号从开关流出，向 PLC 流入），则 PLC 的输入为 PNP 型接法；把 PLC 作为负载，以输入开关（通常为接近开关）为对象，若信号从开关流入（信号从 PLC 流出，向开关流入），则 PLC 的输入为 NPN 型接法。三菱的 FX 系列（FX3U 除外）PLC 只支持 NPN 型接法。

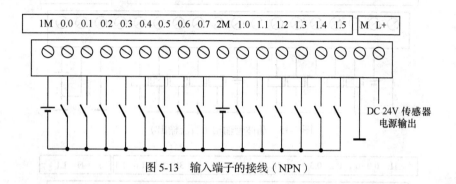

图 5-13　输入端子的接线（NPN）

　　CPU 的高速输入（I0.3/4/5）可接收 DC5V 信号，其他输入点可以接 DC24V 信号，只需将两种信号供电电源的公共端都连接到 1M 端子。但这两种信号必须同时为漏型或源型输入信号。

【例 5-1】　有一台 S7-224 CPU，输入端有一只三线制 PNP 型接近开关和一只二线制 PNP 型接近开关，应如何接线？

【解】　对于 S7-224 CPU，公共端接电源的负极。而对于三线制 PNP 型接近开关，只要将其正、负极分别与电源的正、负极相连，将信号线与 PLC 的 "I0.0" 相连即可；而对于二线制 PNP 型接近开关，只要将电源的正极与其正极相连，将信号线与 PLC 的 "I0.1" 相连即可，如图 5-14 所示。

（2）CPU 22X 的输出端子的接线

S7-200 系列 CPU 的数字量输出有两种形式，一种是 24V 直流输出（即晶体管输出），另一种是继电器输出。CPU 上标注 "DC/DC/DC" 的含义：第一个 DC 表示供电电源电压为 DC24V，第

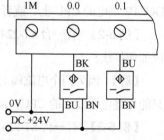

图 5-14　例 5-1 输入端子的接线

二个 DC 表示输入端的电源电压为 DC24V，第三个 DC 表示输出为 DC24V。CPU 上标注 "AC/DC/继电器" 的含义：AC 表示供电电源电压为 AC220V，DC 表示输入端的电源电压为 DC24V，"继电器" 表示输出为继电器输出。

24V 直流输出只有一种形式，即 PNP 型输出，也就是常说的高电平输出，这点与三菱的 FX 系列 PLC 不同。三菱的 FX 系列 PLC（FX3U 除外，FX3U 有 PNP 型和 NPN 型两种可选择的输出形式）为 NPN 型输出，也就是低电平输出，理解这一点十分重要，特别是利用 PLC 进行运动控制（如控制步进电动机时）时，必须考虑这一点。晶体管输出如图 5-15 所示。继电器输出没有方向性，可以是交流信号，也可以是直流信号，但不能使用 380V 的交流电。继电器输出如图 5-16 所示。可以看出，输出是分组安排的，每组既可以是直流电源，也可以是交流电源，而且每组电源的电压大小可以不同，接直流电源时，没有方向性。在接线时，务必看清接线图。注意：当 CPU 的高速输出点 Q0.0 和 Q0.1 接 5V 电源，其他点（如 Q0.2/3/4）接 24V 电压时必须成组连接相同

的电压等级。

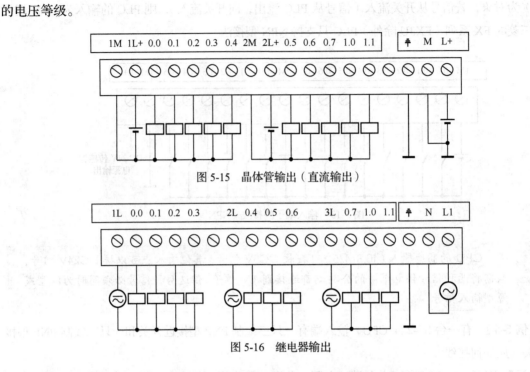

图 5-15 晶体管输出（直流输出）

图 5-16 继电器输出

在给 CPU 进行供电接线时，一定要特别小心分清是哪一种供电方式，如果把 AC220V 接到 DC24V 供电的 CPU 上，或者不小心接到 DC24V 传感器的输出电源上，都会造成 CPU 的损坏。

【例5-2】 有一台 S7-224 CPU，控制一只 DC24V 的电磁阀和一只 AC220V 的电磁阀，输出端应如何接线？

【解】 因为两个电磁阀的线圈电压不同，而且有直流和交流两种电压，所以如果不经过转换，只能用继电器输出的 CPU，而且两个电磁阀分别在两个组中，其接线如图 5-17 所示。

【例5-3】 有一台 S7-224 CPU，控制两台步进电动机和一台三相异步电动机的启/停，三相电动机的启/停由一只接触器控制，接触器的线圈电压为 AC220V，输出端应如何接线（步进电动机部分的接线可以省略）？

【解】 因为要控制两台步进电动机，所以要选用晶体管输出的 CPU，而且必须用 Q0.0 和 Q0.1 作为输出高速脉冲点控制步进电动机，但接触器的线圈电压为 AC220V，所以电路要经过转换，增加中间继电器 KA，其接线如图 5-18 所示。

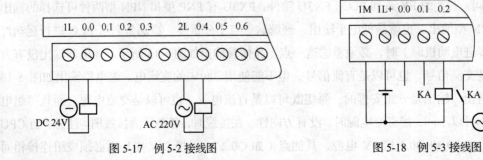

图 5-17 例 5-2 接线图

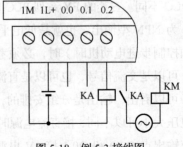

图 5-18 例 5-3 接线图

5.4.2　S7-200 扩展模块

通常 S7-200 系列 CPU 只有数字量输入和数字量输出（特殊除外，如 CPU 224XP），要完成模拟量的输入、模拟量输出、现场总线通信以及当数字输入/输出点不够时，都应该选用扩展模块来解决。S7-200 系列有丰富的扩展模块供用户选用。S7-200 的数字量、模拟量输入/输出模点不能复用（即既能当作输入，又能当作输出）。

1. 数字量 I/O 扩展模块

（1）数字量 I/O 扩展模块的规格

数字量 I/O 扩展模块包括数字量输入模块、数字量输出模块和数字量输入/输出混合模块，当数字量输入或者输出点不够时可选用。部分数字量 I/O 模块的规格见表 5-4。

表 5-4　　　　　　　　　　数字量 I/O 扩展模块规格表

型　　号	输 入 点	输 出 点	电　　压	功率/W	电 源 要 求	
					DC5V	DC24V
EM 221 DI	8	0	DC24V	1	30mA	32mA
EM 221 DI	8	0	AC120V/230V	3	30mA	
EM 222 DO（DC 输出）	0	8	DC24V	3	50mA	
EM 222 DO（AC 输出）	0	8	DC24V	4	110mA	
EM 223（DC 输入、输出）	8	8	DC24V	2	80mA	32mA

（2）数字量 I/O 扩展模块的接线

数字量 I/O 模块有专用的扁平电缆与 CPU 通信，并通过此电缆由 CPU 向扩展 I/O 模块提供 DC5V 的电源。EM 221 数字量输入模块的接线如图 5-19 所示，EM 222 数字量输出模块的接线如图 5-20 所示。可以发现，数字量 I/O 扩展模块的接线与 CPU 的数字量输入/输出端子的接线是类似的。

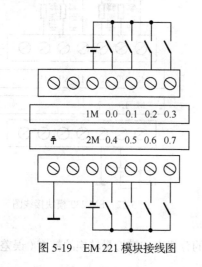

图 5-19　EM 221 模块接线图

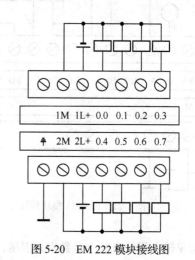

图 5-20　EM 222 模块接线图

S7-200 编程时不必配置 I/O 地址。S7-200 扩展模块上的 I/O 地址按照离 CPU 的距离递增排列，离 CPU 越近，地址号越小。在模块之间，数字量信号的地址总是以 8 位（1 个字节）为单位递增。如果 CPU 上的物理输入点没有完全占据一个字节，其中剩余未用的位也不能分配给后续模块的同类信号。CPU 222（8 点输入、6 点输出）配置一块 EM 223（4 点输入、4 点输出）模块，扩展模块的输入地址为 I1.0～I1.3，而 I1.4～I1.7 空置不可用；扩展模块的输出地址为 Q1.0～Q1.3，而 Q1.4～Q1.7 空置不可用。

当 CPU 和数字量的扩展模块的输入点/输出点有信号输入或者输出时，LED 指示灯会亮，显示有输入/输出信号。

2. 模拟量 I/O 扩展模块

（1）模拟量 I/O 扩展模块的规格

模拟量 I/O 扩展模块包括模拟量输入模块、模拟量输出模块和模拟量输入/输出混合模块。部分模拟量 I/O 模块的规格见表 5-5。

表 5-5　　　　　　　　　模拟量 I/O 扩展模块规格表

型　　号	输 入 点	输 出 点	电　　压	功率/W	电源要求	
					DC5V	DC24V
EM 231	4	0	DC24V	2	20mA	60mA
EM 232	0	2	DC24V	2	20mA	70mA
EM 235	4	1	DC24V	2	30mA	60mA

（2）模拟量 I/O 扩展模块的接线

S7-200 系列的模拟量模块用于输入/输出电流或者电压信号。模拟量输入/模块的接线如图 5-21 所示，模拟量输出模块的接线如图 5-22 所示。

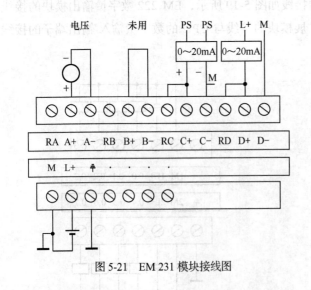

图 5-21　EM 231 模块接线图

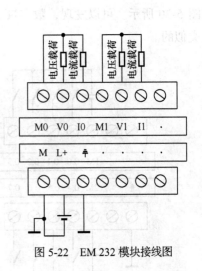

图 5-22　EM 232 模块接线图

模拟量输入模块有两个参数容易混淆，即模拟量转换的分辨率和模拟量转换的精度（误差）。分辨率是 A/D 模拟量转换芯片的转换精度，即用多少位的数值来表示模拟量。若 S7-200 模拟量模块的转换分辨率是 12 位，能够反映模拟量变化的最小单位是满量程的 1/4 096。模拟量转换的精度除了取决于 A/D 转换的分辨率，还受到转换芯片的外围电路的影响。在实际应用中，输入的模拟量信号会有波动、噪声和干扰，内部模拟电路也会产生噪声、漂移，这些都会对转换的最后精度造成影响。这些因素造成的误差要大于 A/D 芯片的转换误差。

当模拟量的扩展模块的输入点/输出点有信号输入或者输出时，LED 指示灯不会亮，这点与数字量模块不同，因为西门子模拟量模块上的指示灯没有与电路相连。

使用模拟量模块时，要注意以下问题。

① 模拟量模块有专用的扁平电缆（与模块打包出售）与 CPU 通信，并通过此电缆由 CPU 向模拟量模块提供 DC5V 的电源。此外，模拟量模块必须外接 DC24V 电源。

② 每个模块能同时输入/输出电流或者电压信号，对于模拟量输入的电压或者电流信号选择通过 DIP 开关设定，量程的选择也是通过 DIP 开关来设定的。一个模块可以同时作为电流或者电压信号输入模块使用，但必须分别按照电流和电压型信号的要求接线。但是 DIP 开关设置对整个模块的所有通道有效，在这种情况下，电流、电压信号的规格必须能设置为相同的 DIP 开关状态。见表 5-6 中，0～5V 和 0～20mA 信号具有相同的 DIP 设置状态，可以接入同一个模拟量模块的不同通道。

表 5-6   选择模拟量输入量程的 EM 231 配置开关表

	SW1	SW2	SW3	满 量 程	分 辨 率
单极性	ON	OFF	ON	0～10V	2.5mV
		ON	OFF	0～5V	1.25mV
				0～20mA	5μA
双极性	OFF	OFF	ON	±5V	2.5mV
		ON	OFF	±2.5V	1.25mV

双极性就是信号在变化的过程中要经过"零"，单极性不过零。由于模拟量转换为数字量是有符号整数，所以双极性信号对应的数值会有负数。在 S7-200 中，单极性模拟量输入/输出信号的数值范围是 0～32 000；双极性模拟量信号的数值范围是 −32 000～32 000。

③ 对于模拟量输入模块，传感器电缆线应尽可能短，而且应使用屏蔽双绞线，导线应避免弯成锐角。靠近信号源屏蔽线的屏蔽层应单端接地。

④ 未使用的通道应短接，如图 5-21 中的 B+和 B−端子未使用，进行了短接。

⑤ 一般电压信号比电流信号容易受干扰，应优先选用电流信号。电压型的模拟量信号由于输入端的内阻很高（S7-200 的模拟量模块为 10MΩ），极易引入干扰。一般电压信号是用在控制设备柜内电位器设置，或者距离非常近、电磁环境好的场合。电流信号不容易受到传输线沿途的电磁干扰，因而在工业现场获得了广泛的应用。电流信号可以传输比电压信号远得多的距离。

⑥ 对于模拟量输出模块，电压型和电流型信号的输出信号的接线不同，各自的负载接到各自的端子上。

⑦ 前述的 CPU 和扩展模块的数字量的输入点和输出点都有隔离保护，但模拟量的输入和输出则没有隔离。如果用户的系统中需要隔离，请另行购买信号隔离元器件。

⑧ 模拟量输入模块的电源地和传感器的信号地必须连接（工作接地），否则将会产生一个很高的上下振动的共模电压，影响模拟量输入值，测量结果可能是一个变动很大的不稳定的值。

⑨ 模拟量输出模块总是要占据两个通道的输出地址。即便有些模块（EM 235）只有一个实际输出通道，它也要占用两个通道的地址。在计算机和 CPU 实际联机时，使用 Micro/WIN 的菜单命令"PLC"→"信息"，可以查看 CPU 和扩展模块的实际 I/O 地址分配。

3. 其他扩展模块

（1）热电偶、热电阻模块

EM 231 热电偶模块不同于常规的 EM 231 模拟量输入模块，它有冷端补偿电路，可以对测量数值做必要的修正，以补偿基准温度与模块温度差，同时，该模块的放大倍数较大，因此它能直接与热电偶相连，从而测量温度。EM 231 能和 J、K、E、N、S、T 及 R7 中的热电偶相连，并测量温度。

EM 231 RTD 为热电阻模块，可以通过模块上的 DIP 开关选择热电阻的类型。

（2）通信模块 PROFIBUS-DP（EM 277）

S7-200 系列的 CPU 要接入 PROFIBUS-DP 网，则必须配置 EM 277 模块，EM 277 作为 DP 从站（只能作为从站，S7-300 和 S7-400 可以作为主站），EM 277 模块接收来自主站的多种不同的 I/O 组态，向主站发送和接收数据。此外，EM 277 还可以作为 MPI 的从站，与主站（如 S7-300）进行 MPI 通信。正因为 EM 277 是 PROFIBUS-DP 从站模块，不能做主站，而西门子的变频器需要接受主站的控制，所以 EM 277 不能控制西门子变频器。S7-200 不能作为 PROFIBUS-DP 的主站。EM 277 模块并不占用地址。

当 CPU 上的通信口（如自由口通信等）已经被占用，或者 CPU 的连接数已经用尽时，如果还要连接 HMI，则可以在 CPU 上附加 EM 277 模块，EM 277 上的通信口可以连接西门子的 HMI。其他品牌的 HMI 是否能够连接要询问其生产厂家。注意：不能扩展出与 S7-200 CPU 通信口功能完全一样的通信口。

对 EM 277 重新设置地址后，须断电后重新上电才起作用。有时重新设置且断电后仍然不起作用，则要检查 EM 277 地址拨码是否到位。

通信模块中还有 Modem 模块 EM 241 和以太网模块 CP243-1 等。

（3）定位模块（EM 253）

S7-200 系列 CPU（晶体管输出时）的 Q0.0 和 Q0.1 可以输出高速脉冲，可以用于控制步进电动机和伺服电动机，但若要求较高时，则应使用定位模块 EM 253。EM 253 占用输出地址。

5.4.3　最大 I/O 配置

1. 最大 I/O 的限制条件

① CPU 的 I/O 映像区的大小限制。

② CPU 本体的 I/O 点数的不同。

③ CPU 所能扩展的模块数目，如 CPU 224 能扩展 7 个模块，CPU 222 能扩展 2 个模块。

④ CPU 内部+5V 电源是否满足所有扩展模块的需要，扩展模块的+5V 电源不能外接电源，只能由 CPU 供给。

⑤ CPU 智能模块对 I/O 点地址的占用。

而在以上因素中，CPU 的供电能力对扩展模块的个数起决定因素，因此最为关键。

2. 电源需求计算

所谓电源计算，就是用 CPU 所能提供的电源容量减去各模块所需要的电源消耗量。S7-200 CPU 模块提供 DC5V 和 DC24V 电源。当有扩展模块时，CPU 通过 I/O 总线为其提供 5V 电源，所有扩展模块的 5V 电源消耗之和不能超过该 CPU 提供的电源额定值。若不够用，不能外接 5V 电源。

每个 CPU 都有一个 DC24V 传感器电源，它为本机输入点和扩展模块输入点及扩展模块继电器线圈提供 DC24V 电压。如果电源要求超出了 CPU 模块的电源定额，可以增加一个外部 DC24V 电源来供给扩展模块，但只能二选一，不能由外接电源和 CPU 同时供电。

> EM 277 模块本身不需要 DC24V 电源，这个电源是专供通信端口用的。DC24V 电源的需求取决于通信端口上的负载大小。CPU 上的通信口可以连接 PC/PPI 电缆和 TD 200 并为它们供电，此电源消耗已经不必再纳入计算。下面举例说明电源的需求计算。

【例 5-4】 某系统上有 1 个 S7-224 CPU、1 个 EM 221 模块和 3 个 EM 223 模块，计算由 CPU 224 供电，电源是否足够？

【解】 首先查表 5-3 可知，CPU 224（AC/DC/继电器）的供电能力是 DC5V 电压时提供最大 660 mA 电流和 DC24V 电压时最大提供 280mA 电流。

因为 $660\text{mA}-1\times30\text{mA}-3\times80\text{mA} = 390\text{mA}$，可见 DC5V 电源是足够的。

又因为 $280\text{mA}-14\times5\text{mA}-1\times8\times5\text{mA}-3\times8\times5\text{mA}-3\times8\times9\text{mA} = -120\text{mA}$，可见 DC24V 电源是不够的。

因此，DC24V 电源需要使用外加电源，但是注意外加电源不能与 CPU 模块本身的电源并联在一起，可直接连到需要的电源上。

5.5 S7-200 的数据存取

5.5.1 数据的存储类型

1. 数据的长度和类型

S7-200 将信息存于不同的存储器单元，每个单元都有唯一的地址，可以明确指出要存取的存储器地址。这就允许用户程序直接存取这个信息。表 5-7 列出了不同长度的数据所能表示的数值范围。

表 5-7　　　　　　　　　　不同长度的数据表示的十进制数范围

数 据 类 型	数 据 长 度	取 值 范 围
字节（B）	8 位（1 字节）	0～255
字	16 位（2 字节）	0～65 535
位（bit）	1 位	0、1
整数（int）	16 位（2 字节）	0～65 535（无符号），−32 768～32 767（有符号）
双整数（dint）	32 位（4 字节）	0～4 294 967 295（无符号） −2 147 483 648～2 147 483 647（有符号）
双字（dword）	32 位（4 字节）	0～4 294 967 295
实数（real）	32 位（4 字节）	1.175 495E−38～3.402 823E+38（正数） −1.175 495E−38～−3.402 823E+38（负数）
字符串（string）	8 位（1 字节）	

2. 常数

在 S7-200 的许多指令中都用到常数，常数有多种表示方法，如二进制、十进制和十六进制等。在表述二进制和十六进制时，要在数据前分别加"2#"或"16#"，格式如下。

二进制常数：2#1100，十六进制常数：16#234B1。其他的数据表述方法举例如下。

ASCII 码："HELLOW"，实数：−3.141 592 6，十进制数：234。

几个错误表示方法：八进制的"33"表示成"8 # 33"，十进制的"33"表示成"10 # 33"，"2"用二进制表示成"2 # 2"，这些错误读者要避免。

若要存取存储区的某一位，则必须指定地址，包括存储器标识符、字节地址和位号。图 5-23 所示为一个位寻址的例子，其中存储器区、字节地址（I 代表输入，2 代表字节 2）和位地址之间用点号（.）隔开。

I 2 . 1
字节的位，即 8 位中的第 1 位（0～7）
字节地址与位号之间的分隔符
字节的地址：字节 2（第 3 字节）
存储器标识

图 5-23　位寻址的例子

【例 5-5】 如图 5-24 所示，如果 MD0=16#1F，那么，MB0、MB1、MB2 和 MB3 的数值是多少？

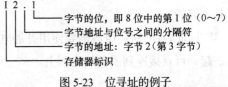

图 5-24　字节、字和双字的起始地址

【解】 根据图 5-24 可知，MB0=0，MB1=0，MB2=0，MB3=16#1F。这点不同于三菱 PLC，注意区分。

5.5.2　元器件的功能与地址分配

1. 输入过程映像寄存器 I

输入继电器与输入端相连，它是专门用来接受 PLC 外部开关信号的元器件。在每次扫描周期的开始，CPU 对物理输入点进行采样，并将采样值写入输入过程映像寄存器中。可以按位、字节、字或双字来存取输入过程映像寄存器中的数据，输入寄存器等效电路如图 5-25 所示。

位格式：I[字节地址].[位地址]，如 I0.0。

字节、字或双字格式：I[长度][起始字节地址]，如 IB0、IW0、ID0。

　在梯形图中不能出现输入继电器 I 的线圈，否则会出错。

2. 输出过程映像寄存器 Q

输出继电器是用来将 PLC 内部信号输出传送给外部负载（用户输出设备）的元器件。输出继电器线圈是由 PLC 内部程序的指令驱动，其线圈状态传送给输出单元，再由输出单元对应的硬触点来驱动外部负载，输出寄存器等效电路如图 5-26 所示。在每次扫描周期的结尾，CPU 将输出过程映像寄存器中的数值复制到物理输出点上。可以按位、字节、字或双字来存取输出过程映像寄存器中的数据。

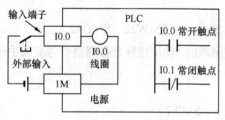

图 5-25　输入继电器 I0.0 的等效电路

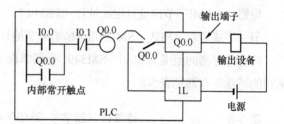

图 5-26　输出继电器 Q0.0 的等效电路

位格式：Q[字节地址].[位地址]，如 Q1.1。

字节、字或双字格式：Q[长度][起始字节地址]，如 QB5、QW5、QD5。

3. 变量存储器 V

可以用 V 存储器存储程序执行过程中控制逻辑操作的中间结果，也可以用它来保存与工序或任务相关的其他数据，变量存储器不能直接驱动外部负载。可以按位、字节、字或双字来存取 V 存储器中的数据。

位格式：V[字节地址].[位地址]，如 V10.2。

字节、字或双字格式：V[长度][起始字节地址]，如 VB100、VW100、VD100。

4. 位存储器 M

位存储器是 PLC 中数量最多的一种继电器，一般的辅助继电器与继电器控制系统中的中间继电器相似。位存储器不能直接驱动外部负载，负载只能由输出继电器的外部触点驱动。位存储器的常开与常闭触点在 PLC 内部编程时可无限次使用。可以用位存储器作为控制继电器来存储中间操作状态和控制信息，并且可以按位、字节、字或双字来存取位存储器中的数据。

位格式：M[字节地址].[位地址]，如 M2.7。

字节、字或双字格式：M[长度][起始字节地址]，如 MB10、MW10、MD10。

　　　有的用户习惯使用 M 区作为中间地址，但 S7-200 CPU 中 M 区地址空间很小，只有 32 个字节，往往不够用。而 S7-200 CPU 中提供了大量的 V 区存储空间，即用户数据空间。V 存储区相对很大，其用法与 M 区相似，可以按位、字节、字或双字来存取 V 区数据，如 V10.1、VB20、VW100、VD200 等。

【例 5-6】　图 5-27 所示的梯形图中，Q0.0 控制一盏灯，请分析当系统上电后接通 I0.0 和系统断电后又上电时灯的明暗情况。

【解】　当系统上电后接通 I0.0，Q0.0 线圈带电，并自锁，灯亮；系统断电后又上电，Q0.0 线圈处于断电状态，灯不亮。

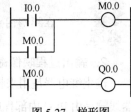

图 5-27　梯形图

5. 特殊存储器 SM

SM 位为 CPU 与用户程序之间传递信息提供了一种手段，可以用这些位选择和控制 S7-200 CPU 的一些特殊功能。例如，首次扫描标志位（SM0.1）、按照固定频率开关的标志位或者显示数学运算或操作指令状态的标志位，并且可以按位、字节、字或双字来存取 SM 位。

位格式：SM[字节地址].[位地址]，如 SM0.1。

节、字或者双字格式：SM[长度][起始字节地址]，如 SMB86、SMW22、SMD42。

特殊寄存器的范围为 SM0～SM549，全部掌握是比较困难的，使用特殊寄存器请参考有关手册，常用的特殊寄存器见表 5-8。

表 5-8　　　　　　　　　特殊存储器字节 SMB0（SM0.0～SM0.7）

SM 位	描　述
SM0.0	该位始终为 1
SM0.1	该位在首次扫描时为 1，用途之一是调用初始化子程序
SM0.2	若保持数据丢失，则该位在一个扫描周期中为 1。该位可用作错误存储器位，或用来调用特殊启动顺序功能
SM0.3	开机后进入运行（RUN）方式，该位将被置 1 个扫描周期，该位可用作在启动操作之前给设备提供一个预热时间
SM0.4	该位提供一个时钟脉冲，30s 为 1，30s 为 0，周期为 1min。它提供了一个简单易用的延时或 1min 的时钟脉冲
SM0.5	该位提供一个时钟脉冲，0.5s 为 1，0.5s 为 0，周期为 1s。它提供了一个简单易用的延时或 1s 的时钟脉冲
SM0.6	该位为扫描时钟，本次扫描时置 1，下次扫描时置 0，可用作扫描计数器的输入
SM0.7	该位指示 CPU 工作方式开关的位置（0 为 TERM 位置，1 为 RUN 位置）。当开关在 RUN 位置时，用该位可使自由端口通信方式有效，那么当切换至 TERM 位置时，同编程设备的正常通信也会有效

【例 5-7】　SM0.0、SM0.1、SM0.5 的波形如图 5-28 所示，图 5-29 所示的梯形图中，Q0.0 控制一盏灯，请分析当系统上电后灯的明暗情况。

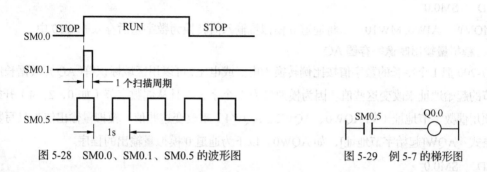

图 5-28　SM0.0、SM0.1、SM0.5 的波形图　　　　　　图 5-29　例 5-7 的梯形图

【解】　因为 SM0.5 是周期为 1s 的脉冲信号，所以灯亮 0.5s，然后暗 0.5s，以 1s 为周期闪烁。SM0.5 常用于报警灯的闪烁。

6. 局部存储器 L

S7-200 有 64B 的局部存储器，其中 60B 可以用作临时存储器或者给子程序传递参数。如果用梯形图或功能块图编程，STEP 7-Micro/WIN 保留这些局部存储器的最后 4B。局部存储器和变量存储器 V 很相似，但只有一个区别：变量存储器是全局有效的，而局部存储器只在局部有效。全局是指同一个存储器可以被任何程序（包括主程序、子程序和中断服务程序）存取，局部是指存储器区和特定的程序相关联。S7-200 给主程序分配 64B 的局部存储器，给每一级子程序嵌套分配 64B 的局部存储器，同样给中断服务程序分配 64B 的局部存储器。

子程序不能访问分配给主程序、中断服务程序或者其他子程序的局部存储器。同样，中断服务程序也不能访问分配给主程序或子程序的局部存储器。S7-200 PLC 根据需要分配局部存储器。也就是说，当主程序执行时，分配给子程序或中断服务程序的局部存储器是不存在的。当发生中断或者调用一个子程序时，需要分配局部存储器。新的局部存储器地址可能会覆盖另一个子程序或中断服务程序的局部存储器地址。

局部存储器在分配时 PLC 不进行初始化，初值可能是任意的。当在子程序调用中传递参数时，在被调用子程序的局部存储器中，由 CPU 替换其被传递的参数的值。局部存储器在参数传递过程中不传递值，在分配时不被初始化，可能包含任意数值。L 可以作为地址指针。

位格式：L[字节地址].[位地址]，如 L0.0。

字节、字或双字格式：L[长度] [起始字节地址]，如 LB33。下面的程序中，LD10 作为地址指针。

LD　SM0.0

MOVD &VB0, LD10　　//将 V 区的起始地址装载到指针中

7. 模拟量输入映像寄存器 AI

S7-200 将模拟量值（如温度或电压）转换成 1 个字长（16 位）的数字量，可以用区域标识符（AI）、数据长度（W）及字节的起始地址来存取这些值。因为模拟输入量为 1 个字长，并且从偶数位字节（如 0、2、4）开始，所以必须用偶数字节地址（如 AIW0、AIW2、AIW4）来存取这些值，如 AIW1

是错误的数据。模拟量输入值为只读数据。

格式：AIW[起始字节地址]，如 AIW0。以下为通道 0 模拟量输入的程序。

LD　　SM0.0

MOVW　AIW0, MW10　　//将通道 0 模拟量输入值转换为数字量后存入 MW10 中

8. 模拟量输出映像寄存器 AQ

S7-200 把 1 个字长的数字值按比例转换为电流或电压，可以用区域标识符（AQ）、数据长度（W）及字节的起始地址来改变这些值。因为模拟量为 1 个字长，且从偶数字节（如 0，2，4）开始，所以必须用偶数字节地址（如 AQW0、AQW2、AQW4）来改变这些值。模拟量输出值为只写数据。

格式：AQW[起始字节地址]，如 AQW0。以下为通道 0 模拟量输出的程序。

LD　　SM0.0

MOVW　1234, AQW0　　//将数字量 1234 转换成模拟量（如电压）从通道 0 输出

9. 定时器 T

在 S7-200 CPU 中，定时器可用于时间累计，其分辨率（时基增量）分为 1ms、10ms 和 100ms 共 3 种。定时器有以下两个变量。

① 当前值：16 位有符号整数，存储定时器所累计的时间。

② 定时器位：按照当前值和预置值的比较结果置位或者复位（预置值是定时器指令的一部分）。

可以用定时器地址来存取这两种形式的定时器数据。究竟使用哪种形式取决于所使用的指令：如果使用位操作指令，则是存取定时器位；如果使用字操作指令，则是存取定时器当前值。存取格式为：T[定时器号]，如 T37。

S7-200 系列中定时器可分为接通延时定时器、有记忆的接通延时定时器和断开延时定时器 3 种。它们是通过对一定周期的时钟脉冲进行累计而实现定时的，时钟脉冲的周期（分辨率）有 1ms、10ms、100ms 共 3 种，当计数达到设定值时触点动作。

10. 计数器存储区 C

在 S7-200 CPU 中，计数器可以用于累计其输入端脉冲电平由低到高的次数。CPU 提供了 3 种类型的计数器：一种只能增加计数；一种只能减少计数；另外一种既可以增加计数，又可以减少计数。计数器有以下两种形式。

① 当前值：16 位有符号整数，存储累计值。

② 计数器位：按照当前值和预置值的比较结果置位或者复位（预置值是计数器指令的一部分）。

可以用计数器地址来存取这两种形式的计数器数据。究竟使用哪种形式取决于所使用的指令：如果使用位操作指令，则是存取计数器位；如果使用字操作指令，则是存取计数器当前值。存取格式为：C[计数器号]，如 C24。

11. 高速计数器 HC

高速计数器用于对高速事件计数，它独立于 CPU 的扫描周期。高速计数器有一个 32 位的有符号整数计数值（或当前值）。若要存取高速计数器中的值，则应给出高速计数器的地址，即存储器类型（HC）加上计数器号（如 HC0）。高速计数器的当前值是只读数据，仅可以作为双字（32 位）来

寻址。

格式：HC[高速计数器号]，如 HC1。

12. 累加器 AC

累加器是可以像存储器一样使用的读写设备。例如，可以用它来向子程序传递参数，也可以从子程序返回参数，以及用来存储计算的中间结果。S7-200 提供 4 个 32 位累加器（AC0、AC1、AC2 和 AC3），并且可以按字节、字或双字的形式来存取累加器中的数据。

被访问的数据长度取决于存取累加器时所使用的指令。见表 5-7，当以字节或者字的形式存取累加器时，使用的是数值的低 8 位或低 16 位；当以双字的形式存取累加器时，使用的是全部 32 位。

格式：AC[累加器号]，如 AC0。以下为将常数 18 移入 AC0 中的程序。

LD　　SM0.0

MOVB　18，AC0　　//将常数 18 移入 AC0

13. 顺控继电器存储器 S

顺控继电器位（S）用于组织机器操作或者进入等效程序段的步骤。SCR 提供控制程序的逻辑分段。可以按位、字节、字或双字来存取 S 位。

位格式：S[字节地址].[位地址]，如 S3.1。

字节、字或者双字格式：S[长度][起始字节地址]。

① S7-200 系列 PLC 的外部接线、扩展模块的接线，特别是数字量输入/输出模块和模拟量输入/输出模块的接线至关重要。

② 电源的需求计算既是重点，也是难点，特别要学会通过产品手册查询相关参数。

③ 理解 S7-200 系列 PLC 的数据类型，特别是多字节数据的格式，有别于其他 PLC 的格式，读者要注意区分。

④ 掌握元器件的功能与地址分配，这是学习以后章节的基础。

⑤ 了解 PLC 的工作机理也是必要的，这对于 PLC 控制系统设计是有帮助的。

1. PLC 的主要性能指标有哪些？

2. PLC 主要用在哪些场合？

3. PLC 怎样分类？

4. PLC 的发展趋势是什么？

5. PLC 的结构主要由哪几个部分组成？

6. PLC 的输入和输出模块主要由哪几个部分组成？每部分的作用是什么？

7. PLC 的存储器可以细分为哪几个部分？

8. PLC 是怎样进行工作的？

9. 举例说明常见的哪些设备可以作为 PLC 的输入设备和输出设备？

10. 什么是立即输入和立即输出？它们分别在何种场合应用？

11. S7 系列的 PLC 有哪几类？

12. S7-200 系列 PLC 有什么特色？

13. S7-200 系列 CPU 有几种工作方式？下载文件时，能否使其置于"运行"状态？

14. 使用模拟量输入模块时，要注意什么问题？

15. 在例 5-2 中，如果不经过转换能否直接用晶体管输出 CPU 代替？应该如何转换？

16. 以下哪些表达有错误？请改正。

　　　AQW3、8 # 11、10 # 22、16 # FF、16 # FFH、2#110、2#21

17. 如何进行 S7-200 的电源需求与计算？

18. 通信口参数如何设置？

19. 是否可以通过 EM 277 模块控制变频器？

20. 为什么重新设置 EM 277 地址后不起作用？

21. S7-200 系列 PLC 的输入和输出怎样接线？

22. PLC 控制与继电器控制有何优缺点？

第6章

STEP 7-Micro/WIN 编程软件的使用

学习目标

- 了解安装 STEP 7-Micro/WIN 软件所需要的条件
- 掌握工具浏览条、指令树、主菜单、状态栏、输出窗口和用户窗口的作用
- 掌握一个程序的编译、下载、调试和运行的全过程
- 掌握仿真软件的使用

6.1 概述

6.1.1 初识 STEP 7-Micro/WIN 软件

STEP 7-Micro/WIN 是一款功能比较强大的软件，此软件易学易用，是用于 S7-200 系列 PLC 的编程软件，支持 3 种模式：LAD（梯形图）、FBD（功能块图）和 STL（语句表）。STEP 7-Micro/WIN 可提供程序的在线编辑、监控和调试。本书介绍的 STEP 7-Micro/WIN V4.0 版本，可以兼容旧版本的程序，但新版本的程序不能在旧版本的软件上使用。

如果读者没有安装此软件，可以购买或者在西门子（中国）自动化与驱动集团的网站（http://www.ad.siemens.com.cn/）上下载试用版软件安装使用。安装此软件对计算机的要求如下：

① Windows 2000 SP3 以上操作系统，或者 Windows XP Home 和 Windows XP Professional 操作系统，

但建议不要使用 Windows XP Home 操作系统，因为在此操作系统上有些功能受限，如不能使用 CP 卡通信。

② 至少 350MB 的硬盘空间。

有了 PLC 和配置必要软件的计算机，两者之间必须有一根编程电缆，此电缆与计算机端相连的是 RS-232C 接口形式，与 PLC 端相连的是编程口（RS-485 接口形式），有的 PLC 只有一个编程口（如 CPU 221），有的 PLC 有两个编程口（如 CPU 226），任何一个编程口与编程电缆相连均可，其连接如图 6-1 所示。还有 USB 形式的编程电缆出售，但这种编程电缆不支持自由口协议（例如，不能用 Windows 下的超级终端与 PLC 利用自由口通信）。当然，也可以使用 CP 卡通信，CP 卡的功能比以上的编程电缆的功能强得多，它还可以用于 S7-300 和 S7-400 系列 PLC，但价格要贵很多。

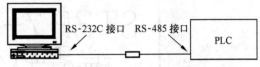

注意：如果有的笔记本电脑没有 RS-232C 接口，并不意味着不能使用笔记本电脑，读者只需

图 6-1　计算机的 RS-232C 接口与 PLC 的连线图

要将 USB-RS232（USB/Serials）转换器安装在笔记本电脑的 USB 接口和通信电缆的 RS-232C 接口之间，即可实现可靠的通信。但对于有的计算机，可能会出现通信故障，请读者认真阅读 USB/Serials 转换器的说明书，并安装 USB/Serials 转换器的驱动程序。建议最好使用西门子的原装编程电缆，市场上的某些仿制电缆外观与西门子的电缆相似，但使用时有时会出现通信失败现象。

6.1.2　STEP 7-Micro/WIN 软件的主界面

STEP 7-Micro/WIN 软件的主界面如图 6-2 所示，其中包含菜单栏、工具浏览条、工具栏、指令树、程序编辑器、输出窗口等。

图 6-2　STEP 7-Micro/WIN 软件的主界面

1. 菜单栏

菜单栏包括文件、编辑、查看、PLC、调试、工具、窗口和帮助 8 个菜单项。用户可以定制"工具"菜单，在该菜单中增加自己的工具。

2. 工具浏览条

工具浏览条显示编程特性的按钮控制群组。它在编译程序时是非常有用的，尽管其功能在菜单中同样可以实现，显然使用工具浏览条更为方便。

工具浏览条中有"查看"和"工具"两个视图。"查看"视图显示了程序块、符号表、状态表、数据块、系统块、交叉引用及通信工具。"工具"视图显示了指令向导、文本显示向导、位置控制向导、EM 253 控制面板和调制解调器扩展向导等工具。工具浏览条的"工具"视图中的按钮功能与菜单栏中的"工具"菜单的功能相同。工具浏览条中还提供了滚动按钮，方便用户查看对象。

3. 指令树

指令树提供所有项目对象和为当前程序编辑器（LAD、FBD 或 STL）提供所有指令的树形视图。用户可以右击指令树中的"项目"节点，插入附加程序组织单元（POU）；可以右击单个 POU，打开、删除、编辑其属性表，添加密码保护或重命名子程序及中断例行程序。可以右击指令树中的"指令"节点或单个指令，以便隐藏整个树。展开指令树中的节点，可以拖放单个指令，或双击指令系统自动将所选指令插入程序编辑器中的光标位置。用户可以将指令拖放在"偏好"节点中，排列经常使用的指令。界面如图 6-2 所示，具体功能如下。

① 可借助交叉引用（Cross Reference，也称交叉参考）检视程序的交叉引用和组件使用信息。

② 可借助数据块显示和编辑数据块内容。

③ 可借助"状态表"窗口允许将程序的输入、输出结果或变量置入图表中，以便追踪其状态。可以建立多个状态图，以便从程序的不同部分检视组件。每个状态图在"状态表"窗口中都有自己的标签。

④ "符号表"→"全局变量表"窗口允许分配和编辑全局符号（即可在任何 POU 中使用的符号值，不只是建立符号的 POU）。可以建立多个符号表。可在项目中增加一个 S7-200 系统符号预定义表。

⑤ 输出窗口在编译程序时提供信息。当输出窗口列出程序的错误信息时，双击错误信息，会在程序编辑器窗口中显示适当的网络。

⑥ 状态栏显示进行 STEP 7-Micro/WIN 操作时的操作状态信息。

⑦ "程序编辑器"窗口包含用于该项目的编辑器（LAD、FBD 或 STL）的局部变量表和程序视图。如果需要，拖动分割条，扩展程序视图，并覆盖局部变量表。若在主程序一节（OB1）之外，建立子程序或中断例行程序时，标记出现在"程序编辑器"窗口的底部，可单击该标记，在子程序、中断和 OB1 之间移动。

⑧ 局部变量表包含读者对局部变量所做的赋值（即子程序和中断例行程序使用的变量）。在局部变量表中建立的变量使用暂时内存，地址赋值由系统处理，并且变量的使用仅限于建立此变量的 POU。

4. 工具栏

工具栏为常用的操作提供便利的访问。用户可以定制每个工具栏的内容和外观。

（1）标准工具栏

标准工具栏如图 6-3 所示。其中，"编译程序或数据块"按钮 ☑ 和"全部编译"按钮 ☑ 的区别是，前者是在任意一个激活窗口中编译程序块或数据块，是局部编译，而后者则是对程序、数据块和系统块的全部编译，建议多使用"全部编译"按钮。"上载"按钮是将项目从 PLC 上载至 STEP 7-Micro/WIN（有的称为"上传"或"读入"），而"下载"按钮是将项目从 STEP 7-Micro/WIN 下载至 PLC（也有的软件称为"写出"）。

（2）调试工具栏

调试工具栏如图 6-4 所示，在调试程序时非常有用。其中，"运行"按钮 ▶ 是将 PLC 设置成"运行"模式，调试时使用比较方便，也可以直接将 PLC 上的旋钮拨到"运行"模式；"停止"按钮 ■ 是将 PLC 设置成"停止"模式，准备将程序下载到 PLC 之前，应将 PLC 设置成"停止"模式，也可以直接将 PLC 上的旋钮拨到"停止"模式实现。

图 6-3　标准工具栏

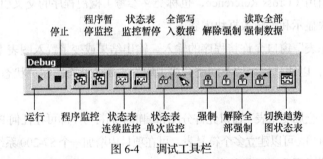

图 6-4　调试工具栏

（3）常用工具栏

常用工具栏如图 6-5 所示。其中，"插入网络"按钮 ⊡ 最为常用，单击此按钮可以在程序中插入一个新网络。

（4）指令工具栏

指令工具栏如图 6-6 所示。在输入梯形图指令时，可以使用指令工具栏中的按钮。

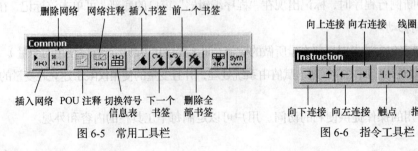

图 6-5　常用工具栏　　　　　　　图 6-6　指令工具栏

6.2 STEP 7-Micro/WIN 软件使用初步

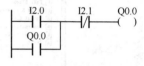

下面以图 6-7 所示的启/停控制梯形图为例，完整地介绍一个程序从输入到下载、运行和监控的全过程，说明 STEP 7-Micro/WIN 软件的使用方法。

图 6-7　启/停控制梯形图

1. 启动 STEP 7-Micro/WIN 软件

启动 STEP 7-Micro/WIN 软件，弹出如图 6-8 所示的英文界面。

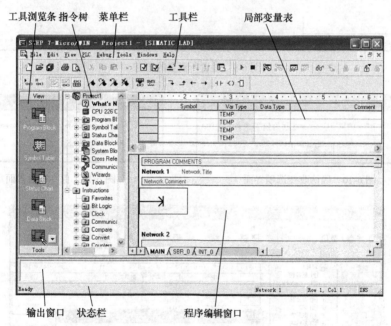

图 6-8　STEP 7-Micro/WIN 软件初始界面

2. 切换成中文界面

很多用户更喜欢中文界面，STEP 7-Micro/WIN 软件提供了德语、英语、汉语等 6 种语言供用户选择。单击菜单栏中的"Tools"→"Options"命令，弹出如图 6-9 所示的对话框。选中"Options"节点下的"General"，在右侧的"Language"列表框中选中所需要的语言"Chinese"，单击 OK 按钮，这时弹出如图 6-10 所示的对话框，单击"确定"按钮，接着弹出如图 6-11 所示的对话框，单击"是"按钮，软件自动关闭。下一次运行 STEP 7-Micro/WIN 软件时，将自动出现中文界面。

3. PLC 的类型选择

展开指令树中的"项目 1"节点，选中并双击"CPU 2XX"（可能是 CPU 221），这时弹出"PLC

类型"对话框，在"PLC 类型"下拉列表框中选定"CPU 226 CN"（这是本例的机型），然后单击"确认"按钮，如图 6-12 所示。

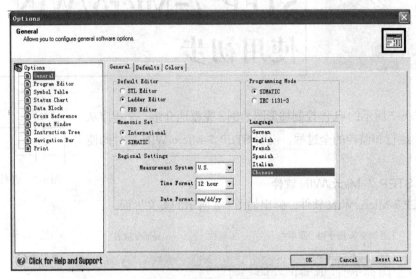

图 6-9　设置所需要的语言

图 6-10　确认改变选项界面

图 6-11　保存项目界面

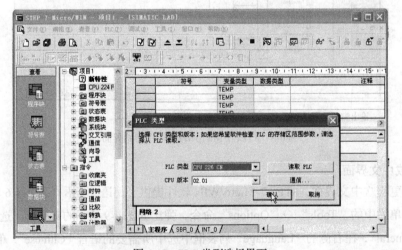

图 6-12　PLC 类型选择界面

4. 输入程序

展开指令树中的"指令"节点，依次双击常开触点按钮"┤├"（或者拖入程序编辑窗口）、常闭触点按钮"┤/├"、输出线圈按钮"（ ）"，换行后再双击常开触点按钮"┤├"，出现程序输入界面，如图 6-13 所示。接着单击红色的问号，输入寄存器及其地址（本例为 I2.0、Q0.0 等），输入完毕后如图 6-14 所示。

 　有的初学者在输入时会犯这样的错误，将"Q0.0"错误地输入成"QO.0"，此时
注意 "QO.0"下面将有红色的波浪线提示错误。

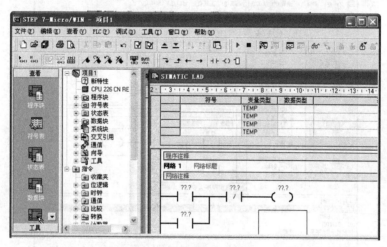

图 6-13　程序输入界面

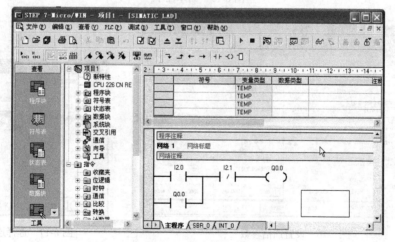

图 6-14　输入程序界面

5. 编译程序

单击标准工具栏的"全部编译"按钮 进行编译，若程序有错误，则输出窗口会显示错误信息。

编译后如果有错误，可在下方的输出窗口查看错误，双击该错误即跳转到程序中该错误的所在处，根据系统手册中的指令要求进行修改，如图 6-15 所示。

6. 设置通信

单击工具浏览条中"查看"视图中的"设置 PG/PC 接口"图标，弹出"设置 PG/PC 接口"对

话框，在"为使用的接口分配参数"列表框中选择"PC/PPI cable（PPI）"选项并双击，弹出"属性-PC/PPI cable（PPI）"对话框，可使用默认数值，如图 6-16 所示。接着选择"本地连接"选项卡，在"连接到"下拉列表框中选择编程电缆与计算机相连的接口，本例为"COM1"，再单击"确定"按钮，如图 6-17 所示。注意：传输率一定要与通信电缆上的设置一致，否则不能建立通信。

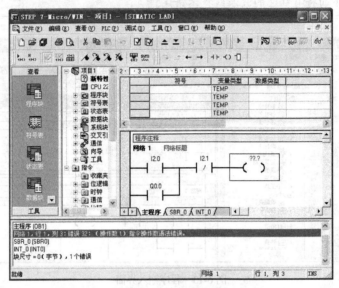

图 6-15   编译程序

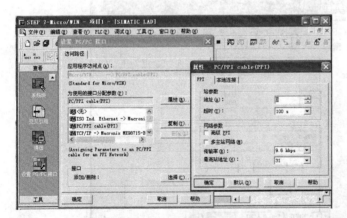

图 6-16   设置通信参数

图 6-17   选择连接接口

初学者往往容易碰到 Micro/WIN 与 CPU 通信失败的情况，可能的原因如下。

① Micro/WIN 中设置的对方通信口地址与 CPU 的实际口地址不同。

② Micro/WIN 中设置的本地地址与 CPU 通信口的地址相同（一般应当将 Micro/WIN 的本地地址设置为"0"）。

③ Micro/WIN 使用的通信波特率与 CPU 端口的实际通信速率设置不同。

④ 有些程序会将 CPU 上的通信口设置为自由口模式，此时不能进行编程通信。编程通信是 PPI 模式，

而在"STOP"状态下，通信口永远是 PPI 从站模式，因此最好把 CPU 上的模式开关拨到"STOP"的位置。

⑤ 编程电缆有问题，此时可更换一根西门子的原装 PPI 编程电缆。

⑥ 编程口烧毁，必须送修。

有的用户用 CP 卡进行编程通信，尽管 CP 卡的功能强大，但必须注意如下问题。

① CP5613 不能连接 S7-200 CPU 通信口编程。

② CP5511/5512/5611 不能在 Windows XP Home 版本下使用。

③ 所有的 CP 卡都不支持 S7-200 的自由口编程调试。

④ CP 卡与 S7-200 通信时，不能选择"CP 卡（auto）"选项。

7. 连机通信

选中工具浏览条中"查看"视图下的"通信"图标并单击，弹出"通信"对话框；再双击"双击刷新"，计算机自动搜索 PLC，若找到，则自动将目标 PLC 的地址和型号等信息显示出来，如图 6-18 所示。搜索完成后，单击"确定"按钮，这时计算机与 PLC 已经可以通信了。有时搜索结果有误，原因在于远程地址和 PLC 地址不一致造成，如本例中的远程地址和搜索的地址都为"2"。

8. 下载程序

单击标准工具栏中的下载按钮 ，弹出"下载"对话框，如图 6-19 所示，单击"下载"按钮，若 PLC 此时处于"运行"模式，系统将提示用户将"选项"栏中的"程序块"、"数据块"和"系统块"3 个选项全部勾选，再将 PLC 设置成"停止"模式，然后单击"确定"按钮，则程序自动下载到 PLC 中。下载成功后，输出窗口中有"下载成功"字样的提示。

9. 程序状态监控

在调试程序时，"程序状态监控"功能非常有用，当开启此功能时，闭合的触点中有蓝色的矩形，而断开的触点中没有蓝色的矩形，如图 6-20 所示。要开启"程序状态监控"功能，只需要单击调试工具栏上的"程序监控"按钮 即可。

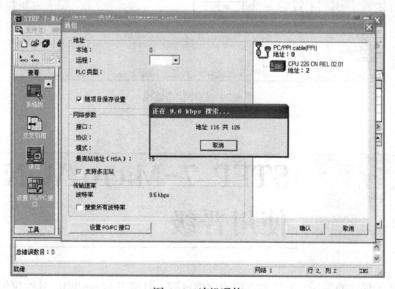

图 6-18　连机通信

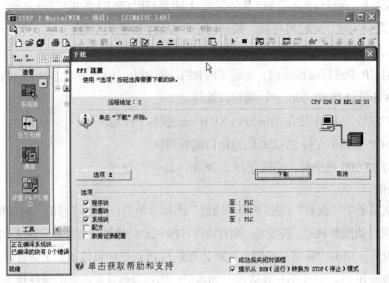

图 6-19　下载程序

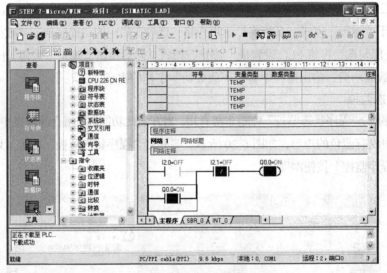

图 6-20　程序状态监控

STEP 7-Micro/WIN 软件使用晋级

上一节介绍了程序的编译、下载和监控的完整过程，但使用 Micro/WIN 软件仅仅掌握这些知识是不够的，还必须掌握一些其他常用的功能。

6.3.1　系统块的设置

S7-200 CPU 提供了多种参数和选项设置以适应具体应用，这些参数和选项在"系统块"对话框内设置。系统块必须下载到 CPU 中才起作用。有的初学者修改程序后往往不会忘记重新下载程序，而在软件中更改参数后却忘记了重新下载，这是不对的。

单击工具浏览条的"查看"视图中的"系统块"图标，或者使用菜单栏中的"查看"→"组件"→"系统块"命令打开"系统块"对话框，如图 6-21 所示。

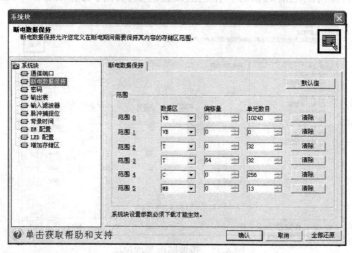

图 6-21　"系统块"对话框

1. 设置通信端口

在"系统块"对话框中，单击"系统块"节点下的"通信端口"，可打开"通信端口"选项卡，设置 CPU 的通信端口属性，如图 6-22 所示。

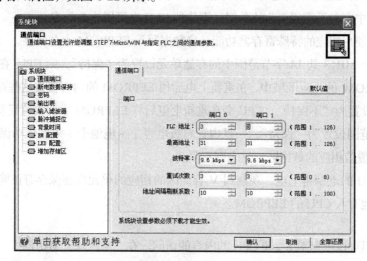

图 6-22　设置通信端口

PLC的默认地址为2，但PLC通信时，通信端口的地址不能重复，通信端口的地址必须是唯一的（同一台PLC的两个端口的地址一般相同），因此需要更改PLC的地址。波特率必须和开始设置的传输率一致（见图6-16）。更改完成后，必须下载到CPU中才起作用。当然，使用指令"SET_ADDR"也可以更改通信端口的地址，但必须运行程序。

2. 设置断电数据保持

在"系统块"对话框中，单击"系统块"节点下的"断电数据保持"，可打开"断电数据保持"对话框，如图6-23所示。断电数据保持设置就是定义CPU如何处理各数据区的数据保持任务。在数据保持设置区中选中的就是要保持其数据内容的数据区。所谓"保持"就是在CPU断电后再上电，数据区域的内容是否保持断电前的状态。在这里设置的数据保持功能依靠以下几种方式实现。

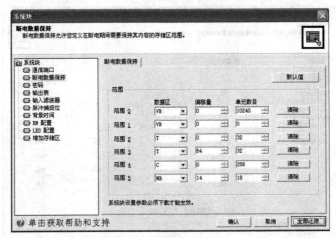

图6-23　设置断电数据保持

① CPU的内置超级电容，在断电时间不太长时，可以为数据和时钟的保持提供电源缓冲。

② CPU上可以附加电池卡，与内置电容配合，长期为时钟和数据保持提供电源。

③ 设置系统块，在CPU断电时自动保存M区中的14字节的数据。

④ 在数据块中定义不需要更改的数据，下载到CPU内可以永久保存。

⑤ 用户编程使用相应的特殊寄存器功能，将数据写入EEPROM永久保存。

如果将MB0～MB13共14字节范围中的存储单元设置为"保持"，则CPU在断电时会自动将其内容写入EEPROM的相应区域中，在重新上电后用EEPROM的内容覆盖这些存储区。如果将其他数据区的范围设置为"不保持"，CPU会在重新上电后将EEPROM中的数值复制到相应的地址；如果将数据区的范围设置为"保持"，一旦内置超级电容（＋电池卡）未能成功保持数据，则会将EEPROM的内容覆盖相应的数据区，反之则不覆盖。

如果关断CPU的电源再上电，观察到V存储区的相应的单元内还保存有正确的数据，则可说明数据已经成功地写入CPU的EEPROM。

3. 设置密码

通过设置密码可以限制对S-200 CPU的内容的访问。在"系统块"对话框中，单击"系统块"节点下的"密码"，可打开"密码"选项卡，设置密码保护功能，如图6-24所示。密码的保护等级分为 4 个等级，除了"全部权限（1 级）"外，其他的均需要在"密码"和"验证"文本框中输入起保护作用的密码。

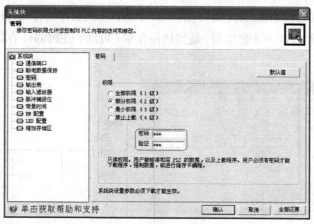

图 6-24　设置密码

要检验密码是否生效，可以进行以下操作。

① 停止 Micro/WIN 与 CPU 的通信 1min 以上。

② 关闭 Micro/WIN 程序，再打开。

③ 停止 CPU 的供电，再送电。

如果忘记了密码，必须清除 CPU 的内存才能重新下载程序。执行清除 CPU 指令并不会改变 CPU 原有的网络地址、波特率和实时时钟；如果有外插程序存储卡，其内容也不会改变。清除密码后，CPU 中原有的程序将不存在。要清除密码，可按以下 3 种方法操作。

① 在 Micro/WIN 中选择"PLC"→"Clear"，选择程序块、数据块和系统块，并按"OK"按钮确认。

② 另外一种方法是通过程序 wipeout.exe 来恢复 CPU 的默认设置。这个程序可在 STEP 7-Micro/WIN 安装光盘中找到。

③ 此外，还可以在 CPU 上插入一个含有未加密程序的外插存储卡，上电后此程序会自动装入 CPU 并且覆盖原有的带密码的程序，然后 CPU 可以自由访问。

西门子公司随编程软件 Micro/WIN 提供的库指令、指令向导生成的子程序、中断程序都进行了加密。加密并不妨碍使用它们。加密的程序会显示一个锁形标记，不能打开查看程序内容。将加密的程序下载到 CPU 中，再上传后也保持加密状态。

如果用户想保护编写的程序项目，可以使用"文件"→"设置密码"命令来保存程序项目。

【关键点】PLC 的软件加密比较容易被破解，不能绝对保证程序的安全，目前网络上有一些破解软件可以轻易破解 PLC 的用户程序的密码，编者强烈建议读者在保护自身权益的同时，必须尊重他人的知识产权。

6.3.2　数据块

数据块用于为 V 存储器指定初始值。可使用不同的长度（字节、字或双字）在 V 存储器中保存不同格式的数据。单击工具浏览条的"查看"视图中的"数据块"图标，或者单击菜单栏中的"查看"→"组件"→"数据块"命令打开"数据块"窗口。在图 6-25 中输入"VB0 100"和"VW2 100"两行数据，实际上就是起初始化的作用，与图 6-26 中的梯形图程序的作用相同。

数据块必须下载到 CPU 中才起作用，数据块保存在 CPU 的 EEPROM 存储单元中，因此断电后仍然能保持数据。

图 6-25　"数据块"窗口

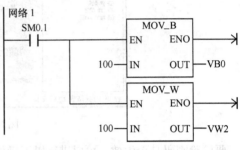

图 6-26　初始化程序

6.3.3　程序调试

程序调试是工程中的一个重要步骤，因为初步编写完成的程序不一定正确，有时虽然逻辑正确，但需要修改参数，因此程序调试十分重要。Micro/WIN 提供了丰富的程序调试工具供用户使用，下面分别介绍。

1. 状态表

使用状态表可以监控数据，各种参数（如 CPU 的 I/O 开关状态、模拟量的当前数值等）都在状态表中显示。此外，配合"强制"功能还能将相关数据写入 CPU，改变参数的状态，如可以改变 I/O 开关状态。

单击工具浏览条的"查看"视图中的"状态表"图标，弹出"状态表"窗口，单击菜单栏中的"查看"→"组件"→"状态表"命令也可以打开，如图 6-27 所示。在其中可以设置相关参数，单击工具栏中的"状态表监控"按钮可以监控数据。

	地址	格式	当前值	新值
1	I0.0	位	2#0	
2	I0.1	位	2#0	
3	Q0.0	位	2#0	
4		有符号		
5		有符号		

图 6-27　"状态表"窗口

2. 强制

S7-200 系列 PLC 提供了强制功能，以方便调试工作，在现场不具备某些外部条件的情况下模拟工艺状态。用户可以对数字量（DI/DO）和模拟量（AI/AO）进行强制。强制时，运行状态指示灯变成黄色，取消强制后指示灯变成绿色。

如果在没有实际的 I/O 连线时，可以利用强制功能调试程序。先打开"状态表"窗口并使其处于监控状态，在"新值"数值框中写入要强制的数据，然后单击工具栏中的"强制"按钮，此时，被强制的变量数值上有一个 🔒 标志，如图 6-28 所示。

单击工具栏中的 "取消全部强制" 按钮 🔒 可以取消全部的强制。

3. 写入数据

S7-200 系列 PLC 提供了数据写入功能，以方便调试工作。例如，在 "状态表" 窗口中输入 Q0.0 的新值 "0"，如图 6-29 所示，单击工具栏上的 "全部写入" 按钮 🔧，或者单击菜单栏中的 "调试" → "全部写入" 命令即可更新数据。

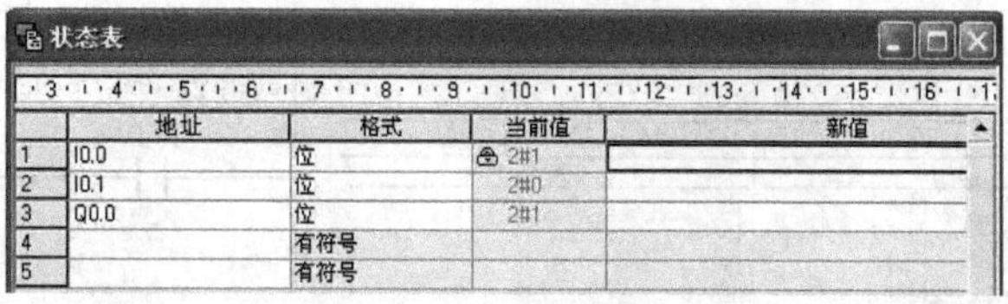

图 6-28 使用强制功能

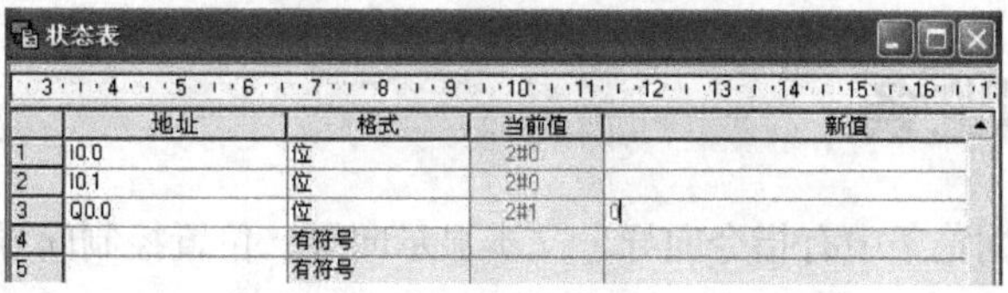

图 6-29 写入数据

利用 "全部写入" 功能可以同时输入几个数据。"全部写入" 的作用类似于 "强制" 的作用，但两者是有区别的：强制功能的优先级别要高于 "全部写入"，"全部写入" 的数据可能改变参数状态，但当与逻辑运算的结果抵触时，写入的数值也可能不起作用。

4. 趋势图

前面提到的状态表可以监控数据，趋势图同样可以监控数据，只不过使用状态表监控数据时的结果是以表格的形式表示的，而使用趋势图时则以曲线的形式表达。利用后者能够更加直观地观察数字量信号变化的逻辑时序或者模拟量的变化趋势。

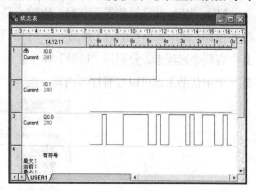

单击调试工具栏上的 "切换趋势图状态表" 按钮 🔲 可以在状态表和趋势图形式之间切换，趋势图如图 6-30 所示。

趋势图对变量的反应速度取决于 Micro/WIN 与 CPU 通信的速度以及图中的时间基准。在趋势图中单击，可以选择图形更新的速率。当停止监控时，可以冻结图形以便仔细分析。

图 6-30 趋势图

6.3.4 交叉引用

交叉引用表能显示程序中元件使用的详细信息。交叉引用表对查找程序中数据地址的使用十分有用。在工具浏览条的"查看"视图下单击"交叉引用"图标，可弹出如图 6-31 所示的界面。当双击交叉引用表中某个元素时，界面立即切换到程序编辑器中显示交叉引用对应元件的程序段。例如，双击"交叉引用表"中第一行的"I0.0"，界面切换到程序编辑器中，而且光标（方框）停留在"I0.0"上，如图 6-32 所示。

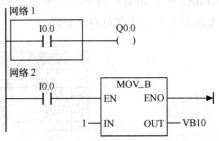

	元素	块	位置	关联
1	I0.0	程序块 (OB1)	网络 1	-| |-
2	I0.0	程序块 (OB1)	网络 2	-| |-
3	Q0.0	程序块 (OB1)	网络 1	-( )-
4	VB10	程序块 (OB1)	网络 2	MOV_B

图 6-31　交叉引用表　　　　　　　　　　图 6-32　交叉引用表对应的程序

6.3.5　工具浏览条

　　Micro/WIN 的工具浏览条中有指令向导、文本显示向导、位置控制向导、PID 控制面板、以太网向导和 EM 253 控制面板等工具。这些工具很实用，使用有的工具能使比较复杂的编程变得简单，如使用"指令向导"工具的网络读写指令向导，就能将较复杂的网络读写指令通过向导指引生成子程序；有的工具的功能则是不能取代的，如要使用以太网模块进行通信时就必须使用"以太网向导"工具。

6.3.6　帮助菜单

　　Micro/WIN 软件虽然界面友好，比较容易使用，但遇到问题是难免的。Micro/WIN 软件提供了详尽的帮助。使用菜单栏中的"帮助"→"目录和索引"命令可以打开如图 6-33 所示的"帮助"对话框，其中有两个选项卡，分别是"目录"和"索引"。"目录"选项卡中显示的是 Micro/WIN 软件的帮助主题，单击帮助主题可以查看详细内容；而在"索引"选项卡中，可以根据关键字查询帮助主题。

图 6-33　使用 Micro/WIN 的帮助

6.4 仿真软件的使用

6.4.1 仿真软件简介

仿真软件可以在计算机或者编程设备（如 Power PG）中模拟 PLC 运行和测试程序，就像运行在真实的硬件上一样。西门子公司为 S7-300/400 系列 PLC 设计了仿真软件 PLCSIM，但遗憾的是没有为 S7-200 系列 PLC 设计仿真软件。下面将介绍应用较广泛的仿真软件 S7-200 SIM 2.0。

6.4.2 仿真软件 S7-200 SIM 2.0 的使用

S7-200 SIM 2.0 仿真软件的界面友好，使用非常简单，下面以如图 6-34 所示的程序的仿真为例介绍 S7-200 SIM 2.0 的使用。

① 在 Micro/WIN 软件中编译如图 6-34 所示的程序，再单击菜单栏中的"文件"→"导出"命令，并将导出的文件保存，文件的扩展名为默认的".awl"（文件的全名保存为 123.awl）。

② 打开 S7-200 SIM 2.0 软件，单击菜单栏中的"配置"→"CPU 型号"命令，弹出"CPU Type"（CPU 型号）对话框，选定所需的 CPU，如图 6-35 所示，再单击"Accept"（确定）按钮即可。

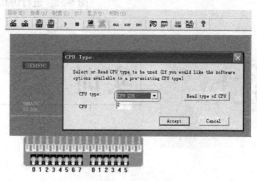

网络 1

```
 I0.0        Q0.0
|--| |--------( )--|
```

图 6-34　示例程序

图 6-35　CPU 型号设定

③ 装载程序。单击菜单栏中的"程序"→"装载程序"命令，弹出"装载程序"对话框，设置如图 6-36 所示，再单击"确定"按钮，弹出"打开"对话框，如图 6-37 所示，选中要装载的程序"123.awl"，最后单击"打开"按钮即可。此时，程序已经装载完成。

④ 开始仿真。单击工具栏上的"运行"按钮 ▶，运行指示灯亮，如图 6-38 所示，单击按钮"I0.0"，按钮向上合上，PLC 的输入点"I0.0"有输入，输入指示灯亮，同时输出点"Q0.0"输出，输出指

示灯亮。

图 6-36　装载程序

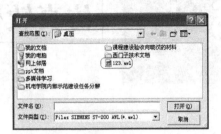

图 6-37　打开文件

与 PLC 相比，仿真软件有省钱、方便等优势，但仿真软件毕竟不是真正的 PLC，它只具备 PLC 的部分功能，不能实现完全仿真。

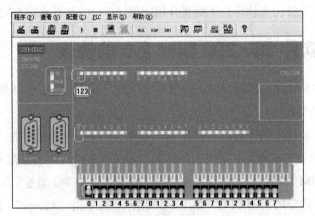

图 6-38　进行仿真

6.5　实训

1. 实训内容与要求

① 安装 STEP 7-Micro/WIN 软件。

② 在 STEP 7-Micro/WIN 软件中，编译如图 6-39 所示的梯形图，并进行监控，记录运行结果。

2. 实训条件

① STEP 7-Micro/WIN 软件。

② 计算机。

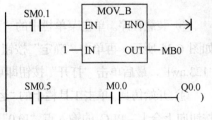

图 6-39　梯形图

③ 带 S7-200 PLC 的实训台一个或者 S7-200 PLC 一台。

3. 实训步骤

① 安装 STEP 7-Micro/WIN 软件。

按照 STEP 7-Micro/WIN 软件的使用说明书安装此软件。

② 安装编程电缆。

在计算机的 RS-232C 接口和 PLC 的编程口之间连接上编程电缆。注意：连接编程电缆时，应该先关闭计算机和 PLC，因为 S7-200 PLC 的通信口是非隔离的，S7-200 PLC 及模块不支持热插拔，强行热插拔可能会造成通信接口损坏。

③ 按照 6.2 节中的步骤编译、运行、监控程序。

④ 记录运行结果。

① 重点掌握程序的编译、下载、调试和运行的全过程。

② 难点：通信不成功时解决方案的选择。

1. 计算机安装 STEP 7-Micro/WIN 软件需要哪些软、硬件条件？

2. 没有 RS-232C 接口的笔记本电脑要使用具备 RS-232C 接口的编程电缆下载程序到 S7-200 PLC 中，应该做哪些预处理？

3. 在 STEP 7-Micro/WIN 软件中，"局部编译"和"完全编译"的区别是什么？

4. 连接计算机的 RS-232C 接口和 PLC 的编程口之间的编程电缆时，为什么要关闭 PLC 的电源？

5. 当 S7-200 PLC 处于监控状态时，能否用软件设置 PLC 为"停止"模式？

6. 如何设置 CPU 的密码？怎样清除密码？怎样对整个工程加密？

7. 断电数据保持有几种形式实现？怎样判断数据块已经写入 EEPROM？

8. 状态表和趋势图有什么作用？怎样使用？二者有何联系？

9. 工具浏览条中有哪些重要的功能？

10. 交叉引用有什么作用？

11. 仿真软件的优缺点有哪些？

Chapter 7

第7章

S7-200 系列 PLC 的指令系统及其应用

学习目标

- 掌握 S7-200 PLC 的基本逻辑指令及其应用
- 掌握功能图与顺序继电器指令及其应用
- 掌握 S7-200 PLC 的功能指令及其应用
- 掌握 S7-200 PLC 的程序控制指令及其应用

S7-200 PLC 的基本逻辑指令及其应用

基本逻辑指令是指构成基本逻辑运算功能指令的集合，包括基本位操作、置位/复位、边沿触发、逻辑栈、定时、计数、比较等逻辑指令。S7-200 系列 PLC 共有 27 条逻辑指令，现按用途分类如下。

7.1.1 基本位操作指令

1. 装载及线圈驱动指令

LD（Load）：常开触点逻辑运算开始。

LDN（Load Not）：常闭触点逻辑运算开始。

＝（Out）：线圈驱动。

图 7-1 所示的梯形图及指令表表示上述 3 条指令的用法。

装载及线圈驱动指令使用说明如下。

① LD（Load）：装载指令，对应梯形图从左侧母线开始，连接常开触点。

② LDN（Load Not）：装载指令，对应梯形图从左侧母线开始，连接常闭触点。

③ ＝（Out）：线圈输出指令，可用于输出继电器、辅助继电器、定时器及计数器等，但不能用于输入继电器。

④ LD、LDN 的操作数：I、Q、M、SM、T、C、S。=的操作数：Q、M、SM、T、C、S。

图 7-1 中梯形图的含义解释：当网络 1 中的常开触点 I0.0 接通时，则线圈 Q0.0 得电；当网络 2 中的常闭触点 I0.1 接通时，则线圈 M0.0 得电。此梯形图的含义与以前学过的电气控制中的电气图类似。

2. 触点串联指令

A（And）：常开触点串联。

AN（And Not）：常闭触点串联。

图 7-2 所示的梯形图及指令表表示了上述两条指令的用法。

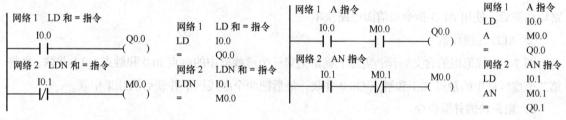

图 7-1　LD、LDN、=指令应用举例　　　　　　图 7-2　A、AN 指令应用举例

触点串联指令使用说明如下。

① A、AN：与操作指令，是单个触点串联指令，可连续使用。

② A、AN 的操作数：I、Q、M、SM、T、C、S。

图 7-2 中梯形图的含义解释：当网络 1 中的常开触点 I0.0、M0.0 同时接通时，则线圈 Q0.0 得电，常开触点 I0.0、M0.0 都不接通，或者只有一个接通，线圈 Q0.0 不得电，常开触点 I0.0、M0.0 是串联（与）关系；当网络 2 中的常开触点 I0.1、常闭触点 M0.1 同时接通时，则线圈 Q0.1 得电，常开触点 I0.1 和常闭触点 M0.1 是串联（与非）关系。

3. 触点并联指令

O（Or）：常开触点并联。

ON（Or Not）：常闭触点并联。

图 7-3 所示的梯形图及指令表表示了上述两条指令的用法。

触点并联指令使用说明如下。

① O、ON：或操作指令，是单个触点并联指令，可连续使用。

网络 1　O 和 ON 指令

```
      I0.0        Q0.0
      ─┤├──────────( )
      Q0.0
      ─┤├─
      Q0.1
      ─┤/├─
```

网络 1　O 和 ON 指令
LD　　I0.0
O　　　Q0.0
ON　　Q0.1
=　　　Q0.0

图 7-3　O、ON 指令应用举例

② O、ON 的操作数：I、Q、M、SM、T、C、S。

图 7-3 中梯形图的含义解释：当网络 1 中的常开触点 I0.0、Q0.0，常闭触点 Q0.1 有一个或者多个接通时，则线圈 Q0.0 得电，常开触点 I0.0、Q0.0 和常闭触点 Q0.1 是并联（或、或非）关系。

4. 并联电路块的串联指令

ALD（And Load）：并联电路块的串联连接。

图 7-4 表示了 ALD 指令的用法。

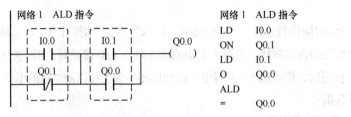

图 7-4　ALD 指令应用举例

并联电路块的串联指令使用说明：

① 并联电路块与前面电路串联时，使用 ALD 指令。电路块的起点用 LD 或 LDN 指令，并联电路块结束后，使用 ALD 指令与前面电路块串联。

② ALD 无操作数。

图 7-4 中梯形图的含义解释：实际上就是把第一个虚线框中的触点 I0.0 和触点 Q0.1 并联，再将第二个虚线框中的触点 I0.1 和触点 Q0.0 并联，最后把两个虚线框中并联后的结果串联。

5. 电路块的并联指令

OLD（Or Load）：串联电路块的并联连接。

图 7-5 表示了 OLD 指令的用法。

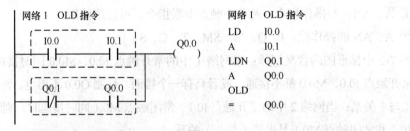

图 7-5　OLD 指令应用举例

串联电路块的并联指令使用说明：

① 串联电路块并联连接时，其支路的起点均以 LD 或 LDN 开始，终点以 OLD 结束。

② OLD 无操作数。

图 7-5 中梯形图的含义解释：实际上就是把第一个虚线框中的触点 I0.0 和触点 I0.1 串联，再将第二个虚线框中的触点 Q0.1 和触点 Q0.0 串联，最后把两个虚线框中串联后的结果并联。

图 7-6 所示为 OLD 和 ALD 指令的使用。

```
网络 1
LD      I0.0
O       I0.4
LD      I0.1
A       M0.1
O       Q0.1
LD      I0.2
AN      M0.1
OLD
ALD
O       I0.3
=       Q0.1
```

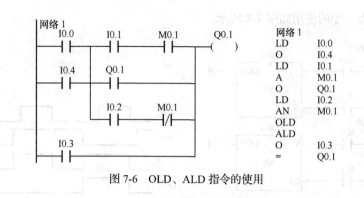

图 7-6　OLD、ALD 指令的使用

7.1.2　置位/复位指令

普通线圈获得能量流时，线圈通电（存储器位置 1），能量流不能到达时，线圈断电（存储器位置 0）。置位/复位指令将线圈设计成置位线圈和复位线圈两大部分。置位线圈受到脉冲前沿触发时，线圈通电锁存（存储器位置 1），复位线圈受到脉冲前沿触发时，线圈断电锁存（存储器位置 0），下次置位、复位操作信号到来前，线圈状态保持不变（自锁）。置位/复位指令格式见表 7-1。

表 7-1　置位/复位指令格式

LAD	STL	功　能
S-BIT ——(S) N	S　S-BIT，N	从起始位（S-BIT）开始的 *N* 个元器件置 1 并保持
S-BIT ——(R) N	R　S-BIT，N	从起始位（S-BIT）开始的 *N* 个元器件清 0 并保持

R、S 指令的使用如图 7-7 所示。当 PLC 上通电时，Q0.0 和 Q0.1 都通电；当 I0.1 接通时，Q0.0 和 Q0.1 都断电。

```
网络 1
LD      SM0.1
S       Q0.0，2
网络 2
LD      I0.1
R       Q0.0，2
```

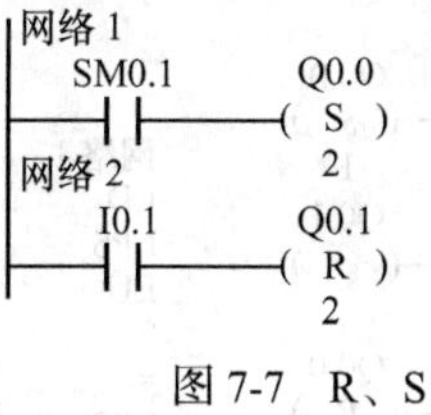

图 7-7　R、S 指令的使用

【关键点】编程时，置位、复位线圈之间间隔的网络个数可以任意设置，置位、复位线圈通常成对使用，也可单独使用。

7.1.3　RS 触发器指令

RS 触发器具有置位与复位的双重功能，RS 触发器是复位优先触发器，当置位（S）和复位（R）同时为真时，输出为假。而 SR 触发器是置位优先触发器，当置位（S）和复位（R）同时为真时，输出为真。RS 触发指令的使用如图 7-8 所示。

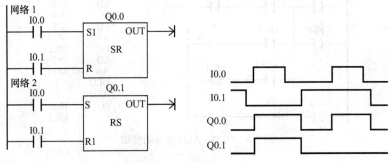

图 7-8　RS 触发指令的使用

7.1.4　边沿触发指令

边沿触发是指用边沿触发信号产生一个机器周期的扫描脉冲，通常用作脉冲整形。边沿触发指令分为正跳变（上升沿）触发和负跳变（下降沿）触发两大类。正跳变触发指输入脉冲的上升沿使触点闭合（ON）一个扫描周期。负跳变触发指输入脉冲的下降沿使触点闭合（ON）一个扫描周期。边沿触发指令格式见表 7-2。

表 7-2　　　　　　　　　　　边沿触发指令格式

LAD	STL	功　能
─┤P├─	EU	正跳变，无操作元器件
─┤N├─	ED	负跳变，无操作元器件

【例 7-1】　如图 7-9 所示的程序，若 I0.0 上电一段时间后再断开，请画出 I0.0、Q0.0、Q0.1 和 Q0.2 的时序图。

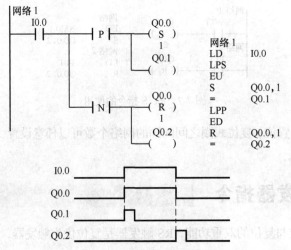

图 7-9　边沿触发指令应用示例

【解】如图 7-9 所示，在 I0.0 的上升沿，触点（EU）产生一个扫描周期的时钟脉冲，驱动输出线圈 Q0.1 通电一个扫描周期，Q0.0 通电，使输出线圈 Q0.0 置位并保持。

在 I0.0 的下降沿，触点（ED）产生一个扫描周期的时钟脉冲，驱动输出线圈 Q0.2 通电一个扫描周期，使输出线圈 Q0.0 复位并保持。

7.1.5　逻辑栈操作指令

LD 装载指令是从梯形图最左侧的母线画起的，如果要生成一条分支的母线，则需要利用语句表的栈操作指令来描述。

栈操作语句表指令格式如下。

LPS：逻辑堆栈指令，即把栈顶值复制后压入堆栈，栈底值丢失。

LRD：逻辑读栈指令，即把逻辑堆栈第二级的值复制到栈顶，堆栈没有压入和弹出。

LPP：逻辑弹栈指令，即把堆栈弹出一级，原来第二级的值变为新的栈顶值。

图 7-10 所示为逻辑栈操作指令对栈区的影响，图中 ivx 表示存储在栈区某个程序断点的地址。

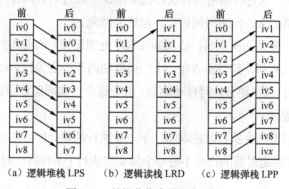

（a）逻辑堆栈 LPS　　（b）逻辑读栈 LRD　　（c）逻辑弹栈 LPP

图 7-10　栈操作指令的操作过程

图 7-11 所示的例子说明了这几条指令的作用。其中只用了 2 层栈，实际上逻辑堆栈有 9 层，故可以连续使用多次 LPS 指令。但要注意 LPS 和 LPP 必须配对使用。

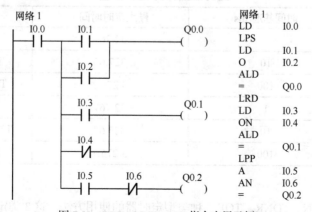

图 7-11　LPS、LRD、LPP 指令应用示例

7.1.6　定时器指令

S7-200 PLC 的定时器为增量型定时器，用于实现时间控制，可以按照工作方式和时间基准分类。

1. 工作方式

按照工作方式分类，定时器可分为通电延时型（TON）、有记忆的通电延时型或保持型（TONR）、断电延时型（TOF）3 种类型。

2. 时间基准

按照时间基准（简称时基）分类，定时器可分为 1ms、10ms、100ms 这 3 种类型，时间基准不同，定时精度、定时范围和定时器的刷新方式也不同。

定时器的工作原理是定时器的使能端输入有效后，当前值寄存器对 PLC 内部的时基脉冲增 1 计数，最小计时单位为时基脉冲的宽度。故时间基准代表着定时器的定时精度（分辨率）。

定时器的使能端输入有效后，当前值寄存器对时基脉冲递增计数，当计数值大于或等于定时器的预置值后，状态位置 1。从定时器输入有效到状态位置 1 经过的时间称为定时时间。定时时间等于时基乘以预置值，时基越大，定时时间越长，但精度越差。

1ms 定时器每隔 1ms 刷新一次，与扫描周期和程序处理无关。因而当扫描周期较长时，定时器在一个周期内可能被多次刷新，其当前值在一个扫描周期内不一定保持一致。

10ms 定时器在每个扫描周期开始时自动刷新。由于每个扫描周期只刷新一次，故在每次程序处理期间，其当前值为常数。

100ms 定时器在定时器指令执行时被刷新，下一条执行的指令即可使用刷新后的结果，使用方便可靠。但应当注意，如果定时器的指令不是每个周期都执行（条件跳转时），定时器就不能及时刷新，可能会导致出错。

CPU 22X PLC 的 256 个定时器分属 TON（TOF）和 TONR 工作方式，以及 3 种时基标准（TON 和 TOF 共享同一组定时器，不能重复使用），其详细分类方法见表 7-3。

表 7-3　　　　　　　　　　　　　定时器工作方式及类型

工 作 方 式	时间基准/ms	最大定时时间/s	定时器型号
TONR	1	32.767	T0, T64
	10	327.67	T1～T4, T65～T68
	100	3 276.7	T5～T31, T69～T95
TON/TOF	1	32.767	T32, T96
	10	327.67	T33～T36, T97～T100
	100	3 276.7	T37～T63, T101～T255

3. 工作原理分析

下面分别叙述 TON、TONR、TOF 3 种类型定时器的使用方法。这 3 类定时器均有使能输入端

IN 和预置值输入端 PT。PT 预置值的数据类型为 INT，最大预置值是 32 767。

（1）通电延时型定时器（TON）

使能端（IN）输入有效时，定时器开始计时，当前值从 0 开始递增，大于或等于预置值（PT）时，定时器输出状态位置 1；使能端输入无效（断开）时，定时器复位（当前值清 0，输出状态位置 0）。通电延时型定时器指令和参数见表 7-4。

表 7-4　　　　　　　　　　通电延时型定时器指令和参数

LAD	参数	数据类型	说　　明	存　储　区
Txxx IN　　TON PT -PT　　???? ms	T xxx	WORD	表示要启动的定时器号	T32，T96，T33～T36，T97～T100，T37～T63，T101～T255
	PT	INT	定时器时间值	I，Q，M，D，L，T，S，SM，AI，T，C，AC，常数，*VD，*LD，*AC
	IN	BOOL	使能	I，Q，M，SM，T，C，V，S，L

【例 7-2】 已知梯形图和 I0.1 时序如图 7-12 所示，请画出 Q0.0 的时序图。

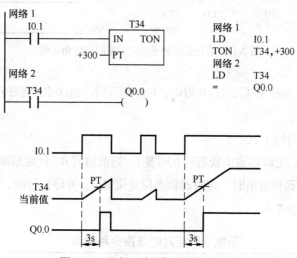

```
网络 1                        T34
  I0.1                      IN  TON
                    +300 — PT
网络 2
  T34                       Q0.0
                          (    )
```

```
网络 1
LD    I0.1
TON   T34,+300
网络 2
LD    T34
=     Q0.0
```

图 7-12　通电延时型定时器应用示例

【解】当接通 I0.1，延时 3s 后，Q0.0 得电。

（2）有记忆的通电延时型定时器（TONR）

使能端输入有效时，定时器开始计时，当前值递增，当前值大于或等于预置值时，输出状态位置 1；使能端输入无效时，当前值保持（记忆），使能端再次接通有效时，在原记忆值的基础上递增计时。有记忆通电延时型定时器采用线圈的复位指令进行复位操作，当复位线圈有效时，定时器当前值清 0，输出状态位置 0。有记忆的通电延时型定时器指令和参数见表 7-5。

表 7-5　　　　　　　　　　有记忆的通电延时型定时器指令和参数

LAD	参　数	数据类型	说　明	存　储　区
Txxx ─┤IN　TONR├ PT─┤PT　???ms├	T xxx	WORD	表示要启动的定时器号	T0, T64, T1~T4, T65~T68, T5~T31, T69~T95
	PT	INT	定时器时间值	I, Q, M, D, L, T, S, SM, AI, T, C, AC, 常数, *VD, *LD, *AC
	IN	BOOL	使能	I, Q, M, SM, T, C, V, S, L

【例 7-3】 已知梯形图以及 I0.0 和 I0.1 的时序如图 7-13 所示，请画出 Q0.0 的时序图。

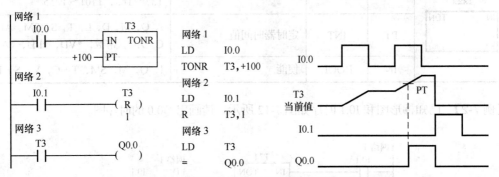

图 7-13　有记忆的通电延时型定时器应用示例

【解】当接通 I0.0，延时 1s 后，Q0.0 得电；I0.0 断开后，Q0.0 仍然保持得电；当 I0.1 接通时，定时器复位，Q0.0 断电。

（3）断电延时型定时器（TOF）

使能端输入有效时，定时器输出状态位立即置 1，当前值清 0；使能端断开时，开始计时，当前值从 0 递增，当前值达到预置值时，定时器状态位复位置 0，并停止计时，当前值保持。断电延时型定时器指令和参数见表 7-6。

表 7-6　　　　　　　　　　断电延时型定时器指令和参数

LAD	参　数	数据类型	说　明	存　储　区
Txxx ─┤IN　TOF├ PT─┤PT　???ms├	T xxx	WORD	表示要启动的定时器号	T32, T96, T33~T36, T97~T100, T37~T63, T101~T255
	PT	INT	定时器时间值	I, Q, M, D, L, T, S, SM, AI, T, C, AC, 常数, *VD, *LD, *AC
	IN	BOOL	使能	I, Q, M, SM, T, C, V, S, L

【例 7-4】 已知梯形图以及 I0.0 的时序如图 7-14 所示，请画出 Q0.0 的时序图。

【解】当接通 I0.0 时，Q0.0 得电；I0.0 断开 5s 后，Q0.0 也失电。

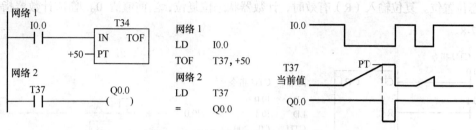

图 7-14　断电延时型定时器应用示例

7.1.7　计数器指令

计数器利用输入脉冲上升沿累计脉冲个数，S7-200 PLC 有递增计数（CTU）、增/减计数（CTUD）、递减计数（CTD）共 3 类计数指令。有的资料上将"增计数器"称为"加计数器"。计数器的使用方法和基本结构与定时器基本相同，主要由预置值寄存器、当前值寄存器和状态位等组成。

在梯形图指令符号中，CU 表示增 1 计数脉冲输入端，CD 表示减 1 计数脉冲输入端，R 表示复位脉冲输入端，LD 表示减计数器复位脉冲输入端，PV 表示预置值输入端，数据类型为 INT，预置值最大为 32 767。计数器的范围为 C0～C255。

下面分别叙述 CTU、CTUD、CTD 3 种类型计数器的使用方法。

1. 增计数器（CTU）

当 CU 端输入上升沿脉冲时，计数器的当前值增 1，当前值保存在 Cxxx（如 C0）中。当前值大于或等于预置值（PV）时，计数器状态位置 1。复位输入（R）有效时，计数器状态位复位，当前计数器值清 0。当计数值达到最大（32 767）时，计数器停止计数。增计数器指令和参数见表 7-7。

表 7-7　　　　　　　　　　增计数器指令和参数

LAD	参数	数据类型	说　明	存　储　区
Cxxx CU　CTU R PV—PV	C xxx	常数	要启动的计数器号	C0～C255
	CU	BOOL	加计数输入	I, Q, M, SM, T, C, V, S, L
	R	BOOL	复位	
	PV	INT	预置值	V, I, Q, M, SM, L, AI, AC, T, C, 常数, *VD, *AC, *LD, S

【例 7-5】已知梯形图如图 7-15 所示，I0.0 和 I0.1 的时序如图 7-16 所示，请画出 Q0.0 的时序图。

【解】CTU 为增计数器，当 I0.0 闭合 2 次时，常开触点 C0 闭合，Q0.0 输出为高电平"1"；当 I0.1 闭合时，计数器 C0 复位，Q0.0 输出为低电平"0"。

2. 增/减计数器（CTUD）

增/减计数器有两个脉冲输入端，其中，CU 用于递增计数，CD 用于递减计数，执行增/减计数指令时，CU/CD 端的计数脉冲上升沿进行增 1/减 1 计数。当前值大于或等于计数器的预置值时，计数器状态位置位。复位输入（R）有效时，计数器状态位复位，当前值清 0。增/减计数器指令和参数见表 7-8。

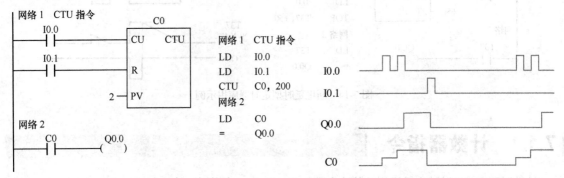

图 7-15 增计数器指令举例   图 7-16 增计数器指令举例时序图

表 7-8   增/减计数器指令和参数

LAD	参数	数据类型	说　明	存　储　区
Cxxx CU CTUD CD R PV-PV	C xxx	常数	要启动的计数器号	C0～C255
	CU	BOOL	加计数输入	I, Q, M, SM, T, C, V, S, L
	CD	BOOL	减计数输入	
	R	BOOL	复位	
	PV	INT	预置值	V, I, Q, M, SM, LW, AI, AC, T, C, 常数, *VD, *AC, *LD, S

【例 7-6】 已知梯形图以及 I0.0、I0.1 和 I0.2 的时序如图 7-17 所示，请画出 Q0.0 的时序图。

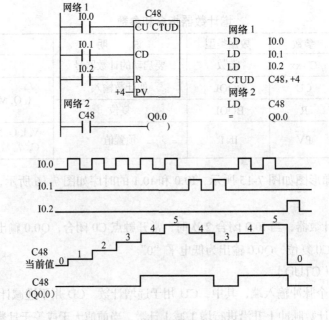

图 7-17 增/减计数器应用举例

【解】利用增/减计数器输入端的通断情况，分析 Q0.0 的状态。当 I0.0 接通 4 次（4 个上升沿）时，C48 的常开触点闭合，Q0.0 上电；当 I0.0 接通 5 次时，C48 的计数为 5；接着当 I0.1 接通 2 次时，C48 的计数为 3，C48 的常开触点断开，Q0.0 断电；接着当 I0.0 接通 2 次时，C48 的计数为 5，C48 的计数大于或等于 4 时，C48 的常开触点闭合，Q0.0 上电；当 I0.2 接通时计数器复位，C48 的计数等于 0，C48 的常开触点断开，Q0.0 断电。

3. 减计数器（CTD）

复位输入（LD）有效时，计数器把预置值（PV）装入当前值寄存器，计数器状态位复位。在 CD 端的每个输入脉冲上升沿，减计数器的当前值从预置值开始递减计数，当前值等于 0 时，计数器状态位置位，并停止计数。减计数器指令和参数见表 7-9。

表 7-9　　　　　　　　　　减计数器指令和参数

LAD	参数	数据类型	说　　明	存　储　区
Cxxx CD　CTD LD PV–PV	C xxx	常数	要启动的计数器号	C0～C255
	CD	BOOL	减计数输入	I, Q, M, SM, T, C, V, S, L
	LD	BOOL	预置值（PV）载入当前值	
	PV	INT	预置值	V, I, Q, M, SM, L, AI, AC, T, C, 常数, *VD, *AC, *LD, S

【例 7-7】已知梯形图以及 I1.0 和 I2.0 的时序如图 7-18 所示，请画出 Q0.0 的时序图。

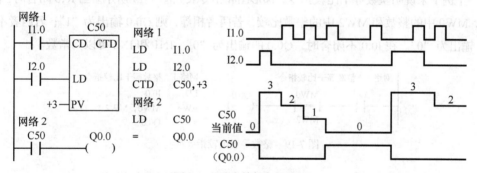

图 7-18　减计数器应用举例

【解】利用减计数器输入端的通断情况，分析 Q0.0 的状态。当 I2.0 接通时，计数器状态位复位，预置值 3 被装入当前值寄存器；当 I1.0 接通 3 次时，当前值等于 0，Q0.0 上电；当前值等于 0 时，尽管 I1.0 接通，当前值仍然等于 0；当 I2.0 接通期间，I1.0 接通，当前值不变。

7.1.8　比较指令

STEP 7 提供了丰富的比较指令，可以满足用户的多种需要。STEP 7 中的比较指令可以对下列数据类型的数值进行比较。

① 两个字节的比较（每个字节为 8 位）；

② 两个字符串的比较（每个字符串为 8 位）；

③ 两个整数的比较（每个整数为 16 位）；

④ 两个双整数的比较（每个双整数为 32 位）；

⑤ 两个实数的比较（每个实数为 32 位）。

【关键点】一个整数和一个双整数是不能直接进行比较的，因为它们之间的数据类型不同。一般先将整数转换成双整数，再对两个双整数进行比较。

比较指令有等于（EQ）、不等于（NQ）、大于（GT）、小于（LQ）、大于等于（GE）和小于等于（LE）。比较指令对输入 IN1 和 IN2 进行比较。

比较指令是将两个操作数按指定的条件做比较，比较条件满足时，触点闭合，否则断开。比较指令为上、下限控制等提供了极大的方便。在梯形图中，比较指令可以装入，也可以串、并联。

1. 等于比较指令

等于比较指令有字节等于比较指令、整数等于比较指令、双整数等于比较指令、符号等于比较指令和实数等于比较指令 5 种。整数等于比较指令和参数见表 7-10。

表 7-10　整数等于比较指令和参数

LAD	参数	数据类型	说　明	存　储　区
IN1 —┤ ==I ├— IN2	IN1	INT	比较的第 1 个数值	I, Q, M, S, SM, T, C, V, L, AI, AC, 常数, *VD, *LD, *AC
	IN2	INT	比较的第 2 个数值	

用一个例子来说明整数等于比较指令，梯形图和指令表如图 7-19 所示。当 I0.0 闭合时，激活比较指令，MW0 中的整数和 MW2 中的整数比较，若两者相等，则 Q0.0 输出为"1"；若两者不相等，则 Q0.0 输出为"0"。在 I0.0 不闭合时，Q0.0 的输出为"0"。IN1 和 IN2 可以为常数。

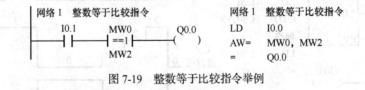

图 7-19　整数等于比较指令举例

图 7-19 中，若无常开触点 I0.0，则每次扫描时都要进行整数比较运算。

双整数等于比较指令和实数等于比较指令的使用方法与整数等于比较指令类似，只不过 IN1 和 IN2 的参数类型分别为双整数和实数。

2. 不等于比较指令

不等于比较指令有字节不等于比较指令、整数不等于比较指令、双整数不等于比较指令、符号不等于比较指令和实数不等于比较指令 5 种。整数不等于比较指令和参数见表 7-11。

表 7-11　整数不等于比较指令和参数

LAD	参数	数据类型	说　明	存　储　区
IN1 —┤ <>I ├— IN2	IN1	INT	比较的第 1 个数值	I, Q, M, S, SM, T, C, V, L, AI, AC, 常数, *VD, *LD, *AC
	IN2	INT	比较的第 2 个数值	

用一个例子来说明整数不等于比较指令，梯形图和指令表如图 7-20 所示。当 I0.0 闭合时，激活比较指令，MW0 中的整数和 MW2 中的整数比较，若两者不相等，则 Q0.0 输出为"1"；若两者相等，则 Q0.0 输出为"0"。在 I0.0 不闭合时，Q0.0 的输出为"0"。IN1 和 IN2 可以为常数。

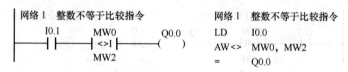

图 7-20　整数不等于比较指令举例

双整数不等于比较指令和实数不等于比较指令的使用方法与整数不等于比较指令类似，只不过 IN1 和 IN2 的参数类型分别为双整数和实数。使用比较指令的前提是数据类型必须相同。

3. 小于比较指令

小于比较指令有字节小于比较指令、整数小于比较指令、双整数小于比较指令和实数小于比较指令 4 种。双整数小于比较指令和参数见表 7-12。

表 7-12　　　　　　　　双整数小于比较指令和参数

LAD	参数	数据类型	说　明	存　储　区
IN1 ⊣ \<D ⊢ IN2	IN1	DINT	比较的第 1 个数值	I, Q, M, S, SM, V, L, HC, AC, 常数, *VD, *LD, *AC
	IN2	DINT	比较的第 2 个数值	

用一个例子来说明双整数小于比较指令，梯形图和指令表如图 7-21 所示。当 I0.0 闭合时，激活双整数小于比较指令，MD0 中的双整数和 MD4 中的双整数比较，若前者小于后者，则 Q0.0 输出为"1"；否则，Q0.0 输出为"0"。在 I0.0 不闭合时，Q0.0 的输出为"0"。IN1 和 IN2 可以为常数。

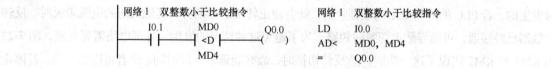

图 7-21　双整数小于比较指令举例

整数小于比较指令和实数小于比较指令的使用方法与双整数小于比较指令类似，只不过 IN1 和 IN2 的参数类型分别为整数和实数。使用比较指令的前提是数据类型必须相同。

4. 大于等于比较指令

大于等于比较指令有字节大于等于比较指令、整数大于等于比较指令、双整数大于等于比较指令和实数大于等于比较指令 4 种。实数大于等于比较指令和参数见表 7-13。

表 7-13　　　　　　　　实数大于等于比较指令和参数

LAD	参数	数据类型	说　明	存　储　区
IN1 ⊣ >=R ⊢ IN2	IN1	REAL	比较的第 1 个数值	I, Q, M, S, SM, V, L, AC, 常数, *VD, *LD, *AC
	IN2	REAL	比较的第 2 个数值	

用一个例子来说明实数大于等于比较指令，梯形图和指令表如图 7-22 所示。当 I0.0 闭合时，激活比较指令，MD0 中的实数和 MD4 中的实数比较，若前者大于或等于后者，则 Q0.0 输出为 "1"；否则，Q0.0 输出为 "0"。在 I0.0 不闭合时，Q0.0 的输出为 "0"。IN1 和 IN2 可以为常数。

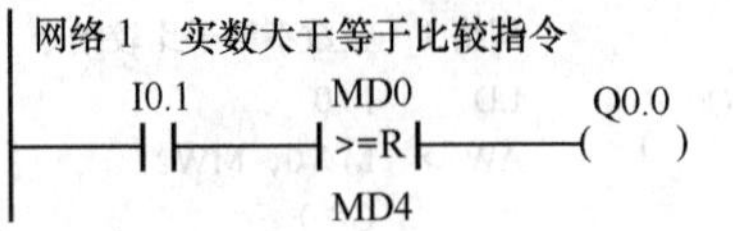

```
网络 1    实数大于等于比较指令          网络 1    实数大于等于比较指令
  I0.1      MD0        Q0.0         LD      I0.0
──┤ ├──────┤ ├──────( )          AR>=    MD0, MD4
           >=R                     =       Q0.0
           MD4
```

图 7-22　实数大于等于比较指令举例

整数大于等于比较指令和双整数大于等于比较指令的使用方法与实数大于等于比较指令类似，只不过 IN1 和 IN2 的参数类型分别为整数和双整数。使用比较指令的前提是数据类型必须相同。

小于等于比较指令和小于比较指令类似，大于比较指令和大于等于比较指令类似，在此不再讲述小于等于比较指令和大于比较指令。

7.1.9　基本指令的应用实例

在编写 PLC 程序时，基本逻辑指令是最为常用的，下面用几个例子说明用基本指令编写程序的方法。

【例 7-8】　电动机的正/反转控制，I0.0 与电动机正转启动按钮连接，I0.1 与电动机反转启动按钮连接，I0.2 与电动机停止按钮（常闭）连接，I0.3 与电动机电热继电器（常开）连接，Q0.0 接通电动机正转，Q0.1 接通电动机反转，请画出接线图并编写梯形图程序。

【解】方法 1，电动机正/反转接线图如图 7-23 所示，梯形图如图 7-24 所示。梯形图中虽然有 Q0.0 和 Q0.1 的常闭触点互锁，但由于 PLC 的扫描速度极快，Q0.0 的断开和 Q0.1 的接通几乎是同时发生的，若 PLC 的外围电路无互锁触头，就会使正转接触器断开，其触头间的电弧未灭时，反转接触器已经接通，可能导致电源瞬时短路。为了避免这种情况的发生，外部电路需要互锁，图 7-23 用 KM1 和 KM2 实现了这一功能。正/反转切换时，最好能延时一段时间。读者可以想一想，若停止按钮与常开触点相连，则梯形图应该做何变化？

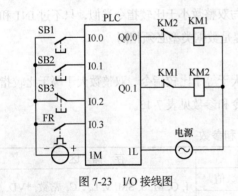

图 7-23　I/O 接线图 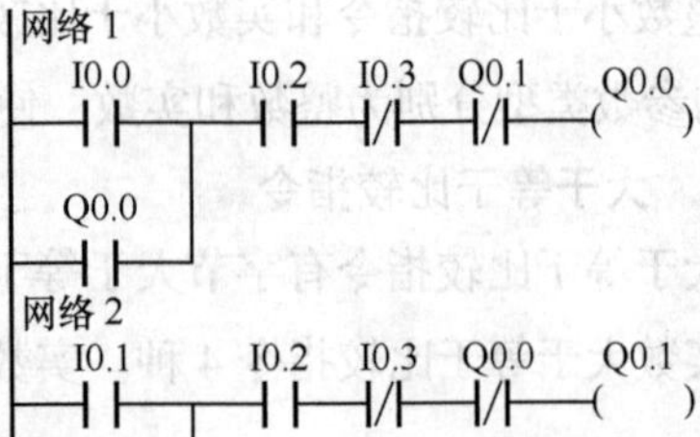　　　　　　　　　　图 7-24　电动机正/反转梯形图（方法 1）

方法 2，梯形图如图 7-25 所示。

【例 7-9】 请编写三相异步电动机的丫-△（星—三角）启动控制程序。

【解】首先按下电源开关（I0.0），接通总电源（Q0.0），再接通启动开关（I0.1），使电动机绕组实现丫连接（Q0.1），延时 5s 后，电动机绕组改为△连接（Q0.2）。按下停止按钮（I0.2），电动机停转。丫-△减压启动主电路如图 7-26 所示，梯形图如图 7-27 所示，接线图如图 7-28 所示。

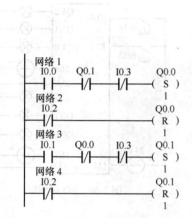

图 7-25　电动机正/反转梯形图（方法 2）

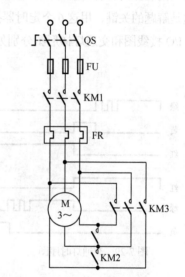

图 7-26　电动机丫-△减压启动主电路

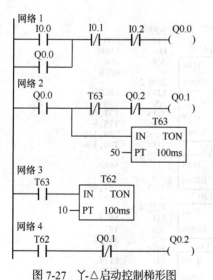

图 7-27　丫-△启动控制梯形图

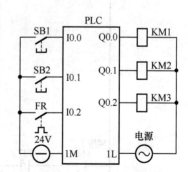

图 7-28　丫-△启动控制接线图

【例 7-10】 十字路口的交通灯控制，当合上启动按钮时，东西方向亮 4s，闪烁 2s 后灭；黄灯亮 2s 后灭；红灯亮 8s 后灭；绿灯亮 4s，如此循环。而对应东西方向绿灯、红灯、黄灯亮时，南北方向红灯亮 8s 后灭；接着绿灯亮 4s，闪烁 2s 后灭；红灯又亮，如此循环。请画出接线图，并编写 PLC 控制程序。

【解】首先根据题意画出东西和南北方向 3 种颜色灯的亮灭的时序图，再进行 I/O 分配。

输入：启动-I0.0；停止-I0.1。

输出（东西方向）：红灯-Q1.0，黄灯-Q1.1，绿灯-Q1.2。

输出（南北方向）：红灯-Q0.0，黄灯-Q0.1，绿灯-Q0.2。

东西和南北方向各有 3 盏灯，从时序图容易看出，共有 6 个连续的时间段，因此要用到 6 个定时器，这是解题的关键，用这 6 个定时器控制两个方向 6 盏灯的亮或灭，不难设计梯形图。交通灯时序图、I/O 接线图和交通灯梯形图分别如图 7-29～图 7-31 所示。

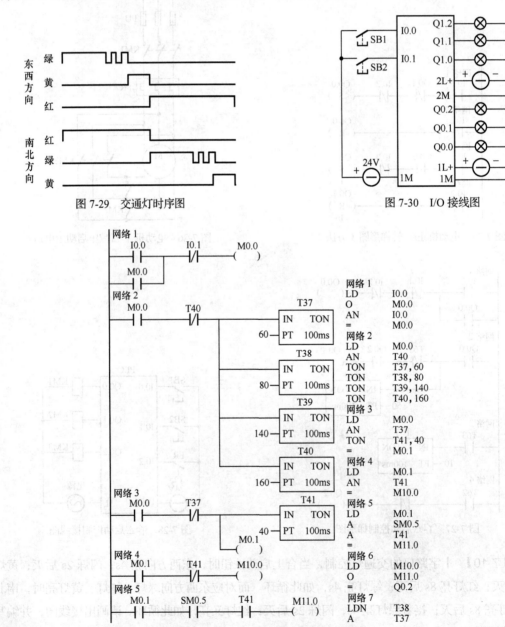

图 7-29 交通灯时序图

图 7-30 I/O 接线图

图 7-31 交通灯梯形图

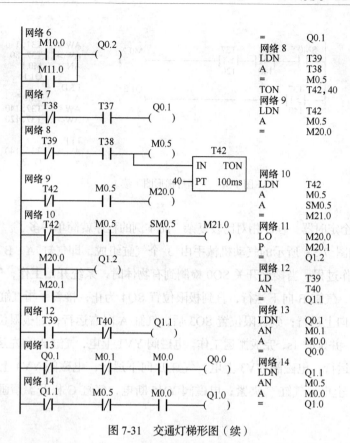

图 7-31　交通灯梯形图（续）

【例 7-11】　比较指令应用示例，控制要求和时序图与例 7-10 相同，程序如图 7-32 所示。

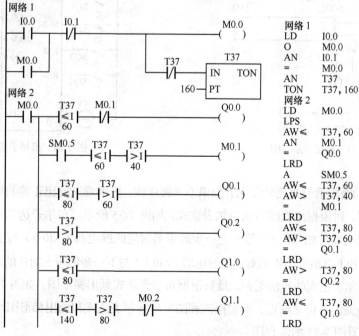

图 7-32　交通灯梯形图

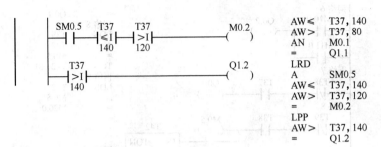

图 7-32　交通灯梯形图（续）

例 7-10 用了 6 个定时器，程序相对比较复杂，而本例的程序就简单得多了。

【例 7-12】　如图 7-33 所示的气动机械手由 3 个气缸组成，即气缸 A、B、C。其接线图如图 7-34 所示。其工作过程：当接近开关 SQ0 检测到有物体时，系统开始工作，气缸 A 向左运行；到极限位置 SQ2 后，气缸 B 向下运行，直到极限位置 SQ4 为止；接着手指气缸 C 抓住物体，延时 1s；然后气缸 B 向上运行；到极限位置 SQ3 后，气缸 A 向右运行；到极限位置 SQ1，此时手指气缸 C 释放物体，并延时 1s，完成搬运工作。电磁阀 YV1 上电，气缸 A 向左运行；电磁阀 YV2 上电，气缸 A 向右运行；电磁阀 YV3 上电，气缸 B 向下运行；电磁阀 YV4 上电，气缸 B 向上运行；电磁阀 YV5 上电，气缸 C 夹紧；电磁阀 YV5 断电，气缸 C 松开。请画出接线图、流程图和梯形图。

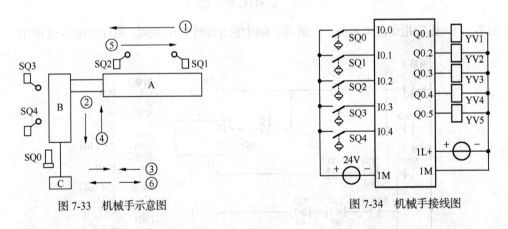

图 7-33　机械手示意图　　　　　　　　　　图 7-34　机械手接线图

【解】这个运动逻辑看起来比较复杂，如果不掌握规律，则很难设计出正确的梯形图。一般先根据题意画出流程图，再根据流程图写出布尔表达式，如图 7-35 所示。布尔表达式是有规律的，当前步的步名对应的继电器（如 M0.1）等于上一步的步名对应的继电器（M0.0）与上一步的转换条件（I0.2）的乘积，再加上当前步的步名对应的继电器（M0.1）与下一步的步名对应的继电器非（$\overline{M0.2}$）的乘积，其他的布尔表达式的写法类似，最后根据布尔表达式画出梯形图，如图 7-36 所示。在整个过程中，流程图是关键，也是难点，而根据流程图写出布尔表达式和画出梯形图比较简单。读者可在学完 7.2 节后再看图 7-35 的流程图。

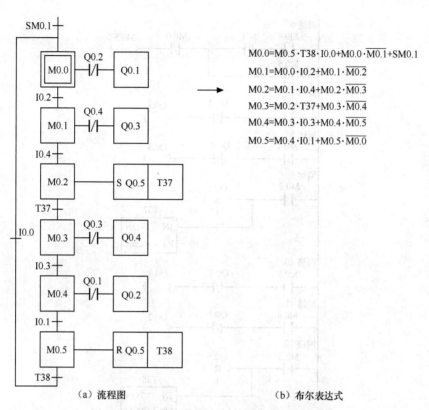

（a）流程图

$$M0.0=M0.5\cdot T38\cdot I0.0+M0.0\cdot \overline{M0.1}+SM0.1$$

$$M0.1=M0.0\cdot I0.2+M0.1\cdot \overline{M0.2}$$

$$M0.2=M0.1\cdot I0.4+M0.2\cdot \overline{M0.3}$$

$$M0.3=M0.2\cdot T37+M0.3\cdot \overline{M0.4}$$

$$M0.4=M0.3\cdot I0.3+M0.4\cdot \overline{M0.5}$$

$$M0.5=M0.4\cdot I0.1+M0.5\cdot \overline{M0.0}$$

（b）布尔表达式

图 7-35 机械手的流程图和布尔表达式对应关系图

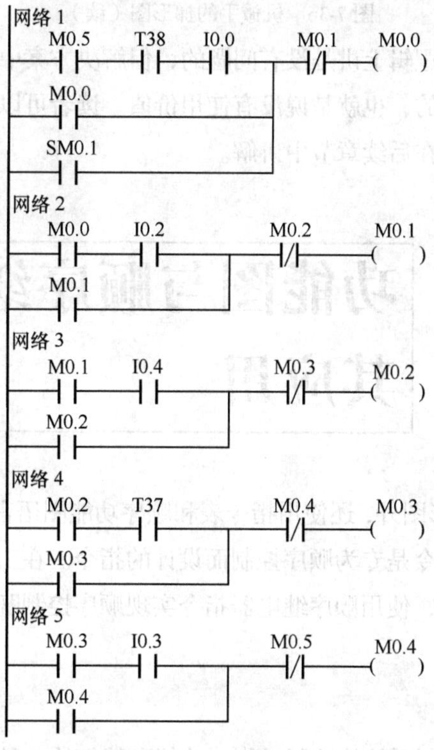

图 7-36 机械手的梯形图

图 7-36　机械手的梯形图（续）

　　这个问题的解决方案仅从逻辑上讲是没有问题的，但解决方案中没有启动按钮，也没有复位和急停功能，因此是不符合实际的，也就是说没有使用价值。读者可以考虑一下如何改进以上方案。这个问题有多种解决方案，将在后续章节中讲解。

7.2　功能图与顺序继电器指令及其应用

　　S7-200 PLC 除了使用梯形图外，还使用指令表和顺序功能图语言，顺序功能图语言用于复杂的顺序控制程序。顺序继电器指令是专为顺序控制而设计的指令。在工业控制领域，许多的控制过程都可用顺序控制的方式来实现，使用顺序继电器指令实现顺序控制既方便实现，又便于阅读修改。

7.2.1　功能图

　　功能图（SFC）是描述控制系统的控制过程、功能和特征的一种图解表示方法。它具有简单、直观等特点，不涉及控制功能的具体技术，是一种通用的语言，是 IEC（国际电工委员会）首选的编程语言，近年来在 PLC 的编程中已经得到了普及与推广。

功能图的基本思想：设计者按照生产要求，将被控设备的一个工作周期划分成若干个工作阶段（简称"步"），并明确表示每一步要执行的输出，"步"与"步"之间通过制定的条件进行转换，在程序中，只要通过正确连接进行"步"与"步"之间的转换，就可以完成被控设备的全部动作。

PLC 执行功能图程序的基本过程：根据转换条件选择工作"步"，进行"步"的逻辑处理。组成功能图程序的基本要素是步、转换条件和有向连线，如图 7-37 所示。

1. 步

一个顺序控制过程可分为若干个阶段，也称为步或状态。系统初始状态对应的步称为初始步，初始步一般用双线框表示。在每一步中施控系统要发出某些"命令"，而被控系统要完成某些"动作"，"命令"和"动作"都称为动作。当系统处于某一工作阶段时，则该步处于激活状态，称为活动步。

2. 转换条件

使系统由当前步进入下一步的信号称为转换条件。顺序控制设计法用转换条件控制代表各步的编程元器件，让它们的状态按一定的顺序变化，然后用代表各步的编程元器件去控制输出。不同状态的"转换条件"可以不同，也可以相同。当"转换条件"各不相同时，在功能图程序中每次只能选择其中一种工作状态（称为"选择分支"）；当"转换条件"都相同时，在功能图程序中每次可以选择多个工作状态（称为"选择并行分支"）。只有满足条件状态，才能进行逻辑处理与输出，因此，"转换条件"是功能图程序选择工作状态（步）的"开关"。

3. 有向连线

步与步之间的连接线就是"有向连线"，"有向连线"决定了状态的转换方向与转换途径。在有向连线上有短线，表示转换条件。当条件满足时，转换得以实现，即上一步的动作结束而下一步的动作开始，因而不会出现动作重叠。步与步之间必须要有转换条件。

图 7-37 中的双框为初始步，M0.0 和 M0.1 为步名，I0.0、I0.1 为转换条件，Q0.0、Q0.1 为动作。当 M0.0 有效时，OUT 指令驱动 Q0.0。步与步之间的连线称为有向连线，它的箭头省略未画。

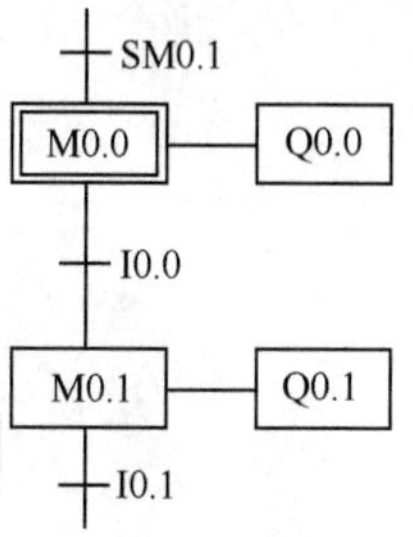

4. 功能图的结构分类

根据步与步之间的进展情况，功能图分为以下 3 种结构。

（1）单一顺序

单一顺序动作是一个接一个地完成，完成每步只连接一个转移，每个转移只连接一个步，如图 7-38（a）所示。根据流程图很容易写出代数逻辑表达式，代数逻辑表达式和梯形图有对应关系，由代数逻辑表达式可画出梯形图，如图 7-38（b）所示。图 7-38（c）和图 7-38（b）的逻辑是等价的，但图 7-38（c）更加简洁（程序的容量要小一些），因此经过 3 次转化，最终的梯形图是图 7-38（c）。

（2）选择顺序

选择顺序是指某一步后有若干个单一顺序等待选择，称为分支，一般只允许选择进入一个顺序，转换条件只能标在水平线之下。选择顺序的结束称为合并，用一条水平线表示，水平线以下不允许

图 7-37　功能图

有转换条件，如图 7-39 所示。

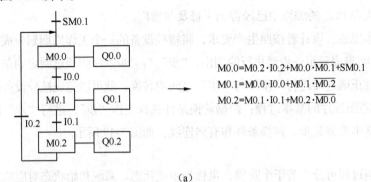

$M0.0 = M0.2 \cdot I0.2 + M0.0 \cdot \overline{M0.1} + SM0.1$

$M0.1 = M0.0 \cdot I0.0 + M0.1 \cdot \overline{M0.2}$

$M0.2 = M0.1 \cdot I0.1 + M0.2 \cdot \overline{M0.0}$

(a)

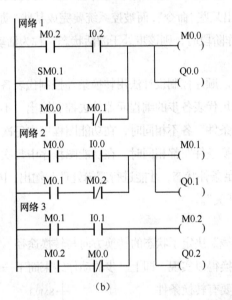

(b)

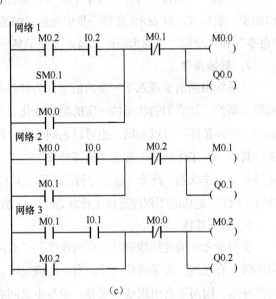

(c)

图 7-38　单一顺序

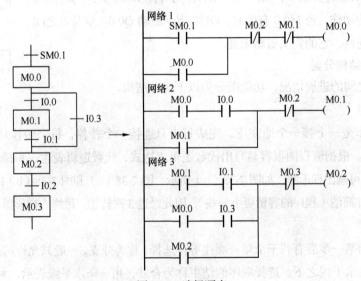

图 7-39　选择顺序

（3）并行顺序

并行顺序是指在某一转换条件下同时启动若干个顺序，也就是说转换条件实现导致几个分支同时激活。并行顺序的开始和结束都用双水平线表示，如图 7-40 所示。

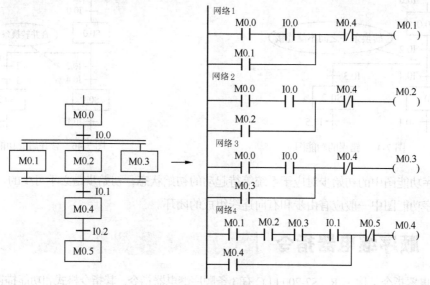

图 7-40　并行顺序

5. 功能图设计的注意点

① 状态之间要有转换条件，图 7-41 中，状态之间缺少"转换条件"，不正确时，应改成如图 7-42 所示的功能图。必要时转换条件可以简化，应将图 7-43 简化成图 7-44。

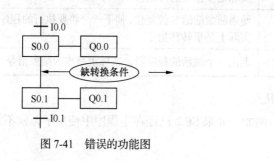

图 7-41　错误的功能图

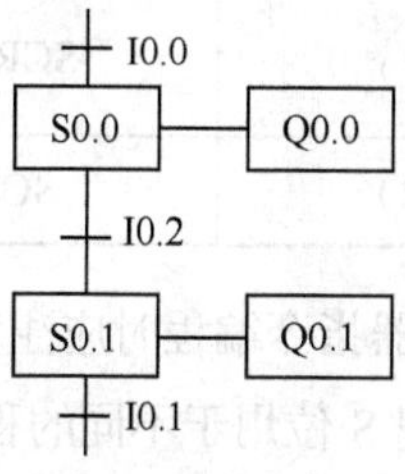

图 7-42　正确的功能图

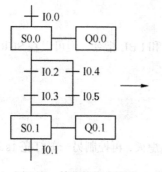

图 7-43　简化前的功能图

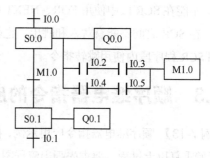

图 7-44　简化后的功能图

② 转换条件之间不能有分支，如图 7-45 应该改成如图 7-46 所示的合并后的功能图，合并转换条件。

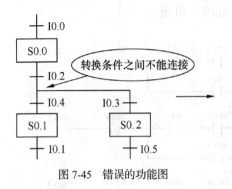

图 7-45　错误的功能图

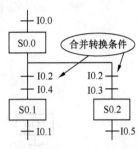

图 7-46　合并后的功能图

③ 顺序功能图中的初始步对应于系统等待起动的初始状态，初始步是必不可少的。

④ 顺序功能图中一般应有由步和有向连线组成的闭环。

7.2.2　顺序继电器指令

顺序继电器指令又称 SCR，S7-200 PLC 有 3 条顺序继电器指令，其指令格式和功能描述见表 7-14。

表 7-14　　　　　　　　　　　　　　顺序继电器指令

LAD	STL	功　　能
n ┤ SCR ├	LSCR, n	装载顺序继电器指令，将 S 位的值装载到 SCR 和逻辑堆栈中，实际是步指令的开始
n ─(SCRT)	SCRT, n	使当前激活的 S 位复位，使下一个将要执行的程序段 S 置位，实际上是步转移指令
┤(SCRE)	SCRE	退出一个激活的程序段，实际上是步的结束指令

顺序继电器指令编程时应注意以下几点：

① 不能把 S 位用于不同的程序中。例如，如果 S0.2 已经在主程序中使用了，就不能在子程序中使用。

② 顺序继电器指令 SCR 只对状态元器件 S 有效。

③ 不能在 SCR 段中使用 FOR、NEXT 和 END 指令。

④ 在 SCR 之间不能有跳入和跳出，也就是不能使用 JMP 和 LBL 指令，但可以在 SCR 程序段附近和 SCR 程序段内使用跳转指令。

7.2.3　顺序继电器指令的应用

【例 7-13】　顺序继电器指令应用示例，控制一盏灯亮 1s 后熄灭，再控制另一盏灯亮 1s 后熄灭，周而复始重复以上过程，要求先画出流程图，再编写程序。

【解】流程图如图 7-47 所示，程序如图 7-48 所示。

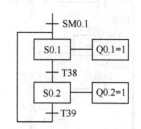

图 7-47　例 7-13 的流程图

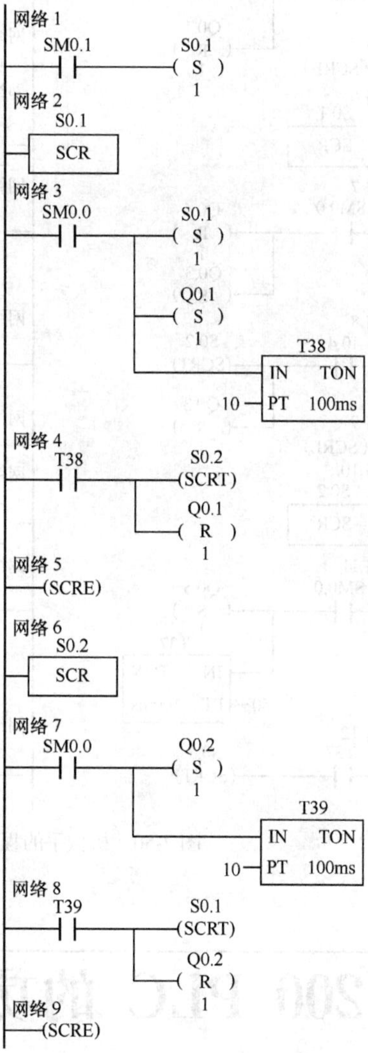

网络 1
SM0.1 ── (S)　S0.1　1

网络 2
S0.1 ── SCR

网络 3
SM0.0 ── (S)　S0.1　1
　　　　　(S)　Q0.1　1
　　　　　IN TON　T38
　　10 ─ PT 100ms

网络 4
T38 ── (SCRT)　S0.2
　　　　(R)　Q0.1　1

网络 5
(SCRE)

网络 6
S0.2 ── SCR

网络 7
SM0.0 ── (S)　Q0.2　1
　　　　　IN TON　T39
　　10 ─ PT 100ms

网络 8
T39 ── (SCRT)　S0.1
　　　　(R)　Q0.2　1

网络 9
(SCRE)

网络 1
LD　SM0.1
S　S0.1, 1
网络 2
LSCR　S0.1
网络 3
LD　SM0.0
S　S0.1, 1
S　Q0.1, 1
TON　T38, 10
网络 4
LD　T38
SCRT　S0.2
R　Q0.1, 1
网络 5
SCRE
网络 6
LSCR　S0.2
网络 7
LD　SM0.0
S　Q0.2, 1
TON　T39, 10
网络 8
LD　T39
SCRT　S0.1
R　Q0.2, 1
网络 9
SCRE

图 7-48　例 7-13 的程序

【例 7-14】　用顺序继电器指令编写例 7-12 的程序。

【解】流程图如图 7-49 所示，程序如图 7-50 所示。

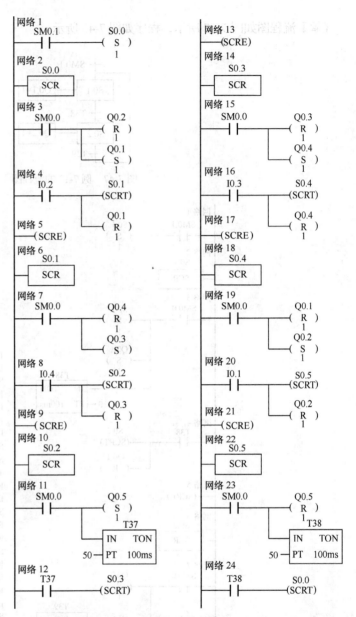

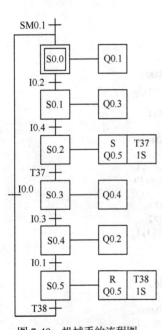

图 7-49　机械手的流程图

图 7-50　机械手的程序

7.3　S7-200 PLC 的功能指令及其应用

为了满足用户的一些特殊要求，20 世纪 80 年代开始，众多 PLC 制造商就在小型机上加入了功能指令（或称应用指令）。这些功能指令的出现，大大拓宽了 PLC 的应用范围。S7-200 系列 PLC 的功能指令极其丰富，主要包括算术运算、数据处理、逻辑运算、高速处理、PID、中断、实时时钟和通信指令。PLC 在处理模拟量时，一般要进行数据处理，本节仅对算术运算指令和传送、运算指令进行介绍。

7.3.1　数据处理指令

数据处理指令包括数据传送指令、交换/字节填充指令及移位指令等。数据传送指令非常有用，特别在数据初始化、数据运算和通信时经常用到。

1. 数据传送指令

数据传送指令有字节、字、双字和实数的单个数据传送指令，还有以字节、字、双字为单位的数据块传送指令，用以实现各存储器单元之间的数据传送和复制。

单个数据传送指令一次完成一个字节、字或双字的传送。以下仅以字节传送指令为例说明传送指令的使用方法，字节传送指令格式见表 7-15。

表 7-15　　　　　　　　　　　字节传送指令格式

LAD	参数	数据类型	说　　明	存　储　区
MOV_B EN　ENO IN　OUT	EN	BOOL	允许输入	V, I, Q, M, S, SM, L
	ENO	BOOL	允许输出	
	OUT	BYTE	目的地地址	V, I, Q, M, S, SM, L, AC, *VD, *LD, *AC, 常数（OUT 中无常数）
	IN	BYTE	源数据	

当使能端 EN 输入有效时，将输入端 IN 中的字节传送至 OUT 指定的存储器单元输出，输出端 ENO 的状态和使能端 EN 的状态相同。

【例 7-15】 VB0 中的数据为 20，程序如图 7-51 所示，试分析运行结果。

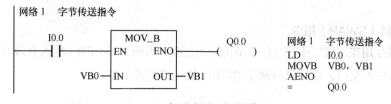

图 7-51　字节传送指令应用举例

【解】当 I0.0 闭合时，执行字节传送指令，VB0 和 VB1 中的数据都为 20，同时 Q0.0 输出高电平；当 I0.0 闭合后断开，VB0 和 VB1 中的数据都仍为 20，但 Q0.0 输出低电平。

字、双字和实数传送指令的使用方法与字节传送指令类似，在此不再说明。

【关键点】读者若将输出 VB1 改成 VW1，则程序出错。因为字节传送的操作数不能为字。

2. 数据块传送（BLKMOV）指令

数据块传送指令一次完成 N 个数据的成组传送，数据块传送指令是一个效率很高的指令，应用

很方便，有时使用一条数据块传送指令可以取代多条传送指令，其指令格式见表 7-16。

表 7-16　　　　　　　　　　　数据块传送指令格式

LAD	参数	数据类型	说　明	存　储　区
BLKMOV_B EN　ENO IN　OUT N	EN	BOOL	允许输入	V, I, Q, M, S, SM, L
	ENO	BOOL	允许输出	
	N	BYTE	要移动的字节数	V, I, Q, M, S, SM, L, AC, 常数, *VD, *AC, *LD
	OUT	BYTE	目的地首地址	V, I, Q, M, S, SM, L, AC, *VD, *LD, *AC, 常数（OUT 中无常数）
	IN	BYTE	源数据首地址	

【例 7-16】　编写一段程序，将 VB0 开始的 4 个字节的内容传送至 VB10 开始的 4 个字节存储单元中，VB0～VB3 的数据分别为 5、6、7、8。

【解】程序运行结果如图 7-52 所示。

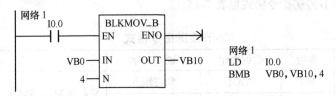

图 7-52　字节块传送指令程序示例

数组 1 的数据：　5　　　　6　　　　7　　　　8

数据地址：　　　VB0　　　VB1　　　VB2　　　VB3

数组 2 的数据：　5　　　　6　　　　7　　　　8

数据地址：　　　VB10　　VB11　　VB12　　V1B3

数据块传送指令还有字块传送和双字块传送，其使用方法和字节块传送类似，只不过其数据类型不同而已。

3. 字节交换（SWAP）指令

字节交换指令用来实现字中高、低字节内容的交换。当使能端（EN）输入有效时，将输入字 IN 中的高、低字节内容交换，结果仍放回字 IN 中。其格式见表 7-17。

表 7-17　　　　　　　　　　　字节交换指令格式

LAD	参数	数据类型	说　明	存　储　区
SWAP EN　ENO IN	EN	BOOL	允许输入	V, I, Q, M, S, SM, L
	ENO	BOOL	允许输出	
	IN	WORD	源数据	V, I, Q, M, S, SM, T, C, L, AC, *VD, *AC, *LD

【例 7-17】　如图 7-53 所示的程序，若 QB0=FF，QB1=0，在接通 I0.0 的前后，PLC 的输出端的指示灯有何变化？

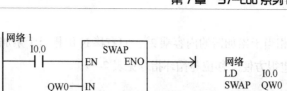

图 7-53　字节交换指令程序示例

【解】执行程序后，QB1=FF，QB0=0。因此，运行程序前 PLC 的输出端的 QB0.0～QB0.7 指示灯亮，执行程序后 QB0.0～QB0.7 指示灯灭，而 QB1.0～QB1.7 指示灯亮。

4. 字节填充（FILL）指令

字节填充指令用来实现存储器区域内容的填充。当使能端输入有效时，将输入字 IN 填充至从 OUT 指定单元开始的 N 个字存储单元。

字节填充指令可归类为表格处理指令，用于数据表的初始化，特别适合于连续字节的清 0，字节填充指令格式见表 7-18。

表 7-18　字节填充指令格式

LAD	参数	数据类型	说　明	存　储　区
FILL_N EN　ENO IN　OUT N	EN	BOOL	允许输入	V, I, Q, M, S, SM, L
	ENO	BOOL	允许输出	
	IN	INT	要填充的数	V, I, Q, M, S, SM, L, T, C, AI, AC, 常数, *VD, *LD, *AC
	OUT	INT	目的数据首地址	V, I, Q, M, S, SM, L, T, C, AQ, *VD, *LD, *AC
	N	BYTE	填充的个数	V, I, Q, M, S, SM, L, AC, 常数, *VD, *LD, *AC

【例 7-18】编写一段程序，将从 VW0 开始的 10 个字存储单元清 0。

【解】程序如图 7-54 所示。FILL 是表指令，使用比较方便，特别是在程序的初始化时，常使用 FILL 指令将要用到的数据存储区清 0。在编写通信程序时，通常在程序的初始化时，将数据发送缓冲区和数据接收缓冲区的数据清 0，就要用到 FILL 指令。此外，表指令中还有 FIFO、LIFO 等指令，请读者参考相关手册。

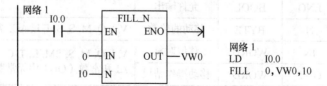

图 7-54　字节填充指令程序示例

7.3.2　移位与循环指令

1. 移位指令

STEP 7- Micro/ WIN 提供的移位指令能将存储器的内容逐位向左或者向右移动，移动的位数由

N 端决定。向左移 N 位相当于累加器的内容乘 2^N，向右移 N 位相当于累加器的内容除以 2^N。移位指令在逻辑控制中使用也很方便。移位与循环指令见表 7-19。

表 7-19　　　　　　　　　　　移位与循环指令汇总

名　称	指 令 表	梯 形 图	描　　述
字节左移	SLB	SHL_B	字节逐位左移，空出的位添 0
字左移	SLW	SHL_W	字逐位左移，空出的位添 0
双字左移	SLD	SHL_DW	双字逐位左移，空出的位添 0
字节右移	SRB	SHR_B	字节逐位右移，空出的位添 0
字右移	SRW	SHR_W	字逐位右移，空出的位添 0
双字右移	SRD	SHR_DW	双字逐位右移，空出的位添 0
字节循环左移	RLB	ROL_B	字节循环左移
字循环左移	RLW	ROL_W	字循环左移
双字循环左移	RLD	ROL_DW	双字循环左移
字节循环右移	RRB	ROR_B	字节循环右移
字循环右移	RRW	ROR_W	字循环右移
双字循环右移	RRD	ROR_DW	双字循环右移
移位寄存器	SHRB	SHRB	将 DATA 数值移入移位寄存器

2. 字左移（SHL_W）

当字左移（SHL_W）的 EN 位为高电平 "1" 时，执行移位指令，将 IN 端指定的内容左移 N 端指定的位数，然后写入 OUT 端指定的目的地址中。如果移位数目（N）大于或等于 16，则数值最多被移位 16 次，最后一次移出的位保存在 SM1.1 中。字左移（SHL_W）指令和参数见表 7-20。

表 7-20　　　　　　　　　　　字左移（SHL_W）指令和参数

LAD	参数	数据类型	说　明	存　储　区
SHT_W EN ENO IN OUT N	EN	BOOL	允许输入	I，Q，M，D，L
	ENO	BOOL	允许输出	
	N	BYTE	移动的位数	V，I，Q，M，S，SM，L，AC，常数，*VD，*LD，*AC
	IN	WORD	移位对象	V，I，Q，M，S，SM，L，T，C，AC，*VD，*LD，*AC，AI 和常数（OUT 中无常数）
	OUT	WORD	移动操作结果	

【例 7-19】　梯形图和指令表如图 7-55 所示。假设 IN 中的字 MW0 为 2#1001 1101 1111 1011，当 I0.0 闭合时，OUT 端的 MW0 中的数是多少？

【解】　当 I0.0 闭合时，激活左移指令，IN 中的字存储在 MW0 中的数为 2#1001 1101 1111 1011，向左移 4 位后，OUT 端的 MW0 中的数是 2#1101 1111 1011 0000，字左移指令示意图如图 7-56 所示。

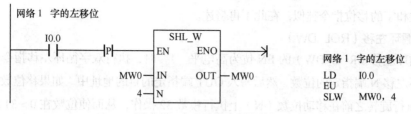

图 7-55　字左移指令应用举例

【关键点】 图 7-55 中的程序有一个上升沿，这样 I0.0 每闭合一次，左移 4 位，若没有上升沿，那么闭合一次，可能左移很多次。这点读者要特别注意。

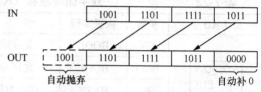

图 7-56　字左移指令示意图

3. 字右移（SHR_W）

当字右移（SHR_W）的 EN 位为高电平 "1" 时，执行移位指令，将 IN 端指定的内容右移 N 端指定的位数，然后写入 OUT 端指定的目的地址中。如果移位数目（N）大于或等于 16，则数值最多被移位 16 次，最后一次移出的位保存在 SM1.1 中。字右移（SHR_W）指令和参数见表 7-21。

表 7-21　　　　　　　　　　字右移（SHR_W）指令和参数

LAD	参数	数据类型	说　明	存　储　区
SHR_W EN　ENO IN　OUT N	EN	BOOL	允许输入	I, Q, M, S, L, V
	ENO	BOOL	允许输出	
	N	BYTE	移动的位数	V, I, Q, M, S, SM, L, AC, 常数, *VD, *LD, *AC
	IN	WORD	移位对象	V, I, Q, M, S, SM, L, T, C, AC, *VD, *LD, *AC, AI 和常数(OUT 中无常数)
	OUT	WORD	移动操作结果	

【例 7-20】 梯形图和指令表如图 7-57 所示。假设 IN 中的字 MW0 为 2#1001 1101 1111 1011，当 I0.0 闭合时，OUT 端的 MW0 中的数是多少？

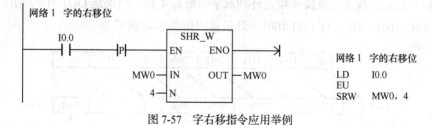

图 7-57　字右移指令应用举例

【解】 当 I0.0 闭合时，激活右移指令，IN 中的字存储在 MW0 中的数为 2#1001 1101 1111 1011，向右移 4 位后，OUT 端的 MW0 中的数是 2#0000 1001 1101 1111，字右移指令示意图如图 7-58 所示。

字节的左移位、字节的右移位、双字的左移位、

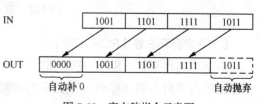

图 7-58　字右移指令示意图

双字的右移位和字的移位指令类似，在此不再赘述。

4. 双字循环左移（ROL_DW）

当双字循环左移（ROL_DW）的 EN 位为高电平"1"时，执行双字循环左移指令，将 IN 端指定的内容循环左移 N 端指定的位数，然后写入 OUT 端指定的目的地址中。如果移位数目（N）大于或等于 32，执行旋转之前在移动位数（N）上执行模数 32 操作，从而使位数在 0～31 之间。例如，当 N=34 时，通过模运算，实际移位为 2。双字循环左移（ROL_DW）指令和参数见表 7-22。

表 7-22   双字循环左移（ROL_DW）指令和参数

LAD	参数	数据类型	说 明	存 储 区
	EN	BOOL	允许输入	I, Q, M, S, L, V
	ENO	BOOL	允许输出	
ROL_DW EN ENO IN OUT N	N	BYTE	移动的位数	V, I, Q, M, S, SM, L, AC, 常数, *VD, *LD, *AC
	IN	DWORD	移位对象	V, I, Q, M, S, SM, L, AC, *VD, *LD, *AC, HC 和常数（OUT 中无常数）
	OUT	DWORD	移动操作结果	

【例 7-21】梯形图和指令表如图 7-59 所示。假设 IN 中的字 MD0 为 2#1001 1101 1111 1011 1001 1101 1111 1011，当 I0.0 闭合时，OUT 端的 MD0 中的数是多少？

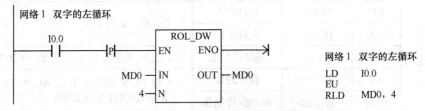

图 7-59   双字循环左移指令应用举例

【解】当 I0.0 闭合时，激活双字循环左移指令，IN 中的双字存储在 MD0 中，除最高 4 位外，其余各位向左移 4 位后，双字的最高 4 位循环到双字的最低 4 位，结果是 OUT 端的 MD0 中的数为 2#1101 1111 1011 1001 1101 1111 1011 1001，其示意图如图 7-60 所示。

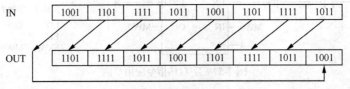

图 7-60   双字循环左移指令示意图

5. 双字循环右移（ROR_DW）

当双字循环右移（ROR_DW）的 EN 位为高电平"1"时，执行双字循环右移指令，将 IN 端指定的内容向右循环移动 N 端指定的位数，然后写入 OUT 端指定的目的地址中。如果移位数目（N）大于或等于 32，执行旋转之前在移动位数（N）上执行模数 32 操作，从而使位数在 0～

31 之间。例如，当 N=34 时，通过模运算，实际移位为 2。双字循环右移（ROR_DW）指令和参数见表 7-23。

表 7-23　　　　　　双字循环右移（ROR_DW）指令和参数

LAD	参数	数据类型	说　明	存　储　区
ROR_DW EN ENO IN OUT N	EN	BOOL	允许输入	I, Q, M, S, L, V
	ENO	BOOL	允许输出	
	N	BYTE	移动的位数	V, I, Q, M, S, SM, L, AC, 常数, *VD, *LD, *AC
	IN	DWORD	移位对象	V, I, Q, M, S, SM, L, AC, *VD, *LD, *AC, HC 和常数（OUT 中无常数）
	OUT	DWORD	移动操作结果	

【例 7-22】梯形图和指令表如图 7-61 所示。假设 IN 中的字 MD0 为 2#1001 1101 1111 1011 1001 1101 1111 1011，当 I0.0 闭合时，OUT 端的 MD0 中的数是多少？

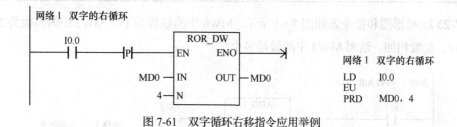

图 7-61　双字循环右移指令应用举例

【解】　当 I0.0 闭合时，激活双字循环右移指令，IN 中的双字存储在 MD0 中，这个数为 2#1001 1101 1111 1011 1001 1101 1111 1011，除最低 4 位外，其余各位向右移 4 位后，双字的最低 4 位循环到双字的最高 4 位，结果是 OUT 端的 MD0 中的数为 2#1011 1001 1101 1111 1011 1001 1101 1111，其示意图如图 7-62 所示。

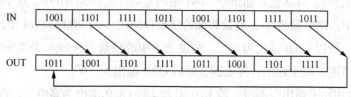

图 7-62　双字循环右移指令示意图

字节的左循环、字节的右循环、字的左循环、字的右循环和双字的循环指令类似，在此不再赘述。

7.3.3　算术运算指令

1. 整数算术运算指令

S7-200 的整数算术运算分为加法运算、减法运算、乘法运算和除法运算，其中每种运算方式又有整数型和双整数型两种。

（1）整数加（ADD_I）

当允许输入端 EN 为高电平时，输入端 IN1 和 IN2 中的整数相加，结果送入 OUT 中。IN1 和 IN2 中的数可以是常数。整数加的表达式为 IN1 + IN2 = OUT。整数加（ADD_I）指令和参数见表 7-24。

表 7-24　　　　　　　　　　　整数加（ADD_I）指令和参数

LAD	参数	数据类型	说　明	存　储　区
ADD_I EN ENO IN1 IN2 OUT	EN	BOOL	允许输入	V, I, Q, M, S, SM, L
	ENO	BOOL	允许输出	
	IN1	INT	相加的第 1 个值	V, I, Q, M, S, SM, T, C, AC, L, AI, 常数, *VD, *LD, *AC
	IN2	INT	相加的第 2 个值	
	OUT	INT	和	V, I, Q, M, S, SM, T, C, AC, L, *VD, *LD, *AC

【例 7-23】 梯形图和指令表如图 7-63 所示。MW0 中的整数为 11，MW2 中的整数为 21，则当 I0.0 闭合时，整数相加，结果 MW4 中的数是多少？

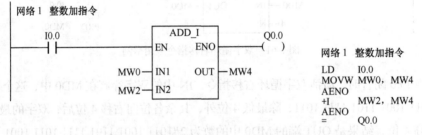

图 7-63　整数加（ADD_I）指令应用举例

【解】当 I0.0 闭合时，激活整数加指令，IN1 中的整数存储在 MW0 中，这个数为 11，IN2 中的整数存储在 MW2 中，这个数为 21，整数相加的结果存储在 OUT 端的 MW4 中，结果是 32。由于没有超出计算范围，所以 Q0.0 输出为"1"。假设 IN1 中的整数为 9 999，IN2 中的整数为 30 000，则超过整数相加的范围。由于超出计算范围，所以 Q0.0 输出为"0"。

【关键点】整数相加未超出范围时，若 I0.0 闭合，则 Q0.0 输出为高电平，否则 Q0.0 输出为低电平。

双整数加（ADD_DI）指令与整数加（ADD_I）类似，只不过其数据类型为双整数，在此不再赘述。

（2）双整数减（SUB_DI）

当允许输入端 EN 为高电平时，输入端 IN1 和 IN2 中的双整数相减，结果送入 OUT 中。IN1 和 IN2 中的数可以是常数。双整数减的表达式为 IN1 − IN2 = OUT。

双整数减（SUB_DI）指令和参数见表 7-25。

表 7-25 双整数减（SUB_DI）指令和参数

LAD	参数	数据类型	说　　明	存　储　区
	EN	BOOL	允许输入	V, I, Q, M, S, SM, L
	ENO	BOOL	允许输出	
SUB_DI	IN1	DINT	被减数	V, I, Q, M, SM, S, L, AC, HC, 常数, *VD, *LD, *AC
EN ENO / IN1 / IN2 OUT	IN2	DINT	减数	
	OUT	DINT	差	V, I, Q, M, SM, S, L, AC, *VD, *LD, *AC

【例 7-24】 梯形图和指令表如图 7-64 所示。IN1 中的双整数存储在 MD0 中，数值为 22，IN2 中的双整数存储在 MD4 中，数值为 11，当 I0.0 闭合时，双整数相减的结果存储在 OUT 端的 MD4 中，其结果是多少？

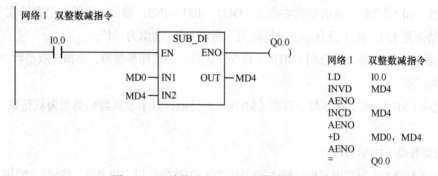

图 7-64 双整数减（SUB_DI）指令应用举例

【解】当 I0.0 闭合时，激活双整数减指令，IN1 中的双整数存储在 MD0 中，这个数为 22，IN2 中的双整数存储在 MD4 中，这个数为 11，双整数相减的结果存储在 OUT 端的 MD4 中，结果是 11。由于没有超出计算范围，所以 Q0.0 输出为 "1"。

整数减（SUB_I）指令与双整数减（SUB_DI）类似，只不过其数据类型为整数，在此不再赘述。

（3）整数乘（MUL_I）

当允许输入端 EN 为高电平时，输入端 IN1 和 IN2 中的整数相乘，结果送入 OUT 中。IN1 和 IN2 中的数可以是常数。整数乘的表达式为 IN1 × IN2 = OUT。整数乘（MUL_I）指令和参数见表 7-26。

表 7-26 整数乘（MUL_I）指令和参数

LAD	参数	数据类型	说　　明	存　储　区
	EN	BOOL	允许输入	V, I, Q, M, S, SM, L
	ENO	BOOL	允许输出	
MUL_I	IN1	INT	相乘的第 1 个值	V, I, Q, M, S, SM, T, C, L, AC, AI, 常数, *VD, *LD, *AC
EN ENO / IN1 / IN2 OUT	IN2	INT	相乘的第 2 个值	
	OUT	INT	相乘的结果（积）	V, I, Q, M, S, SM, L, T, C, AC, *VD, *LD, *AC

【例 7-25】　梯形图和指令表如图 7-65 所示。IN1 中的整数存储在 MW0 中，数值为 11，IN2 中的整数存储在 MW2 中，数值为 11，当 I0.0 闭合时，整数相乘的结果存储在 OUT 端的 MW4 中，其结果是多少？

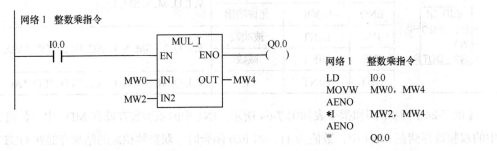

图 7-65　整数乘（MUL_I）指令应用举例

【解】　当 I0.0 闭合时，激活整数乘指令，OUT =IN1×IN2，整数相乘的结果存储在 OUT 端的 MW4 中，结果是 121。由于没有超出计算范围，所以 Q0.0 输出为 "1"。

两个整数相乘得双整数的乘积（MUL）指令，其两个乘数都是整数，乘积为双整数，注意 MUL 和 MUL_I 的区别。

双整数乘（MUL_DI）指令与整数乘（MUL_I）类似，只不过其数据类型为双整数，在此不再赘述。

（4）双整数除（DIV_DI）

当允许输入端 EN 为高电平时，输入端 IN1 中的双整数除以 IN2 中的双整数，结果为双整数，送入 OUT 中，不保留余数。IN1 和 IN2 中的数可以是常数。双整数除（DIV_DI）指令和参数见表 7-27。

表 7-27　　　　　　　　　　双整数除（DIV_DI）指令和参数

LAD	参数	数据类型	说　明	存　储　区
DIV_DI EN ENO IN1 IN2 OUT	EN	BOOL	允许输入	V, I, Q, M, S, SM, L
	ENO	BOOL	允许输出	
	IN1	DINT	被除数	V, I, Q, M, SM, S, L, HC, AC, 常数, *VD, *LD, *AC
	IN2	DINT	除数	
	OUT	DINT	除法的双整数结果（商）	V, I, Q, M, SM, S, L, AC, *VD, *LD, *AC

【例 7-26】　梯形图和指令表如图 7-66 所示。IN1 中的双整数存储在 MD0 中，数值为 11，IN2 中的双整数存储在 MD4 中，数值为 2，当 I0.0 闭合时，双整数相除的结果存储在 OUT 端的 MD8 中，其结果是多少？

【解】　当 I0.0 闭合时，激活双整数除指令，IN1 中的双整数存储在 MD0 中，数值为 11，IN2 中的双整数存储在 MD4 中，数值为 2，双整数相除的结果存储在 OUT 端的 MD8 中，结果是 5，不产生余数。由于没有超出计算范围，所以 Q0.0 输出为 "1"。

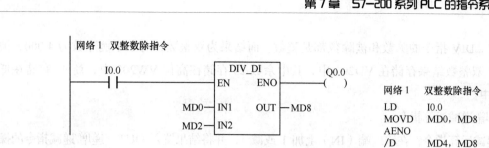

网络 1　双整数除指令

LD	I0.0
MOVD	MD0，MD8
AENO	
/D	MD4，MD8
AENO	
=	Q0.0

图 7-66　双整数除（DIV_DI）指令应用举例

【关键点】双整数除法不产生余数。

整数除（DIV_I）指令与双整数除（DIV_DI）类似，只不过其数据类型为整数，在此不再赘述。整数相除得商和余数（DIV）指令，其除数和被除数都是整数，输出 OUT 为双整数，其中高位是一个 16 位余数，低位是一个 16 位商，注意 DIV 和 DIV_I 的区别。

【例 7-27】　算术运算程序示例，其中开始时 AC1 中的内容为 4 000，AC0 中的内容为 6 000，VD100 中的内容为 200，VW200 中的内容为 41，程序运行结果如图 7-67 所示。

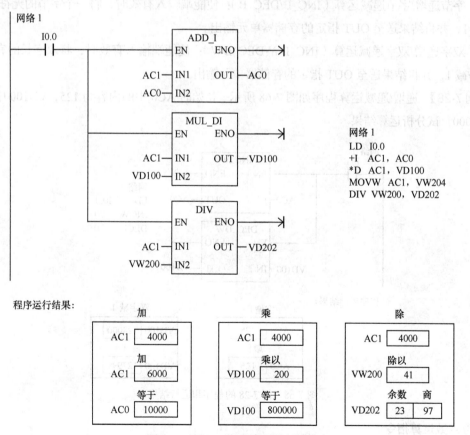

网络 1
LD I0.0
+I AC1，AC0
*D AC1，VD100
MOVW AC1，VW204
DIV VW200，VD202

图 7-67　例 7-27 的程序和运行结果

【解】累加器 AC0 和 AC1 中可以装入字节、字、双字和实数等数据类型的数据，可见其使用比较灵活。DIV 指令的除数和被除数都是整数，而结果为双整数，对于本例除数为 4 000，被除数为 41，双整数结果存储在 VD202 中，其中余数 23 存储在高位 VW202 中，商 97 存储在低位 VW204 中。

（5）递增/递减运算指令

递增/递减运算指令，在输入端（IN）上加 1 或减 1，并将结果置入 OUT。递增/递减指令的操作数类型为字节、字和双字。字递增运算指令格式见表 7-28。

表 7-28　　　　　　　　　　字递增运算指令格式

LAD	参数	数据类型	说　明	存　储　区
INC_W EN　ENO IN　OUT	EN	BOOL	允许输入	V, I, Q, M, S, SM, L
	ENO	BOOL	允许输出	
	IN1	INT	将要递增 1 的数	V, I, Q, M, S, SM, AC, AI, L, T, C, 常数, *VD, *LD, *AC
	OUT	INT	递增 1 后的结果	V, I, Q, M, S, SM, L, AC, T, C, *VD, *LD, *AC

① 字节递增/字节递减运算（INC_B/DEC_B）：使能端输入有效时，将一个字节的无符号数 IN 增 1/减 1，并将结果送至 OUT 指定的存储器单元输出。

② 双字递增/双字递减运算（INC_DW/DEC_DW）：使能端输入有效时，将双字长的有符号数 IN 增 1/减 1，并将结果送至 OUT 指定的存储器单元输出。

【例 7-28】　递增/递减运算程序如图 7-68 所示。初始时 AC0 中的内容为 125，VD100 中的内容为 128 000，试分析运算结果。

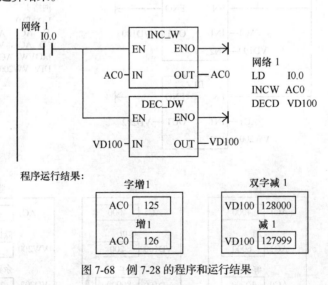

图 7-68　例 7-28 的程序和运行结果

2.浮点数运算指令

浮点数函数有浮点算术运算函数、三角函数、对数函数、幂运算函数和 PID 等。浮点算术函数又分为加法运算、减法运算、乘法运算和除法运算函数。浮点数运算函数见表 7-29。

表 7-29　　　　　　　　　　　　　　浮点数运算函数

指令表	梯形图	描　述
+R	ADD_R	将两个 32 位实数相加，并产生一个 32 位实数结果（OUT）
−R	SUB_R	将两个 32 位实数相减，并产生一个 32 位实数结果（OUT）
*R	MUL_R	将两个 32 位实数相乘，并产生一个 32 位实数结果（OUT）
/R	DIV_R	将两个 32 位实数相除，并产生一个 32 位实数商
SQRT	SQRT	求浮点数的平方根
EXP	EXP	求浮点数的自然指数
LN	LN	求浮点数的自然对数
SIN	SIN	求浮点数的正弦函数
COS	COS	求浮点数的余弦函数
TAN	TAN	求浮点数的正切函数
PID	PID	PID 运算

当允许输入端 EN 为高电平时，输入端 IN1 和 IN2 中的实数相加，结果送入 OUT 中。IN1 和 IN2 中的数可以是常数。实数加的表达式为 IN1 + IN2 = OUT。实数加（ADD_R）指令和参数见表 7-30。

表 7-30　　　　　　　　　　　实数加（ADD_R）指令和参数

LAD	参数	数据类型	说　明	存　储　区
ADD_R EN　ENO IN1 IN2　OUT	EN	BOOL	允许输入	V, I, Q, M, S, SM, L
	ENO	BOOL	允许输出	
	IN1	REAL	相加的第 1 个值	V, I, Q, M, S, SM, L, AC, 常数, *VD, *LD, *AC
	IN2	REAL	相加的第 2 个值	
	OUT	REAL	相加的结果（和）	V, I, Q, M, S, SM, L, AC, *VD, *LD, *AC

用一个例子来说明实数加（ADD_R）指令，梯形图和指令表如图 7-69 所示。当 I0.0 闭合时，激活实数加指令，IN1 中的实数存储在 MD0 中，假设这个数为 10.1，IN2 中的实数存储在 MD4 中，假设这个数为 21.1，实数相加的结果存储在 OUT 端的 MD8 中，结果是 31.2。

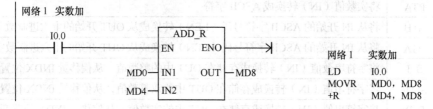

图 7-69　实数加（ADD_R）指令应用举例

实数减（SUB_R）、实数乘（MUL_R）和实数除（DIV_R）的使用方法与实数加指令用法类似，在此不再赘述。

MUL_DI/DIV_DI 和 MUL_R/DIV_R 的输入都是 32 位，输出的结果也是 32 位，但前者的输入和输出是双整数，属于双整数运算，而后者的输入和输出是实数，属于浮点数运算，简单地说，后者的输入和输出数据中有小数点，而前者没有，后者的运算速度要慢得多。

值得注意的是，乘/除运算对特殊标志位 SM1.0（零标志位）、SM1.1（溢出标志位）、SM1.2（负数标志位）、SM1.3（被 0 除标志位）会产生影响。若 SM1.1 在乘法运算中被置 1，表明结果溢出，则其他标志位状态均置 0，无输出。若 SM1.3 在除法运算中被置 1，说明除数为 0，则其他标志位状态保持不变，原操作数也不变。

【关键点】浮点数算术指令的输入端可以是常数，必须是带有小数点的常数，如 5.0，不能为 5，否则会出错。

3.转换指令

转换指令是将一种数据格式转换成另外一种格式进行存储。例如，要让一个整型数据和双整型数据进行算术运算，一般要将整型数据转换成双整型数据。STEP 7-Micro/WIN 的转换指令见表 7-31。

表 7-31　　　　　　　　　　　　　　转换指令

STL	LAD	说　　明
BTI	B_I	将字节值（IN）转换成整数值，并将结果置入 OUT 指定的变量中
ITB	I_B	将字值（IN）转换成字节值，并将结果置入 OUT 指定的变量中
ITD	I_DI	将整数值（IN）转换成双整数值，并将结果置入 OUT 指定的变量中
ITS	I_S	将整数字（IN）转换成长度为 8 个字符的 ASCII 字符串
DTI	DI_I	双整数值（IN）转换成整数值，并将结果置入 OUT 指定的变量中
DTR	DI_R	将 32 位带符号整数（IN）转换成 32 位实数，并将结果置入 OUT 指定的变量中
DTS	DI_S	将双整数（IN）转换成长度为 12 个字符的 ASCII 字符串
BTI	BCD_I	将二进制编码的十进制值（IN）转换成整数值，并将结果置入 OUT 指定的变量中
ITB	I_BCD	将输入整数值（IN）转换成二进制编码的十进制，并将结果置入 OUT 指定的变量中
RND	ROUND	将实数值（IN）转换成双整数值，并将结果置入 OUT 指定的变量中
TRUNC	TRUNC	将 32 位实数（IN）转换成 32 位双整数，并将结果的整数部分置入 OUT 指定的变量中
RTS	R_S	将实数值（IN）转换成 ASCII 字符串
ITA	ITA	将整数字（IN）转换成 ASCII 字符数组
DTA	DTA	将双字（IN）转换成 ASCII 字符数组
RTA	RTA	将实数值（IN）转换成 ASCII 字符
ATH	ATH	将从 IN 开始的 ASCII 字符号码（LEN）转换成从 OUT 开始的十六进制数字
HTA	HTA	将从 IN 开始的 ASCII 字符号码（LEN）转换成从 OUT 开始的十六进制数字
STI	S_I	将字符串数值（IN）转换成存储在 OUT 中的整数值，从偏移量 INDX 位置开始
STD	S_DI	将字符串值（IN）转换成存储在 OUT 中的双整数值，从偏移量 INDX 位置开始
STR	S_R	将字符串值（IN）转换成存储在 OUT 中的实数值，从偏移量 INDX 位置开始
DECO	DECO	设置输出字（OUT）中与用输入字节（IN）最低"半字节（4 位）"表示的位数相对应的位
ENCO	ENCO	将输入字（IN）最低位的位数写入输出字节（OUT）的最低"半字节（4 位）"中
SEG	SEG	生成照明 7 段显示段的位格式

（1）整数转换成双整数（ITD）

整数转换成双整数指令是将 IN 端指定的内容以整数的格式读入，然后将其转换成双整数码格式输出到 OUT 端。整数转换成双整数指令和参数见表 7-32。

表 7-32　　　　　　　　　　　　整数转换成双整数指令和参数

LAD	参数	数据类型	说　　明	存　储　区
I_DI —EN　ENO— —IN　OUT—	EN	BOOL	使能（允许输入）	V, I, Q, M, S, SM, L
	ENO	BOOL	允许输出	
	IN	INT	输入的整数	V, I, Q, M, S, SM, L, T, C, AI, AC, 常数, *VD, *LD, *AC
	OUT	DINT	整数转化成的 BCD 数	V, I, Q, M, S, SM, L, AC, *VD, *LD, *AC

【例 7-29】　梯形图和指令表如图 7-70 所示。IN 中的整数存储在 MW0 中（用十六进制表示为 16 # 0016），当 I0.0 闭合时，转换完成后 OUT 端的 MD2 中的双整数是多少？

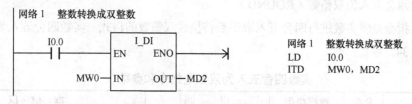

网络 1　　整数转换成双整数

网络 1　　整数转换成双整数
LD　　I0.0
ITD　　MW0，MD2

图 7-70　整数转换成双整数指令应用举例

【解】当 I0.0 闭合时，激活整数转换成双整数指令，IN 中的整数存储在 MW0 中（用十六进制表示为 16 # 0016），转换完成后 OUT 端的 MD2 中的双整数是 16 # 0000 0016。但要注意，MW2=16#0000，而 MW4=16#0016。

（2）双整数转换成实数（DTR）

双整数转换成实数指令是将 IN 端指定的内容以双整数的格式读入，然后将其转换成实数码格式输出到 OUT 端。实数格式在后续算术计算中是很常用的，如 3.14 就是实数形式。双整数转换成实数指令和参数见表 7-33。

表 7-33　　　　　　　　　　　　双整数转换成实数指令和参数

LAD	参数	数据类型	说　　明	存　　储　　区
DI_R —EN　ENO— —IN　OUT—	EN	BOOL	使能（允许输入）	V, I, Q, M, S, SM, L
	ENO	BOOL	允许输出	
	IN	DINT	输入的双整数	V, I, Q, M, S, SM, L, HC, AC, 常数, *VD, *AC, *LD
	OUT	REAL	双整数转化成的实数	V, I, Q, M, S, SM, L, AC, *VD, *LD, *AC

【例 7-30】　梯形图和指令表如图 7-71 所示。IN 中的双整数存储在 MD0 中（用十进制表示为 16），转换完成后 OUT 端的 MD4 中的实数是多少？

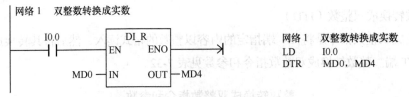

图 7-71 双整数转换成实数指令应用举例

【解】 当 I0.0 闭合时，激活双整数转换成实数指令，IN 中的双整数存储在 MD0 中（用十进制表示为 16），转换完成后 OUT 端的 MD4 中的实数是 16.0。一个实数要用 4 个字节存储。

【关键点】 应用 I_DI 转换指令后，数值的大小并未改变，但有时转换是必须的，因为只有相同的数据类型，才可以进行数学运算。例如，要将一个整数和双整数相加，则比较保险的做法是先将整数转化成双整数，再做双整数加法。

DI_I 是双整数转换成整数的指令，并将结果存入 OUT 指定的变量中。若双整数太大，则会溢出。

DI_R 是双整数转换成实数的指令，并将结果存入 OUT 指定的变量中。

（3）实数四舍五入为双整数（ROUND）

ROUND 指令是将实数进行四舍五入取整后转换成双整数的格式。实数四舍五入为双整数指令和参数见表 7-34。

表 7-34　　　　　　　　实数四舍五入为双整数指令和参数

LAD	参数	数据类型	说　明	存　储　区
 ROUND EN ENO IN OUT	EN	BOOL	允许输入	V, I, Q, M, S, SM, L
	ENO	BOOL	允许输出	
	IN	REAL	实数（浮点型）	V, I, Q, M, S, SM, L, AC, 常数, *VD, *LD, *AC
	OUT	DINT	四舍五入后为双整数	V, I, Q, M, S, SM, L, AC, *VD, *LD, *AC

【例 7-31】 梯形图和指令表如图 7-72 所示。IN 中的实数存储在 MD0 中，假设这个实数为 3.14，进行四舍五入运算后 OUT 端的 MD4 中的双整数是多少？假设这个实数为 3.88，进行四舍五入运算后 OUT 端的 MD4 中的双整数是多少？

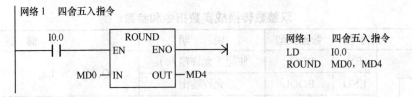

图 7-72 实数四舍五入为双整数指令应用举例

【解】 当 I0.0 闭合时，激活实数四舍五入为双整数指令，IN 中的实数存储在 MD0 中，假设这个实数为 3.14，进行四舍五入运算后 OUT 端的 MD4 中的双整数是 3；假设这个实数为 3.88，进行四舍五入运算后 OUT 端的 MD4 中的双整数是 4。

【关键点】 ROUND 是四舍五入指令，而 TRUNC 是取整指令，将输入的 32 位实数转换成整数，只有整数部分保留，舍去小数部分，结果为双整数，并将结果存入 OUT 指定的变量中。例如，输入是 32.2，执行 ROUND 或者 TRUNC 指令，结果转换成 32。而输入是 32.5，执行 TRUNC 指令，结果转换成 32；执行 ROUND 指令，结果转换成 33。请注意区分。

【例 7-32】　将英寸转换成厘米，已知单位为英寸的长度保存在 VW0 中，数据类型为整数，英寸和厘米的转换单位为 2.54，保存在 VD12 中，数据类型为实数，要将最终单位厘米的结果保存在 VD20 中，且结果为整数。编写程序实现这一功能。

【解】要将单位为英寸的长度转化成单位为厘米的长度，必须要用到实数乘法，因此乘数必须为实数，而已知的英寸长度是整数，所以先要将整数转换成双整数，再将双整数转换成实数，最后将乘积取整就得到结果了。程序如图 7-73 所示。

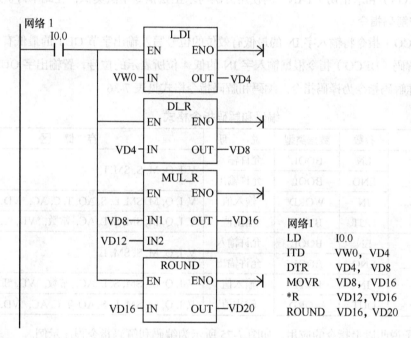

图 7-73　例 7-32 的程序

4. 数学功能指令

数学功能指令包含正弦（SIN）、余弦（COS）、正切（TAN）、自然对数（LN）、自然指数（EXP）和平方根（SQRT）等。这些指令的使用比较简单，仅以正弦（SIN）为例说明数学功能指令的使用，见表 7-35。

表 7-35　　　　　　　　　　　　　求正弦值（SIN）指令和参数

LAD	参数	数据类型	说　明	存　储　区
SIN —EN ENO— —IN OUT—	EN	BOOL	允许输入	V, I, Q, M, S, SM, L
	ENO	BOOL	允许输出	
	IN	REAL	输入值	V, I, Q, M, SM, S, L, AC, 常数, *VD, *LD, *AC
	OUT	REAL	输出值（正弦值）	V, I, Q, M, SM, S, L, AC, *VD, *LD, *AC

用一个例子来说明求正弦值（SIN）指令，梯形图和指令表如图 7-74 所示。当 I0.0 闭合时，激

活求正弦值指令，IN 中的实数存储在 MD0 中，假设这个数为 0.5，实数求正弦的结果存储在 OUT 端的 MD8 中，结果是 0.479。

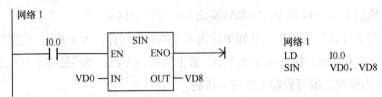

图 7-74   正弦运算指令应用举例

【关键点】三角函数的输入值是弧度，而不是角度。

求余弦（COS）和求正切（TAN）的使用方法与求正弦指令用法类似，在此不再赘述。

5. 编码和解码指令

编码（ENCO）指令将输入字 IN 的最低有效位的位号写入输出字节 OUT 的最低有效"半字节（4 位）"中。解码（DECO）指令根据输入字 IN 的低 4 位所表示的位号，置输出字 OUT 的相应位为 1，也有人称解码指令为译码指令。编码和解码指令格式见表 7-36。

表 7-36   编码和解码指令格式

LAD	参数	数据类型	说 明	存 储 区
ENCO EN ENO IN OUT	EN	BOOL	允许输入	V, I, Q, M, S, SM, L
	ENO	BOOL	允许输出	
	IN	WORD	输入值	V, I, Q, M, SM, L, S, AQ, T, C, AC, *VD, *AC, *LD
	OUT	BYTE	输出值	V, I, Q, M, SM, S, L, AC, 常数, *VD, *LD, *AC
DECO EN ENO IN OUT	EN	BOOL	允许输入	V, I, Q, M, S, SM, L
	ENO	BOOL	允许输出	
	IN	BYTE	输入值	V, I, Q, M, SM, S, L, AC, 常数, *VD, *LD, *AC
	OUT	WORD	输出值	V, I, Q, M, SM, L, S, AQ, T, C, AC, *VD, *AC, *LD

用一个例子说明以上指令的应用，如图 7-75 所示为编码和解码指令程序示例。

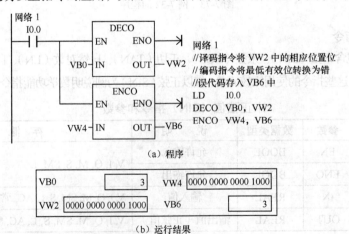

（a）程序

（b）运行结果

图 7-75   编码和解码指令程序示例

7.3.4　功能指令的应用

功能指令主要用于数字运算及处理场合，完成运算、数据的生成、存储以及某些规律的实现任务。功能指令除了能处理以上特殊功能外，也可用于逻辑控制程序中，这为逻辑控制类编程提供了新思路。

【例 7-33】 用功能指令编写程序，有 5 台电动机，接在 Q0.1～Q0.5 的输出接线端子上，使用单按钮控制启/停。按钮接在 I0.0 上，具体的控制方法是，按下按钮的次数对应启动电动机的号码，最后按下按钮持续 3s，电动机停止。

【解】梯形图如图 7-76 所示。

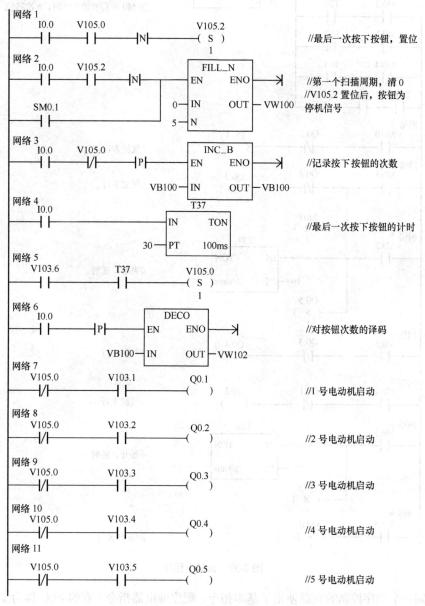

图 7-76　例 7-33 的程序

【例 7-34】 用功能指令编写程序，控制要求与例 7-12 相同。

【解】梯形图如图 7-77 所示。

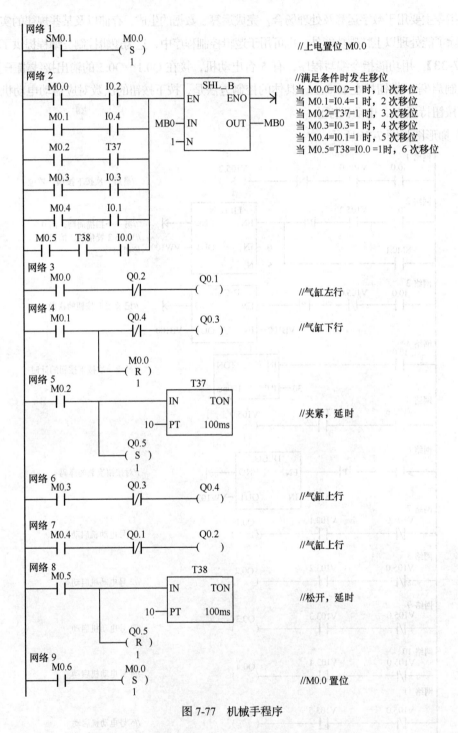

图 7-77 机械手程序

至此，同一个顺序控制的问题使用了基本指令、顺序继电器指令（有的 PLC 称为步进梯形图指令）和功能指令 3 种解决方案编写程序。3 种解决方案的编程都有各自的几乎固定的步骤，但有一步是相同的，那就是首先都要画流程图。3 种解决方案没有好坏之分，读者可以根据自己的喜好选用。

7.4　S7-200 PLC 的程序控制指令及其应用

程序控制指令包含跳转指令、循环指令、子程序指令、中断指令和顺控继电器指令。程序控制指令用于程序执行流程的控制。对于一个扫描周期而言，跳转指令可以使程序出现跳跃以实现程序段的选择；子程序指令可调用某些子程序，增强程序的结构化，使程序的可读性增强，使程序更加简洁；中断指令则是用于中断信号引起的子程序调用；顺控继电器指令可形成状态程序段中各状态的激活及隔离。

7.4.1　跳转指令

跳转（JMP）指令和跳转地址标号（LBL）配合实现程序的跳转。使能端输入有效时，程序跳转到指定标号 n 处（同一程序内），跳转标号 n=0～255；使能端输入无效时，程序顺序执行。跳转指令格式见表 7-37。

表 7-37　　　　　　　　　　　　　　跳转指令格式

LAD	STL	功　　能
——(JMP) n	JMP　　n	跳转指令
n LBL	LBL　　n	跳转标号

跳转指令的使用要注意以下几点：

① 允许多条跳转指令使用同一标号，但不允许一个跳转指令对应两个标号，同一个指令中不能有两个相同的标号。

② 跳转指令具有程序选择功能，类似于 BASIC 语言的 GOTO 指令。

③ 主程序、子程序和中断服务程序中都可以使用跳转指令，SCR 程序段中也可以使用跳转指令，但要特别注意。

④ 若跳转指令中使用上升沿或者下降沿脉冲指令时，跳转只执行一个周期，但若使用 SM0.0 作为跳转条件，跳转则称为无条件跳转。

跳转指令程序示例如图 7-78 所示。

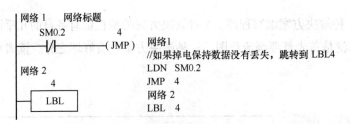

图 7-78　跳转指令程序示例

7.4.2　循环指令

循环（FOR-NEXT）指令用于一段程序的重复循环执行，由 FOR 指令和 NEXT 指令构成程序的循环体，FOR 标记循环的开始，NEXT 为循环体的结束指令，见表 7-38。FOR 指令为指令盒格式，主要参数有使能输入 EN、当前值计数器 INDX、循环次数初始值 INIT 和循环计数终值 FINAL。

表 7-38　　　　　　　　　　循环、指令格式

LAD	STL	功　能
FOR EN　ENO INDX INIT FINAL	FOR　IN1，IN2，IN3	循环开始
—(NEXT)	NEXT	循环返回

当使能输入 EN 有效时，循环体开始执行，执行到 NEXT 指令时返回。每执行一次循环体，当前计数器 INDX 增 1，达到终值 FINAL 时，循环结束。FINAL 为 10，使能输入有效时，执行循环体，同时 INDX 从 1 开始计数，每执行一次循环体，INDX 当前值加 1，执行到 10 次时，当前值也变为 11，循环结束。

使用循环指令时要注意以下事项：

① 使能输入无效时，循环体程序不执行。

② FOR 指令和 NEXT 指令必须成对使用。

③ 循环可以嵌套，最多为 8 层，如图 7-79 所示的循环指令程序示例中有两层嵌套。

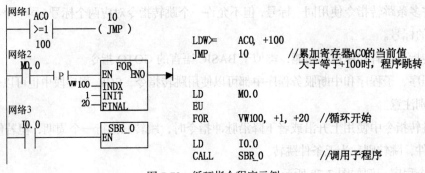

图 7-79　循环指令程序示例

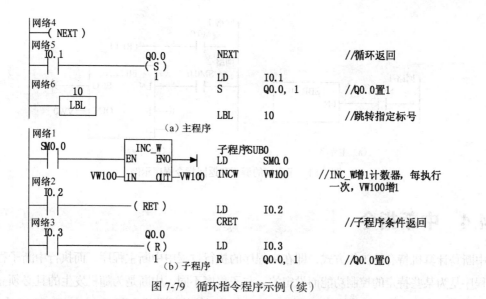

图7-79 循环指令程序示例（续）

7.4.3 子程序指令

子程序指令有子程序调用和子程序返回两大类指令，子程序返回又分为条件返回和无条件返回。子程序调用（SBR）指令用在主程序或其他调用子程序的程序中，子程序的无条件返回指令在子程序的最后网络段。子程序结束时，程序执行应返回原调用指令（CALL）的下一条指令处。

建立子程序的方法：在编程软件的程序数据窗口的下方有主程序（OB1）、子程序（SUB0）、中断服务程序（INT0）的标签，单击"子程序"标签即可进入SUB0子程序显示区，也可以通过指令树的项目进入子程序SUB0显示区。添加一个子程序时，可以用菜单栏中的"编辑"→"插入"命令增加一个子程序，子程序编号 n 从0开始自动向上生成。建立子程序最简单的方法是在程序编辑器中的空白处单击鼠标右键，再选择"插入"→"中断程序"命令即可，如图7-80所示。

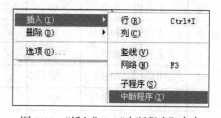

图7-80 "插入"→"中断程序"命令

通常将具有特定功能并且将能多次使用的程序段作为子程序。子程序可以多次被调用，也可以嵌套（最多8层）。子程序的调用和返回指令格式见表7-39。调用和返回指令示例如图7-81所示，当首次扫描时，调用子程序，若条件满足（M0.0=1）则返回，否则执行FILL指令。

表7-39 子程序的调用和返回指令格式

LAD	STL	功 能
SBR_0 EN	CALL SBR0	子程序调用
─(RET)	CRET	子程序条件返回

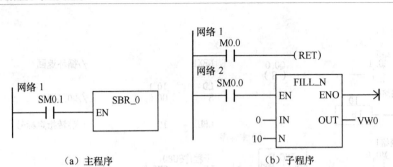

图 7-81　子程序的调用和返回指令程序示例

7.4.4　中断指令

中断是计算机特有的工作方式，即在主程序的执行过程中中断主程序，而执行中断子程序。中断子程序是为某些特定的控制功能而设定的。与子程序不同，中断是为随机发生的且必须立即响应的时间安排的，其响应时间应小于机器周期。引发中断的信号称为中断源，S7-200 有 34 个中断源，见表 7-40。

表 7-40　　　　　　　　　　　　S7-200 的 34 种中断源

序号	中断描述	CPU 221 CPU 222	CPU 224	CPU 226 224XP	序号	中断描述	CPU 221 CPU 222	CPU 224	CPU 226 224 XP
0	上升沿，I0.0	√	√	√	17	HSC2 输入方向改变		√	√
1	下降沿，I0.0	√	√	√	18	HSC2 外部复位		√	√
2	上升沿，I0.1	√	√	√	19	PTO 0 完成中断	√	√	√
3	下降沿，I0.1	√	√	√	20	PTO 1 完成中断	√	√	√
4	上升沿，I0.2	√	√	√	21	定时器 T32 CT=PT 中断	√	√	√
5	下降沿，I0.2	√	√	√	22	定时器 T96 CT=PT 中断	√	√	√
6	上升沿，I0.3	√	√	√	23	端口 0：接收信息完成	√	√	√
7	下降沿，I0.3	√	√	√	24	端口 1：接收信息完成			√
8	端口 0：接收字符	√	√	√	25	端口 1：接收字符			√
9	端口 0：发送完成	√	√	√	26	端口 1：发送完成			√
10	定时中断 0 SMB34	√	√	√	27	HSC0 输入方向改变	√	√	√
11	定时中断 1 SMB35	√	√	√	28	HSC0 外部复位		√	√
12	HSC0 CV=PV	√	√	√	29	HSC4 CV=PV	√	√	√
13	HSC1 CV=PV		√	√	30	HSC4 输入方向改变	√	√	√
14	HSC1 输入方向改变		√	√	31	HSC4 外部复位	√	√	√
15	HSC 外部复位		√	√	32	HSC3 CV=PV	√	√	√
16	HSC2 CV=PV		√	√	33	HSC5 CV=PV	√	√	√

注："√"表明对应的 CPU 有相应的中断功能。

1. 中断的分类

S7-200 的 34 种中断事件可分为 3 大类，即 I/O 口中断、通信口中断和时基中断。

（1）I/O 口中断

I/O 口中断包括上升沿和下降沿中断、高速计数器中断和脉冲串输出中断。S7-200 可以利用 I0.0～I0.3 都有上升沿和下降沿这一特性产生中断事件。

（2）通信口中断

通信口中断包括端口 0（Port0）和端口 1（Port1）接收和发送中断。PLC 的串行通信口可由程序控制，这种模式称为自由口通信模式，在这种模式下通信，接收和发送中断可以简化程序。

（3）时基中断

时基中断包括定时中断及定时器 T32/96 中断。定时中断可以反复执行，定时中断是非常有用的。

2. 中断指令

中断指令共有 6 条，包括中断连接、中断分离、清除中断事件、中断禁止、中断允许和中断条件返回，见表 7-41。

表 7-41　中断指令格式

LAD	STL	功　能
ATCH EN　ENO INT EVNT	ATCHINT，EVNT	中断连接
DTCH EN　ENO EVNT	DTCHEVNT	中断分离
CLR_EVNT EN　ENO EVNT	CENTEVNT	清除中断事件
—（ DISI ）	DISI	中断禁止
—（ ENI ）	ENI	中断允许
—（ RETI ）	CRETI	中断条件返回

图 7-82 所示为中断指令程序示例，每隔 100ms VD0 中的数值增加 1。

3. 使用中断的注意事项

① 一个事件只能连接一个中断子程序，而多个中断事件可以调用同一个中断子程序，但一个中断事件不可能在同一时间建立多个中断子程序。

② 在中断子程序中不能使用 DISI、ENI、HDFE、FOR-NEXT 和 END 等指令。

③ 程序中有多个中断子程序时，要分别编号。在建立中断子程序时，系统会自动编号，也可以更改编号。

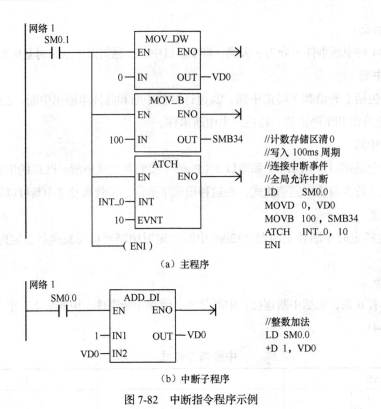

（a）主程序

//整数加法
LD SM0.0
+D 1, VD0

（b）中断子程序

图 7-82　中断指令程序示例

7.4.5　暂停指令

暂停指令在使能端输入有效时，立即停止程序的执行。指令执行的结果是，CPU 的工作方式由 RUN 切换到 STOP 方式。暂停（STOP）指令格式见表 7-42。

表 7-42　　　　　　　　　暂停指令格式

LAD	STL	功　　能
——(STOP)	STOP	暂停程序执行

7.4.6　结束指令

结束（END/MEND）指令直接连在左侧母线时，为无条件结束（MEND）指令；不连在左侧母线时，为条件结束（END）指令。结束指令格式见表 7-43。

表 7-43　　　　　　　　　结束指令格式

LAD	STL	功　　能
——(END)	END	条件结束指令
├——(END)	MEND	无条件结束指令

条件结束指令在使能端输入有效时，终止用户程序的执行，返回主程序的第一条指令行（循环扫描方式）。

无条件结束指令执行时（指令直接连在左侧母线上，无使能输入），立即终止用户程序的执行，返回主程序的第一条指令行。

结束指令只能在主程序中使用，不能在子程序和中断服务程序中使用。

STEP 7-Micro/WIN 编程软件会在主程序的结尾处自动生成无条件结束指令，用户不用输入无条件结束指令，否则编译出错。

7.4.7　程序控制指令的应用

【例 7-35】　某系统测量温度，当温度超过一定数值（保存在 VW10 中）时，报警灯以 1s 为周期闪光，警铃鸣叫，使用 S7-200 PLC 和模块 EM 231，编写此程序。

【解】温度是一个变化较慢的量，可每 100ms 从模块 EM 231 的通道 0 中采样 1 次，并将数值保存在 VW0 中。梯形图如图 7-83 所示。

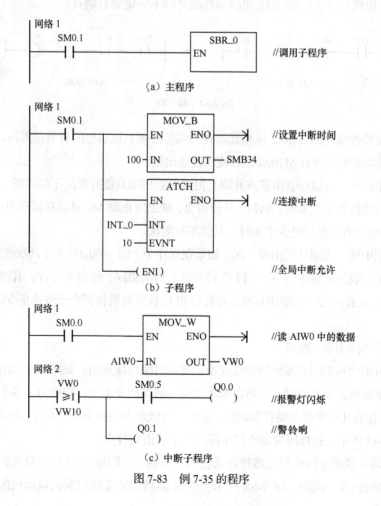

图 7-83　例 7-35 的程序

7.5 可编程控制器的编程原则和方法

7.5.1 梯形图的编程原则

尽管梯形图与继电器电路图在结构形式、元器件符号及逻辑控制功能等方面相类似，但它们又有许多不同之处，梯形图有自己的编程规则。

① 每一逻辑行总是起于左母线，然后是触点的连接，最后终止于线圈或母线（右母线可以不画出）。S7-200 PLC 的左母线与线圈之间一定要有触点，而线圈与右母线之间则不能有任何触点，如图 7-84 所示。但西门子 S7-300 的左母线与线圈之间不一定要有触点。

图 7-84　梯形图

② 无论选用哪种机型的 PLC，所用元器件的编号必须在该机型的有效范围内。例如，S7-200 系列的 PLC 的辅助继电器没有 M100.0，若使用就会出错。

③ 梯形图中的触点可以任意串联或并联，但继电器线圈只能并联而不能串联。

④ 触点的使用次数不受限制，例如，只要需要，辅助继电器 M0 可以在梯形图中出现无限制的次数，而实物继电器的触点一般少于 8 对，只能用有限次。

⑤ 在梯形图中同一线圈只能出现一次。如果在程序中，同一线圈使用了两次或多次，称为"双线圈输出"。对于"双线圈输出"，有些 PLC 将其视为语法错误，绝对不允许；有些 PLC 则将前面的输出视为无效，只有最后一次输出有效；而有些 PLC 在含有跳转指令或步进指令的梯形图中允许双线圈输出。

⑥ 梯形图中不能出现 I 线圈。

⑦ 对于不可编程梯形图必须经过等效变换，变成可编程梯形图，如图 7-85 所示。

⑧ 有几个串联电路相并联时，应将串联触点多的回路放在上方，归纳为"多上少下"的原则，如图 7-86 所示。在有几个并联电路相串联时，应将并联触点多的回路放在左方，归纳为"多左少右"的原则，如图 7-87 所示。这样所编制的程序简洁明了，语句较少。

⑨ PLC 的输入端所连的电气元器件通常使用常开触点，即使与 PLC 时对应的继电器-接触器系统原来使用常闭触点。例如，图 7-88 所示为继电器-接触器系统控制的电动机的启/停控制，图

7-89 所示为电动机的启/停控制的梯形图，图 7-90 所示为电动机启/停控制的接线图。可以看出，继电器-接触器系统原来使用常闭触点 SB1 和 FR，改用 PLC 控制时，则在 PLC 的输入端变成了常开触点。

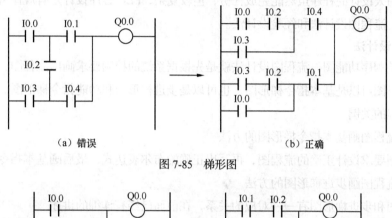

（a）错误　　　　　　　　　　　　　（b）正确

图 7-85　梯形图

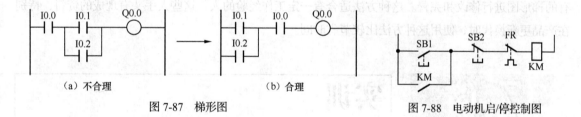

（a）不合理　　　　　　　　　　　　（b）合理

图 7-86　梯形图

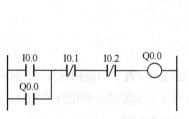

（a）不合理　　　　　　　（b）合理

图 7-87　梯形图

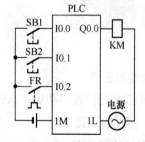

图 7-88　电动机启/停控制图

图 7-89　电动机启/停控制的梯形图　　　图 7-90　电动机启/停控制的接线图

　　　图 7-89 的梯形图中 I0.1 和 I0.2 用常闭触点，否则控制逻辑不正确。若读者一定要让 PLC 的输入端为常闭触点输入也可以，但梯形图中 I0.1 和 I0.2 最好用常开触点（对于急停按钮都使用常闭触头），一般不推荐这样使用。另外，一般不推荐将电热继电器的常开触头接在 PLC 的输入端，因为这样做占用了宝贵的输入点，最好将电热继电器的常闭触头接在 PLC 的输出端。

7.5.2　可编程控制器的编程方法

相同的硬件系统，如果由不同的人设计，可能设计出不同的程序，有的人设计的程序简洁，而且可靠，而有的人设计的程序虽然能完成任务，但较复杂，PLC 程序设计是有规律可循的。下面将介绍两种方法：流程图设计法和经验设计法。

1. 流程图设计法

流程图就是顺序功能图，流程图设计法就是先根据系统的控制要求画出流程图，再根据流程图画梯形图，梯形图可以是基本指令梯形图，也可以是步进梯形图和功能指令梯形图。因此，设计流程图是整个过程的关键。

（1）根据流程图画基本指令梯形图的方法

先根据控制要求设计正确的流程图，再写出正确的布尔表达式，最后画基本指令梯形图。

（2）根据流程图画步进梯形图的方法

顺序流程图和步进梯形图有一一对应的关系，在前面已经有详细的讲述。

（3）根据流程图画功能指令梯形图的方法

功能指令中的移位指令"SFTL"和"SFTR"非常适合用于顺序控制。

2. 经验设计法

经验设计法就是在一些典型的梯形图的基础上，根据具体的对象对控制系统的具体要求，对原有的梯形图进行修改和完善。这种方法适合有一定工作经验的人，这些人手头有现成的资料，特别在产品更新换代时，使用这种方法比较节省时间。

7.6　实训

1. 实训内容与要求

有一辆小车在初始位置启动后，从位置 1 向前运行到位置 2 后返回位置 1，延时 10s 后，向前运行到位置 3，再返回位置 1，位置 1、位置 2 和位置 3 分别安装有限位开关 SQ1、SQ2、SQ3，小车运行示意图及接线图如图 7-91 所示，请画出功能图和梯形图。

2. 实训条件

① STEP7-Micro/WIN 软件。

② 计算机。

③ 带 S7-200 PLC 的实训台一个或者 S7-200 PLC 一台（最好有小车）。

3. 实训步骤

① 先画出流程图，如图 7-92 所示。

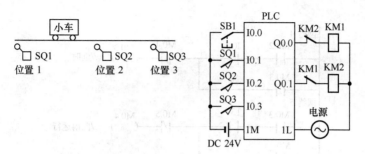

图 7-91　小车运行示意图及接线图

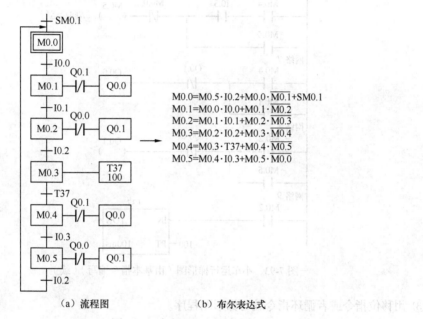

$$M0.0=M0.5 \cdot I0.2+M0.0 \cdot \overline{M0.1}+SM0.1$$
$$M0.1=M0.0 \cdot I0.0+M0.1 \cdot \overline{M0.2}$$
$$M0.2=M0.1 \cdot I0.1+M0.2 \cdot \overline{M0.3}$$
$$M0.3=M0.2 \cdot I0.2+M0.3 \cdot \overline{M0.4}$$
$$M0.4=M0.3 \cdot T37+M0.4 \cdot \overline{M0.5}$$
$$M0.5=M0.4 \cdot I0.3+M0.5 \cdot \overline{M0.0}$$

（a）流程图　　　　　（b）布尔表达式

图 7-92　小车运行流程图

② 用基本指令编写梯形图程序，如图 7-93 所示。

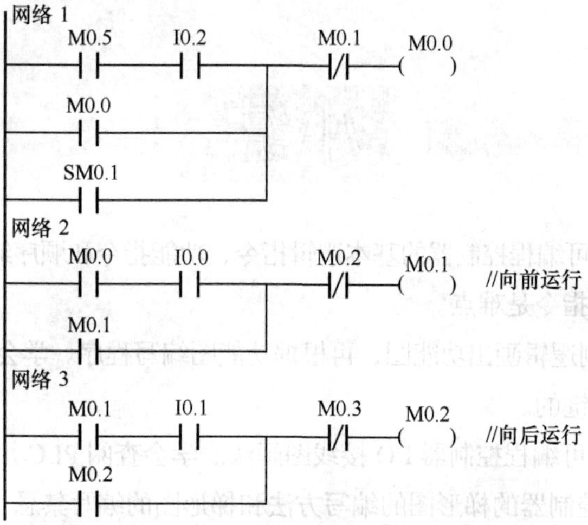

图 7-93　小车运行梯形图（由基本指令编写）

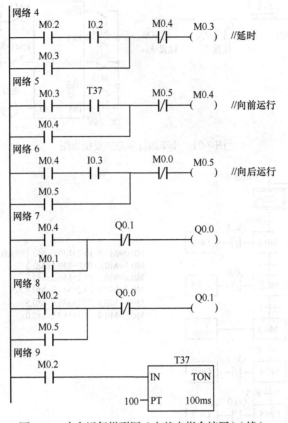

图 7-93　小车运行梯形图（由基本指令编写）（续）

③ 用移位指令或者循环指令编写梯形图程序。

④ 用顺序继电器指令编写梯形图程序。

⑤ 调试程序。

⑥ 记录运行结果。

小结

① 重点掌握 S7-200 可编程控制器的基本逻辑指令、功能指令和顺序继电器指令的格式，其中，基本指令是重点，而功能指令是难点。

② 重点掌握根据控制逻辑画出功能图，再根据功能图编写程序。学会画功能图是编写较复杂程序的必由之路，是非常关键的。

③ 重点掌握 S7-200 可编程控制器 I/O 接线图画法。学会查阅 PLC 用户手册。

④ 重点掌握可编程控制器的梯形图的编写方法和梯形图的编写禁忌。

⑤ 难点：根据控制逻辑画功能图。

1. 写出图 7-94 所示梯形图所对应的指令表指令。

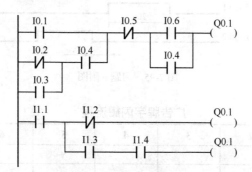

图 7-94　习题 1 附图

2. 根据下列指令表程序，画出梯形图。

```
LD    I0.0
AN    I0.1
LD    I0.2
A     I0.3
O     I0.4
A     I0.5
OLD
LSP
A     I0.6
=     Q0.1
LPP
A     I0.7
=     Q0.2
A     I1.1
=     Q0.3
```

3. 3 台电动机相隔 5s 启动，各运行 20s，循环往复。使用传送指令和比较指令完成控制要求。

4. 用 PLC 设计一个闹钟，每天早上 6:00 闹铃。

5. 用 PLC 的置位、复位指令实现彩灯的自动控制。控制过程为：按下启动按钮，第 1 组花样绿灯亮；10s 后第 2 组花样蓝灯亮；20s 后第 3 组花样红灯亮，30s 后返回第 1 组花样绿灯亮，如此循环，并且仅在第 3 组花样红灯亮后方可停止循环。

6. 图 7-95 所示为一台电动机启动的工作时序图，试画出梯形图。

7. 用 3 个开关（I0.1、I0.2、I0.3）控制一盏灯 Q1.0，当 3 个开关全通或者全断时灯亮，其他情况灯灭。（提示：使用比较指令。）

8. 用移位指令构成移位寄存器，实现广告牌字的闪耀控制。用 HL1～HL4 4 只灯分别照亮"欢迎光临" 4 个字，其控制要求见表 7-44，每步间隔 1s。

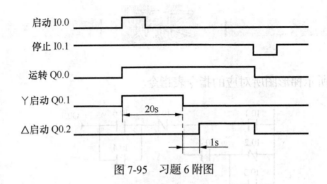

图 7-95　习题 6 附图

表 7-44　　　　　　　　　广告牌字闪耀流程

流程	1	2	3	4	5	6	7	8
HL1	√				√		√	
HL2		√			√		√	
HL3			√		√		√	
HL4				√	√		√	

9. 运用算术运算指令完成算式[(100+200) × 10]/3 的运算，并画出梯形图。

10. 编写一段程序，将 VB100 开始的 50 个字的数据传送到 VB1000 开始的存储区。

11. 编写将 VW100 的高、低字节内容互换并将结果送入定时器 T37 作为定时器预置值的程序段。

12. 某系统上有 1 个 S7-226 CPU、2 个 EM 221 模块和 3 个 EM 223 模块，计算由 CPU 226 供电，电源是否足够？

13. 例 7-10 中使用的是什么样输出形式的 PLC？若改为继电器输出的 PLC，请画出接线图。

14. 现有 3 台电动机 M1、M2、M3，要求按下启动按钮 I0.0 后，电动机按顺序启动（M1 启动，接着 M2 启动，最后 M3 启动），按下停止按钮 I0.1 后，电动机按顺序停止（M3 先停止，接着 M2 停止，最后 M1 停止）。试设计其梯形图并写出指令表。

15. 如图 7-96 所示，若传送带上 20s 内无产品通过则报警，并接通 Q0.0。试画出梯形图并写出指令表。

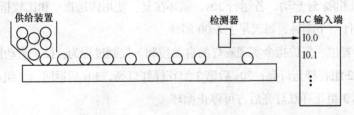

图 7-96　习题 15 附图

16. 图 7-97 所示为两组带机组成的原料运输自动化系统，该自动化系统的启动顺序为：盛料斗 D 中无料，先启动带机 C，5s 后再启动带机 B，经过 7s 后再打开电磁阀 YV，该自动化系统停机的顺序恰好与启动顺序相反。试完成梯形图设计。

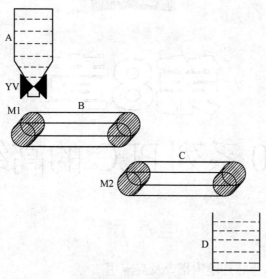

图 7-97 习题 16 附图

17. 试用 DECO 指令实现某喷水池花式喷水控制。控制流程要求为第 1 组喷嘴喷水 4s，第 2 组喷嘴喷水 2s，两组喷嘴同时喷水 2s，都停止喷水 1s，重复以上过程。

18. 编写一段检测上升沿变化的程序。每当 I0.1 接通一次，VB0 的数值增加 1，如果计数达到 18 时，Q0.1 接通，用 I0.2 使 Q0.1 复位。

Chapter 8

第8章

S7-200 系列 PLC 的高级应用

学习目标

- 掌握 S7-200 PLC 的高速脉冲输出指令及其应用
- 掌握 S7-200 PLC 的 PID 指令及其应用
- 掌握 S7-200 PLC 的 PPI 通信及其应用
- 掌握 S7-200 PLC 与触摸屏联合使用
- 掌握 S7-200 PLC 控制变频器调速
- 掌握 S7-200 PLC 的控制系统设计

8.1 特殊功能指令及其应用

8.1.1 高速脉冲输出指令

高速脉冲输出功能即在 PLC 的指定输出点上实现脉冲输出（PTO）和脉宽调制（PWM）功能。S7-200 系列 PLC 配有两个 PTO/PWM 发生器，它们可以产生一个高速脉冲串或者一个脉冲调制波形。一个发生器输出点是 Q0.0，另一个发生器输出点是 Q0.1。当 Q0.0 和 Q0.1 作为高速输出点时，其普通输出点被禁用，而当不作为 PTO/PWM 发生器时，Q0.0 和 Q0.1 可作为普通输出点使用。一般情况下，PTO/PWM 输出负载至少为 10%的额定负载。

脉冲输出（PLS）指令配合特殊存储器用于配置高速输出功能，PLS 指令格式见表 8-1。

表 8-1   脉冲输出指令格式

LAD	STL	功　　能
PLS EN　ENO Q0.X	PLS 1（或 0）	产生一个高速脉冲串或者一个脉冲调制波形

1. 脉冲串操作（PTO）

脉冲串操作（PTO）按照给定的脉冲个数和周期输出一串方波（占空比为 50%），如图 8-1 所示。PTO 可以产生单段脉冲串或多段脉冲串（使用脉冲包络），可以 μs 或 ms 为单位指定脉冲宽度和周期。

PTO 脉冲个数范围为 1～429 496 295，周期为 10～65 535μs 或 2～65 535ms。

图 8-1　脉冲串输出

2. 与 PLS 指令相关的特殊寄存器的含义

如果要装入新的脉冲数（SMD72 或 SMD82）、脉冲宽度（SMW70 或 SMW80）或周期（SMW68 或 SMW78），应该在执行 PLS 指令前装入这些值和控制寄存器，然后 PLS 指令会从特殊存储器 SM 中读取数据，并按照存储数值控制 PTO/PWM 发生器。这些特殊寄存器分为 3 大类：PTO/PWM 功能状态字、PTO/PWM 功能控制字和 PTO/PWM 功能寄存器。这些寄存器的含义见表 8-2～表 8-4。

表 8-2   PTO/PWW 控制寄存器的 SM 标志

Q0.0	Q0.1	控 制 字 节
SM67.0	SM77.0	PTO/PWM 更新周期值（0=不更新，1=更新周期值）
SM67.1	SM77.1	PWM 更新脉冲宽度值（0=不更新，1=更新脉冲宽度值）
SM67.2	SM77.2	PTO 更新脉冲数（0=不更新，1=更新脉冲数）
SM67.3	SM77.3	PTO/PWM 时间基准选择（0=1μs/格，1=1ms/格）
SM67.4	SM77.4	PWM 更新方法（0=异步更新，1=同步更新）
SM67.5	SM77.5	PTO 操作（0=单段操作，1=多段操作）
SM67.6	SM77.6	PTO/PWM 模式选择（0=选择 PTO，1=选择 PWM）
SM67.7	SM77.7	PTO/PWM 允许（0=禁止，1=允许）

表 8-3   其他 PTO/PWM 寄存器的 SM 标志

Q0.0	Q0.1	控 制 字 节
SMW68	SMW78	PTO/PWM 周期值（范围：2～65 535）
SMW70	SMW80	PWM 脉冲宽度值（范围：0～65 535）
SMD72	SMD82	PTO 脉冲计数值（范围：1～4 294 967 295）

续表

Q0.0	Q0.1	控 制 字 节
SMB166	SMB176	进行中的段数（仅用在多段 PTO 操作中）
SMW168	SMW178	包络表的起始位置，用从 V0 开始的字节偏移表示（仅用在多段 PTO 操作中）
SMB170	SMB180	线性包络状态字节
SMB171	SMB181	线性包络结果寄存器
SMD172	SMD182	手动模式频率寄存器

表 8-4　　　　　　　　　PTO/PWM 控制字节参考

控制寄存器（十六进制）	允许	执行 PLS 指令的结果					
		模式选择	PTO 段操作	时基	脉冲数	脉冲宽度	周期
16#81	Yes	PTO	单段	1μs/周期			装入
16#84	Yes	PTO	单段	1μs/周期	装入		
16#85	Yes	PTO	单段	1μs/周期	装入		装入
16#89	Yes	PTO	单段	1ms/周期			装入
16#8C	Yes	PTO	单段	1ms/周期	装入		
16#A0	Yes	PTO	单段	1ms/周期	装入		装入
16#A8	Yes	PTO	单段	1ms/周期			

使用 PTO/PWM 功能相关的特殊存储器 SM 还有以下几点需要注意。

① 如果要装入新的脉冲数（SMD72 或 SMD82）、脉冲宽度（SMW70 或 SMW80）或周期（SMW68 或 SMW78），应该在执行 PLS 指令前装入这些数值到控制寄存器。

② 如果要手动终止一个正在进行的 PTO 包络，要把状态字中的用户终止位（SM66.5 或 SM76.5）置 1。

③ PTO 状态字中的空闲位（SM66.7 或 SM76.7）标志着脉冲输出完成。另外，在脉冲串输出完成时，可以执行一段中断服务程序。如果使用多段操作时，可以在整个包络表完成后执行中断服务程序。

8.1.2　高速脉冲输出指令的应用

【例 8-1】 存储站上有两套步进驱动系统，步进电动机的型号为 17HS111，是两相四线直流 24V 步进电动机，要求：压下按钮 SB1 时，步进电动机带动 X 方向和 Y 方向的机构复位，当 X 方向靠近接近开关 SQ1 时停止，Y 方向靠近接近开关 SQ2 时停止，复位完成。请画出 I/O 接线图并编写程序。

【解】 ① 步进电动机与步进驱动器的接线。本系统选用的步进电动机是两相四线的步进电动机，其型号为 17HS111，这种型号的步进电动机的出线接线图如图 8-2 所示。其含义：步进电动机的 4 根引出线分别是红色、绿色、黄色和蓝色，其中红色引出线应该与步进驱动器的 A 接线端子相连，绿色引出线应该与步进驱动器的 $\overline{A}$ 接线端子相连，黄色引出线应该与步进驱动器的 B 接线端子相连，蓝色引出线应该与步进驱动器的 $\overline{B}$ 接线端子相连。

② PLC 与步进电动机、步进驱动器的接线。步进驱动器有共阴和共阳两种接法，这与控制信号有关系，西门子 PLC 输出信号是+24V 信号（即 PNP 接法），所以应该采用共阴接法。所谓共阴接法就是步进驱动器的 DIR-和 CP-与电源的负极短接，如图 8-3 所示。顺便指出，三菱 PLC 输出的是低电位信号（即 NPN 接法），因此应该采用共阳接法。

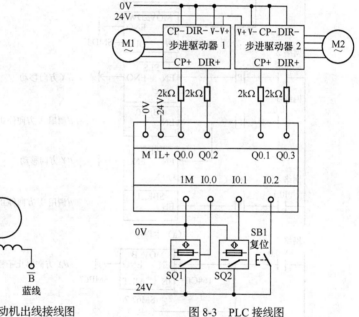

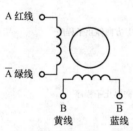

图 8-2 17HS111 型步进电动机出线接线图   图 8-3 PLC 接线图

那么 PLC 能否直接与步进驱动器相连接呢？答案是不能。这是因为步进驱动器的控制信号是+5V，而西门子 PLC 的输出信号是+24V，显然是不匹配的。解决此问题的办法就是在 PLC 与步进驱动器之间串联一只 2kΩ 的电阻，起分压作用，因此输入信号近似等于+5V。有的资料指出串联一只 2kΩ 的电阻是为了将输入电流控制在 10mA 左右，也就是起限流作用，在这里电阻的限流或分压作用的含义在本质上是相同的。CP+(CP-)是脉冲接线端子，DIR+(DIR-)是方向控制信号接线端子。PLC 接线图如图 8-3 所示。有的步进驱动器只能接"共阳接法"，如果使用西门子 S7-200 系列 PLC 控制这种类型的步进驱动器，不能直接连接，必须将 PLC 的输出信号进行反相。

③ 程序编写。编好的程序如图 8-4 所示。

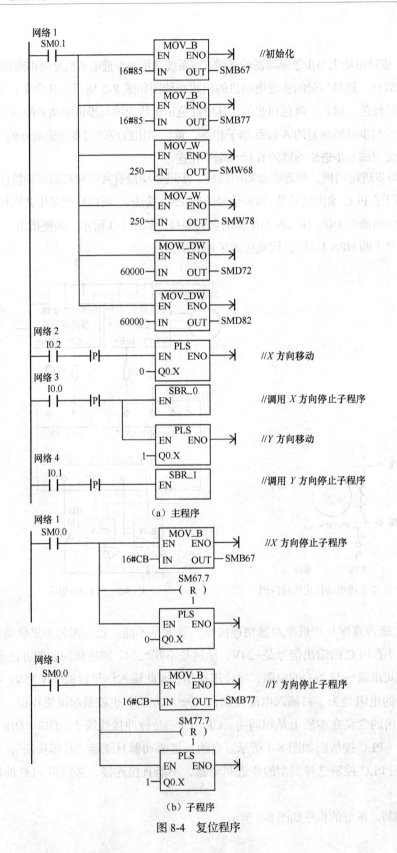

（a）主程序

（b）子程序

图 8-4　复位程序

8.1.3 PID 指令

1. PID 算法

在工业生产过程中，模拟信号 PID（由比例、积分和微分构成的闭合回路）调节是常见的控制方法。运行 PID 控制指令，S7-200 将根据参数表中输入的测量值、控制设定值及 PID 参数进行 PID 运算，求得输出控制值。参数表中有 9 个参数，全部是 32 位的实数，共占用 36 个字节。PID 控制回路的参数表见表 8-5。

表 8-5   PID 控制回路参数表

偏移地址	参 数	数据格式	参数类型	描 述
0	过程变量 PV_n	REAL	输入/输出	必须在 0.0～1.0 之间
4	给定值 SP_n	REAL	输入	必须在 0.0～1.0 之间
8	输出值 M_n	REAL	输入	必须在 0.0～1.0 之间
12	增益 K_c	REAL	输入	增益是比例常数，可正可负
16	采样时间 T_s	REAL	输入	单位为 s，必须是正数
20	积分时间 T_I	REAL	输入	单位为 min，必须是正数
24	微分时间 T_d	REAL	输入	单位为 min，必须是正数
28	上一次积分值 M_X	REAL	输入/输出	必须在 0.0～1.0 之间
32	上一次过程变量 PV_{n-1}	REAL	输入/输出	最后一次 PID 运算过程变量值
36～79	保留自整定变量			

2. PID 指令

PID 指令的使能输入有效时，根据参数表（TBL）中的输入测量值、控制设定值及 PID 参数进行 PID 计算。PID 指令格式见表 8-6。

表 8-6   PID 指令格式

LAD	STL	说 明
PID_ EN ENO TBL LOOP	PID, TBL, LOOP	TBL：参数表的起始地址 VB，数据类型为字节 LOOP：回路号，常数范围为 1～7，数据类型为字节

PID 指令使用注意事项：

① 程序中最多可以使用 8 条 PID 指令，回路号为 0～7，不能重复使用。

② PID 指令不对参数表的输入值进行范围检查。必须保证过程变量、给定值积分项前值和过程变量前值在 0.0～1.0 之间。

③ 使 ENO = 0 的错误条件为 0006（简介地址），SM1.1（溢出，参数表起始地址或指令中指定的 PID 回路指令号操作数超出范围）。

8.1.4 PID 指令的应用

【例 8-2】 某温控系统由 S7-200 PLC、EM 231、EM 232 和控制对象（电炉）等组成。温度控制的原理：通过电压加热使电炉产生温度，再通过温度变送器使温度变送为电压。电炉根据加热时间的长短产生不同的热能。这就需要用到脉冲，输入电压对应不同的脉冲宽度，输入电压越大，脉冲越宽，通电时间越长，热能越大，温度越高。

【解】　温控系统的 PID 参数表见表 8-7，程序如图 8-5 所示。

表 8-7　　　　　　　　　　　　　　温控系统的 PID 参数表

地　　址	参　　数	描　　述
VD100	过程变量 PV_n	温度经过 A/D 转换后的标准化数值
VD104	给定值 SP_n	0.335
VD108	输出值 M_n	PID 回路输出值
VD112	增益 K_c	0.05
VD116	采样时间 T_s	35
VD120	积分时间 T_I	30
VD124	微分时间 T_d	0
VD128	上一次积分值 M_X	根据 PID 运算结果更新
VD132	上一次过程变量 PV_{n-1}	最后一次 PID 运算过程变量值

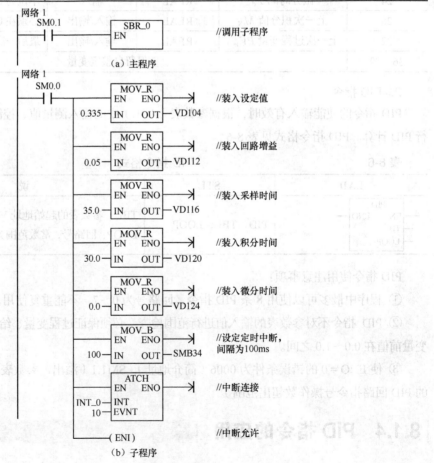

图 8-5　电路 PID 控制程序

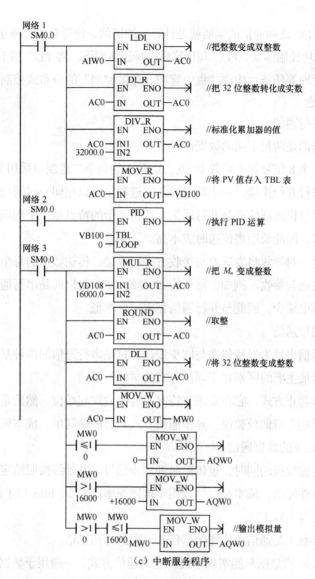

网络 1
SM0.0

L_DI
EN　ENO
AIW0 — IN　OUT — AC0
//把整数变成双整数

DI_R
EN　ENO
AC0 — IN　OUT — AC0
//把 32 位整数转化成实数

DIV_R
EN　ENO
AC0 — IN1　OUT — AC0
32000.0 — IN2
//标准化累加器的值

MOV_R
EN　ENO
AC0 — IN　OUT — VD100
//将 PV 值存入 TBL 表

网络 2
SM0.0

PID
EN　ENO
VB100 — TBL
0 — LOOP
//执行 PID 运算

网络 3
SM0.0

MUL_R
EN　ENO
VD108 — IN1　OUT — AC0
16000.0 — IN2
//把 M_n 变成整数

ROUND
EN　ENO
AC0 — IN　OUT — AC0
//取整

DI_I
EN　ENO
AC0 — IN　OUT — AC0
//将 32 位整数变成整数

MOV_W
EN　ENO
AC0 — IN　OUT — MW0

MW0
≤I
0
MOV_W
EN　ENO
0 — IN　OUT — AQW0

MW0
>I
16000
MOV_W
EN　ENO
+16000 — IN　OUT — AQW0

MW0　　MW0
>I　　≤I
0　　16000
MOV_W
EN　ENO
MW0 — IN　OUT — AQW0
//输出模拟量

（c）中断服务程序

图 8-5　电路 PID 控制程序（续）

8.2　S7-200 PLC 的通信

8.2.1　通信相关的概念

　　PLC 的通信包括 PLC 与 PLC 之间的通信、PLC 与上位计算机之间的通信以及和其他智能设备

之间的通信。PLC 与 PLC 之间通信的实质就是计算机的通信，使得众多的独立的控制任务构成一个控制工程整体，形成模块控制体系。PLC 与计算机连接组成网络，将 PLC 用于控制工业现场，计算机用于编程、显示和管理等任务，构成"集中管理、分散控制"的分布式控制系统（DCS）。

1. 通信的基本概念

（1）串行通信与并行通信

串行通信和并行通信是两种不同的数据传输方式。

并行通信就是将一个 8 位数据（或者 16 位、32 位）的每个二进制位采用单独的导线进行传输，并将传送方和接收方进行并行连接，一个数据的各二进制位可以在同一时间内一次传送。例如，老式打印机的打印口和计算机的通信就是并行通信。并行通信的特点是一个周期里可以一次传输多位数据，其连线的电缆多，因此长距离传送时成本高。

串行通信就是通过一对导线将发送方与接收方进行连接，传输数据的每个二进制位按照规定顺序在同一导线上依次发送与接收。例如，常用的 U 盘的 USB 接口就是串行通信。串行通信的特点是通信控制复杂，通信电缆少，因此与并行通信相比，成本低。

（2）异步通信与同步通信

异步通信与同步通信也称为异步传送与同步传送，这是串行通信的两种基本信息传送方式。从用户的角度来说，两者最主要的区别在于通信方式的"帧"不同。

异步通信方式又称起止方式。它在发送字符时，要先发送起始位，然后是字符本身，最后是停止位，字符之后还可以加入奇偶校验位。异步通信方式具有硬件简单、成本低的特点，主要用于传输速率低于 19.2kbit/s 以下的数据通信。

同步通信方式在传输数据的同时，也传输时钟同步信号，并始终按照给定的时刻采集数据。其传输数据的效率高，硬件复杂，成本高，一般用于传输速率高于 20kbit/s 以上的数据通信。

（3）单工、全双工与半双工

单工、全双工与半双工是通信中描述数据传送方向的专用术语。

① 单工（Simplex）：指数据只能实现单向传送的通信方式，一般用于数据的输出，不可以进行数据交换。

② 全双工（Full Simplex）：也称双工，指数据可以进行双向数据传送，同一时刻既能发送数据，也能接收数据。通常需要两对双绞线连接，通信线路成本高。例如，RS-422 就是"全双工"通信方式。

③ 半双工（Half Simplex）：指数据可以进行双向数据传送，同一时刻，只能发送数据或接收数据。通常需要一对双绞线连接，与全双工相比，通信线路成本低。例如，RS-485 只用一对双绞线时就是"半双工"通信方式。

2. RS-485 标准串行接口

（1）RS-485 接口

RS-485 接口是在 RS-422 基础上发展起来的一种 EIA 标准串行接口，采用"平衡差分驱动"方式。RS-485 接口满足 RS-422 的全部技术规范，可以用于 RS-422 通信。RS-485 接口通常采用 9 针连接器。RS-485 接口的引脚功能见表 8-8。

表 8-8   RS-485 接口的引脚功能

PLC 侧引脚	信 号 代 号	信 号 名 称	信 号 功 能
1	SG 或 GND	信号地	
2	SDB 或 TXD-	数据发送-端	发送传输数据到 RS-485 设备
3	RDB 或 RXD-	数据接收-端	接收来自 RS-485 设备的数据
5	SG 或 GND	信号地	
6	SDA 或 TXD+	数据发送+端	发送传输数据到 RS-485 设备
7	RDA 或 RXD+	数据接收+端	接收来自 RS-485 设备的数据

（2）西门子的 PLC 连线

西门子 PLC 的 PPI 通信、MPI 通信和 PROFIBUS-DP 现场总线通信的物理层都是 RS-485 通信，而且采用的都是相同的通信线缆和专用网络接头。西门子提供两种网络接头，即标准网络接头和编程端口接头，可方便地将多台设备与网络连接。编程端口允许用户将编程站或 HMI 设备与网络连接，而不会干扰任何现有网络连接。编程端口接头通过编程端口传送所有来自 S7-200 CPU 的信号（包括电源针脚），这对于连接由 S7-200 CPU（如 SIMATIC 文本显示）供电的设备尤其有用。标准网络接头和编程端口接头均有两套终端螺钉，用于连接输入和输出网络电缆。这两种接头还配有开关，可选择网络偏流和终端。图 8-6 显示了电缆接头的普通偏流和终端状况，两端的电阻设置为 "On"，而中间的设置为 "Off"，图中只显示了一个，若有多个也是这样设置。要将偏置电阻设置为 "On" 或 "Off"，只要拨动网络接头上的开关即可。

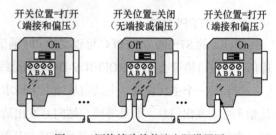

图 8-6   网络接头的偏流电阻设置图

西门子的专用 PROFIBUS 电缆中有两根线，一根为红色，另一根为绿色，上面标有 "A" 和 "B"，这两根线只要与网络接头上相对应的 "A" 和 "B" 接线端子相连即可（如 "A" 线与 "A" 接线端子相连）。网络接头直接插在 PLC 的 PORT 口上即可，不需要其他设备。注意：三菱的 FX 系列 PLC 的 RS-485 通信要加 RS-485 专用通信模块和偏流电阻。

3. PLC 网络的术语解释

PLC 网络中的名词、术语很多，现将常用的予以介绍。

① 站（Station）：在 PLC 网络系统中，将可以进行数据通信、连接外部输入/输出的物理设备称为 "站"。例如，由 PLC 组成的网络系统中，每台 PLC 可以是一个 "站"。

② 主站（Master Station）：PLC 网络系统中进行数据连接系统控制的站。主站上设置了控制整个网络的参数，每个网络系统只有一个主站，主站号固定为 "0"，站号实际就是 PLC 在网络中的地址。

③ 从站（Slave Station）：PLC 网络系统中，除主站外，其他的站称为"从站"。

④ 远程设备站（Remote Device Station）：PLC 网络系统中，能同时处理二进制位、字的从站。

⑤ 本地站（Local Station）：PLC 网络系统中，带有 CPU 模块并可以与主站以及其他本地站进行循环传输的站。

⑥ 站数（Number of Station）：PLC 网络系统中，所有物理设备（站）所占用的"内存站数"的综合。

⑦ 网关（Gateway）：又称网间连接器、协议转换器。网关在传输层上以实现网络互联，是最复杂的网络互联设备，仅用于两个高层协议不同的网络互联。网关的结构也和路由器类似，不同的是互联层。网关既可以用于广域网互联，也可以用于局域网互联。网关是一种充当转换重任的计算机系统或设备。在使用不同的通信协议、数据格式或语言，甚至体系结构完全不同的两种系统之间，网关是一个翻译器。例如，AS-I 网络的信息要传送到由西门子 S7-200 系列 PLC 组成的 PPI 网络，就要通过 CP243-2 通信模块进行转换，这个模块实际上就是网关。

⑧ 中继器：用于网络信号放大、调整的网络互联设备，能有效延长网络的连接长度。例如，以太网的正常传送距离是 500m，经过中继器放大后，可传输 2 500m。

此外，还有网桥、路由器等设备。

8.2.2　西门子 PLC 间的 PPI 通信

1. 认识 PPI 协议

西门子的 S7-200 系列 PLC 可以支持 PPI 通信、MPI 通信（从站）、MODIBUS 通信（从站）、USS 通信、自由口协议通信、PROFIBUS-DP 现场总线通信（从站）、AS-I 通信和以太网通信。

PPI 是一个主从协议，主站向从站发出请求，从站作出应答。从站不主动发出信息，而是等候主站向其发出请求或查询，要求应答。主站通过由 PPI 协议管理的共享连接与从站通信。PPI 不限制能够与任何一台从站通信的主站数目，但是无法在网络中安装 32 台以上的主站，如图 8-7 所示。

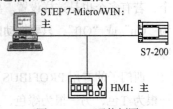

图 8-7　PPI 通信例图

PPI 高级协议允许网络设备在设备之间建立逻辑连接。若使用 PPI 高级协议，每台设备可提供的连接数目有限。表 8-9 显示了 S7-200 提供的连接数目。PPI 协议目前还没有公开。

表 8-9　　　　　　　　　　　　　S7-200 提供的连接数目

模　　块	端　　口	波　特　率	连　接
S7-200 CPU	端口 0	9.6 kbaud、19.2 kbaud 或 188.5 kbaud	4 个
	端口 1	9.6 kbaud、19.2 kbaud 或 188.5 kbaud	4 个
EM 277 模块		9.6 kbaud～12 Mbaud	每个模块 6 个

如果在用户程序中启用 PPI 主站模式，S7-200 CPU 可在处于 RUN（运行）模式时用作主站。启用 PPI 主站模式后，可以使用"网络读取（NETR）"或"网络写入（NETW）"指令从其他 S7-200

CPU 读取数据或向 S7-200 CPU 写入数据。S7-200 用作 PPI 主站时，作为从站应答来自其他主站的请求。可以使用 PPI 协议与所有的 S7-200 CPU 通信。如果与 EM 277 通信，必须启用"PPI 高级协议"。

2. 网络读/写指令的格式

网络读取（NETR）指令通过指定的端口（PORT）根据表格（TBL）定义从远程设备收集数据。NETR 指令可从远程站最多读取 16 字节信息。网络写入（NETW）指令通过指定的端口（PORT）根据表格（TBL）定义向远程设备写入数据。NETW 指令可向远程站最多写入 16 字节信息。可在程序中保持任意数目的 NETR/NETW 指令，但在任何时间最多只能有 8 条 NETR 和 NETW 指令被激活。例如，在特定 S7-200 中的同一时间可以有 4 条 NETR 和 4 条 NETW 指令（或者 2 条 NETR 和 6 条 NETW 指令）处于现用状态。

如果功能返回出错信息，状态字中的 E 位置位。要启动"网络读取/网络写入指令向导"，选择"工具"→"指令向导"菜单命令，然后从"指令向导"对话框中选择"网络读取/网络写入"。网络读/写指令格式见表 8-10。

表 8-10 网络读/写指令格式

LAD	STL	说　　明
NETR EN ENO TBL PORT	NETR, TBL, PORT	网络读指令 TBL：参数表的起始地址 VB，数据类型为字节 PORT：端口号，取值是 0、1
NETW EN ENO TBL PORT	NETW, TBL, PORT	网络写指令 TBL：参数表的起始地址 VB，数据类型为字节 PORT：端口号，取值是 0、1

网络读/写指令具有相似的数据缓冲区，缓冲区以一个状态字起始。主站的数据缓冲区如图 8-8 所示，远程站的数据缓冲区如图 8-9 所示。

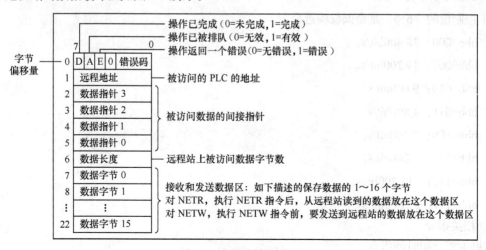

图 8-8　主站的数据缓冲区

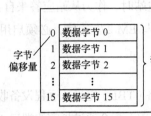

字节
偏移量

0	数据字节 0
1	数据字节 1
2	数据字节 2
⋮	⋮
15	数据字节 15

接收和发送区：主站执行 NETR 指令后，此缓冲区的数据被读到主站；
主站执行 NETW 指令后，主站发送数据到此缓冲区

图 8-9　远程站的数据缓冲区

3. PPI 主站的定义

PLC 用特殊寄存器的字节 SMB30（对 PORT0，端口 0）和 SMB130（对 PORT1，端口 1）定义通信口。控制位的定义如图 8-10 所示。

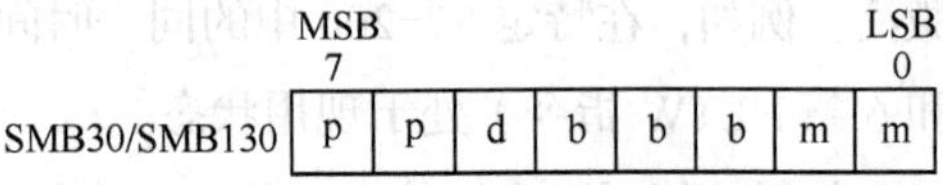

MSB 7							LSB 0
p	p	p	d	b	b	b	m	m

SMB30/SMB130

图 8-10　控制位的定义

① 通信模式由控制字的最低的两位 "mm" 决定。

- mm=00:PPI 从站模式（默认值）。

- mm=01:自由口模式。

- mm=10:PPI 主站模式。

所以，只要将 SMB30 或 SMB130 赋值为 2 # 10，即可将通信口设置为 PPI 主站模式。

② 控制位的 "pp" 是奇偶校验选择。

- pp=00:无校验。

- pp=01:偶校验。

- pp=10:无校验。

- pp=11:奇校验。

③ 控制位的 "d" 是奇偶校验选择。

- d=0:每个字符 8 位。

- d=1:每个字符 7 位。

④ 控制位的 "bbb" 是奇偶校验选择。

- bbb=000：38 400bit/s。

- bbb=001：19 200bit/s。

- bbb=010：9 600bit/s。

- bbb=011：4 800bit/s。

- bbb=100：2 400bit/s。

- bbb=101：1 200bit/s。

- bbb=110：115 200bit/s。

- bbb=111：57 600bit/s。

4. 相关指令

这里主要介绍时钟指令。

读实时时钟（TODR）指令从硬件时钟中读取当前时间和日期，并把它装载到一个起始地址为 T 的 8 字节时间缓冲区中。写实时时钟（TODW）指令将当前时间和日期写入硬件时钟，将当前时钟存储在以地址 T 开始的 8 字节时间缓冲区中。必须按照 BCD 码的格式编码所有的日期和时间值（例如，用 16 # 97 表示 1997 年）。图 8-11 给出了时间缓冲区（T）的格式，如果现在的时间是 2008 年 4 月 8 日 8 时 58 分 38 秒，星期六，则运行的结果如图 8-12 所示。年份存入 VB0 存储单元，月份存入 VB1 单元，日存入 VB2 单元，小时存入 VB3 单元，分钟存入 VB4 单元，秒钟存入 VB5 单元，VB6 单元为 0，星期存入 VB7 单元，可见共占用 8 个存储单元。

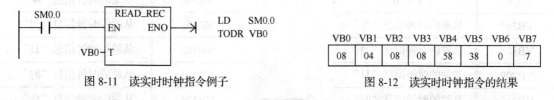

VB0	VB1	VB2	VB3	VB4	VB5	VB6	VB7
08	04	08	08	58	38	0	7

图 8-11 读实时时钟指令例子

图 8-12 读实时时钟指令的结果

8.2.3 PPI 通信的应用

【例 8-3】 某生产线的搬运站（第二站）和加工站（第三站）上的控制器是 S7-226，两个站组成一个 PPI 网络，其中，搬运站的 PLC 为主站，加工站的 PLC 为从站。其工作任务：将主站内保存的时钟信息用网络写指令写入从站的 V 存储区，把从站的存储区的时钟信息用网络读指令读到主站的 V 存储区，主站和从站分别把时间信息的"秒"用 BCD 码格式传送到 QB0 字节上显示。请编写程序。

【解】 首先列出主站发送数据缓冲区和从站接收数据缓冲区，见表 8-11 和表 8-12。

表 8-11 主站发送缓冲区

VB200	状 态 字
VB201	从站的地址（3）
VD202	&VB400 从站的接收缓冲区地址
VB206	8（字节）
VB207	主站的时钟信息"年"
VB208	主站的时钟信息"月"
VB209	主站的时钟信息"日"
VB210	主站的时钟信息"时"
VB211	主站的时钟信息"分"
VB212	主站的时钟信息"秒"
VB213	主站的时钟信息"0"
VB214	主站的时钟信息"星期"

表 8-12 从站接收缓冲区

	主站时钟信息
VB400	主站的时钟信息"年"
VB401	主站的时钟信息"月"
VB402	主站的时钟信息"日"
VB403	主站的时钟信息"时"
VB404	主站的时钟信息"分"
VB405	主站的时钟信息"秒"
VB406	主站的时钟信息"0"
VB407	主站的时钟信息"星期"

然后再列出主站接收数据缓冲区和从站发送数据缓冲区，见表 8-13 和表 8-14。

表 8-13　主站接收缓冲区

VB300	状 态 字
VB301	从站的地址（3）
VD302	&VB300 从站的发送缓冲区地址
VB306	8（字节）
VB307	从站的时钟信息"年"
VB308	从站的时钟信息"月"
VB309	从站的时钟信息"日"
VB310	从站的时钟信息"时"
VB311	从站的时钟信息"分"
VB312	从站的时钟信息"秒"
VB313	从站的时钟信息"0"
VB314	主站的时钟信息"星期"

表 8-14　从站发送缓冲区

	从站时钟信息
VB300	从站的时钟信息"年"
VB301	从站的时钟信息"月"
VB302	从站的时钟信息"日"
VB303	从站的时钟信息"时"
VB304	从站的时钟信息"分"
VB305	从站的时钟信息"秒"
VB306	从站的时钟信息"0"
VB307	从站的时钟信息"星期"

最后编写程序，如图 8-13 和图 8-14 所示。

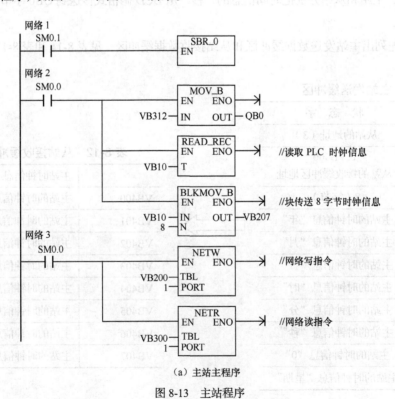

（a）主站主程序

图 8-13　主站程序

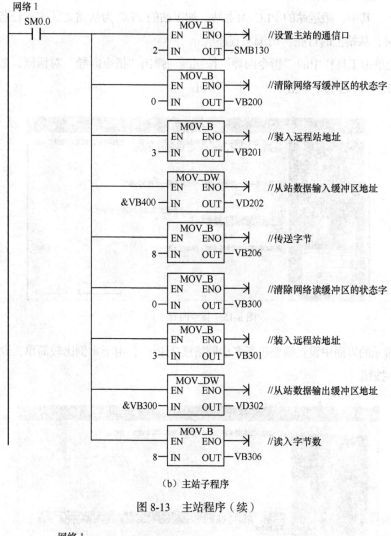

（b）主站子程序

图 8-13　主站程序（续）

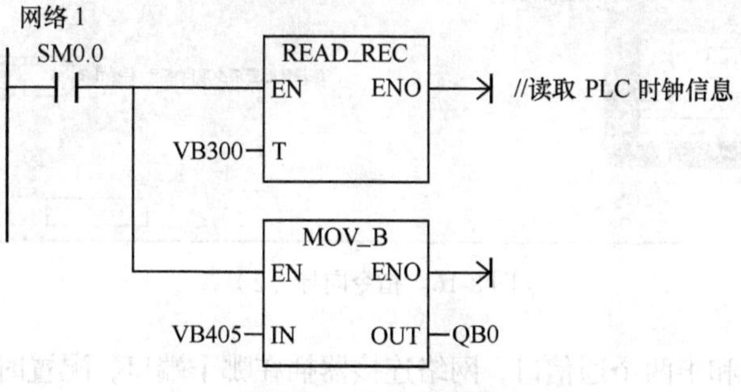

图 8-14　从站主程序

对于初学者而言，用网络读/写指令编写程序有一定的难度，Micro/WIN 软件提供了指令向导功能，使得 PPI 通信变得比较容易，下面用例子介绍用"指令向导"生成通信子程序的过程。

【例 8-4】 某生产线的搬运站（第二站）和加工站（第三站）上的控制器是 S7-226，两个站组成一个 PPI 网络，其中，搬运站的 PLC 为主站，加工站的 PLC 为从站。其工作任务：当压下主站上的按钮 SB1 时，从站上的灯亮。请编写程序。

【解】 首先单击工具栏中的"指令向导"按钮，弹出"指令向导"对话框，如图 8-15 所示，选中"NETR/NETW"选项，单击"下一步"按钮。

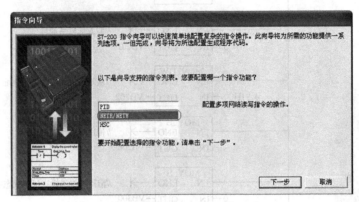

图 8-15　指令向导（1）

在图 8-16 所示的界面中设置需要进行多少网络读/写操作，由于本例比较简单，设为"1"即可，单击"下一步"按钮。

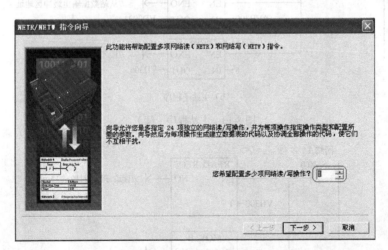

图 8-16　指令向导（2）

由于 CPU 226 有 0 和 1 两个通信口，网络连接器插在哪个端口，配置时就选择哪个端口，子程序的名称可以不作更改，因此在图 8-17 所示的界面中直接单击"下一步"按钮。

图 8-18 所示的界面相对比较复杂，需要设置 5 项参数。在图中的位置 1 选择"NETW（网络写）"，因为本例中只要求主站把信息送到从站；在位置 2 输入 1，因为只有 1 个开关量信息；在位置 3 输入 3，因为第三站的地址为"3"；位置 4 和位置 5 保持默认值，然后单击"下一步"按钮。

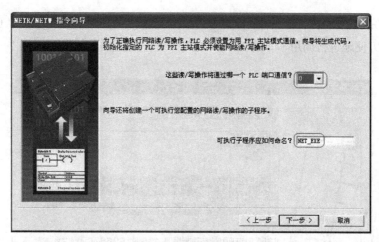

图 8-17　指令向导（3）

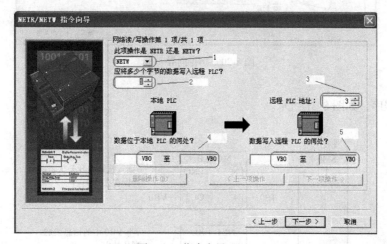

图 8-18　指令向导（4）

　　接下来在图 8-19 所示的界面中分配系统要使用的存储区，通常使用默认值，然后单击"下一步"按钮。

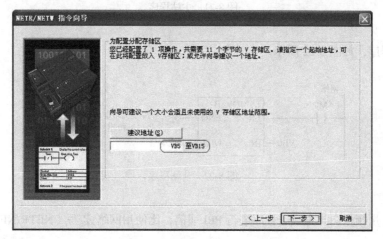

图 8-19　指令向导（5）

最后单击"完成"按钮即可，如图 8-20 所示。至此通信子程序"NET_EXE"已经生成，在后面的程序中可以方便地进行调用。

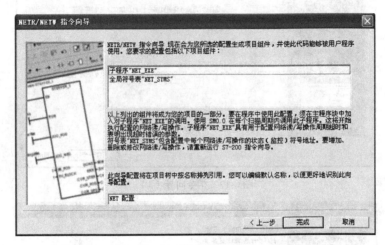

图 8-20　指令向导（6）

编写主站程序，如图 8-21 所示。

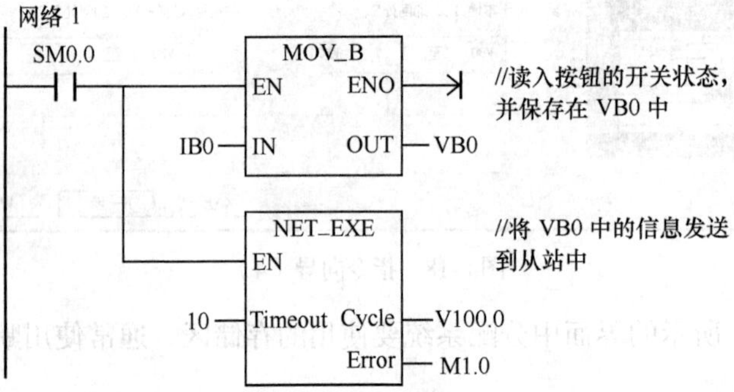

```
网络 1
SM0.0            MOV_B
  ├─┤ ├────────┤EN    ENO├──     //读入按钮的开关状态，
  │                              //并保存在 VB0 中
  │        IB0──┤IN    OUT├─VB0
  │
  │              NET_EXE          //将 VB0 中的信息发送
  └──────────────┤EN             //到从站中
          10──┤Timeout Cycle├─V100.0
                       Error├─M1.0
```

图 8-21　主站程序

编写从站程序，如图 8-22 所示。

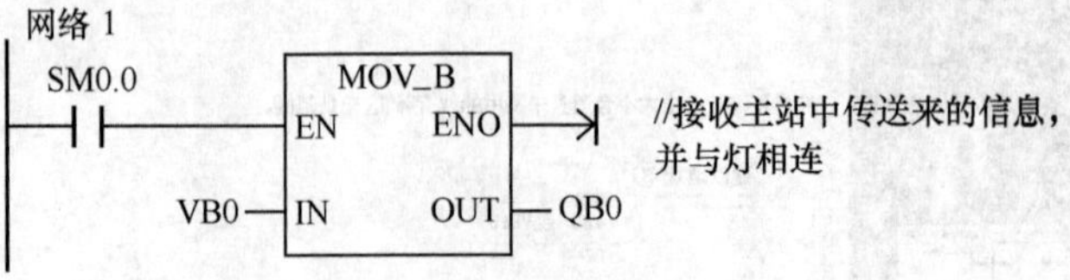

```
网络 1
SM0.0            MOV_B
  ├─┤ ├────────┤EN    ENO├──     //接收主站中传送来的信息，
                                 //并与灯相连
         VB0──┤IN    OUT├─QB0
```

图 8-22　从站程序

由此可见，用指令向导生成子程序进行 PPI 通信，比使用网络读/写（NETR/NETW）指令要容易得多。

HMI 与 PLC 的应用

8.3.1 认识人机界面

人机界面（Human Machine Interface）又称人机接口，简称 HMI，在控制领域，HMI 一般特指用于操作员与控制系统之间进行对话和相互作用的专用设备，其中文名称为触摸屏。触摸屏技术是 20 纪 90 年代出现的一项新的人机交互作用技术。利用触摸屏技术，用户只需轻轻触碰计算机显示屏上的文字或图符就能实现对主机的操作，部分或完全取代键盘和鼠标。它作为一种新的计算机输入设备，是目前最简单、自然和方便的一种人机交互方式。目前，触摸屏已经在银行、税务、电力、电信和工业控制等部门得到了广泛的应用。

1. 触摸屏的工作原理

触摸屏工作时，用手或其他物体触摸触摸屏，系统将根据手指触摸的图标或文字的位置来定位以选择信息输入。触摸屏由触摸检测部件和触摸屏控制器组成。触摸检测部件安装在显示器的屏幕上，用于检测用户触摸的位置并送至触摸屏控制器，触摸屏控制器将接收到的信息转换成触点坐标，再送给 CPU，它同时接收 CPU 发来的命令并加以执行。

2. 触摸屏的分类

触摸屏主要分为电阻式触摸屏、电容式触摸屏、红外线式触摸屏和表面声波触摸屏等。

8.3.2 触摸屏的连线

触摸屏的连线包括计算机和 PLC 的连线以及触摸屏和 PLC 的连线，因为触摸屏的图形界面是在计算机的专用软件（如 WinCC flexible）上制作和编译的，需要借助通信电缆（如 PPI 电缆）下载到触摸屏；触摸屏要与 PLC 交换数据，它们之间也需要通信电缆。

1. 计算机与西门子 TP-177A 触摸屏之间的连线

计算机上通常至少有一个 RS-232C 接口（有的笔记本电脑可能没有），西门子 TP-177A 触摸屏有一个 RS-422/485 接口，计算机与触摸屏就通过这两个接口进行通信，也就是 PPI 通信，如图 8-23 所示。市场上有专门的 PPI 电缆（此电缆也用于计算机与 S7-200 系列 PLC 的通信）出售，不必自己制作，当然也有 USB 接口形式的 PPI 电缆出售，效果完全相同。如果用户使用的笔记本电脑上没有 RS-232C 接口，而且手头又没有 USB 接口形式的 PPI 电缆，可以购置一个 USB-RS232C 转换器即可，但使用 USB-RS232C 转换器前必须安装驱动程序。计算机与西门子 TP-177A 触摸屏之间的连线最为便宜的方案就是使用 PPI 电缆。

计算机与西门子 TP-177A 触摸屏之间的连线还有其他方式，如在计算中安装一块通信卡（CP 卡），通信卡自带一根通信电缆，将两者连接即可。例如，西门子的 CP6511 通信卡是 PCI 卡，安装在计算机主板的 PCI 插槽中，可以提供 PPI、MPI 和 PROFIBUS 等通信方式。

2. 触摸屏与 PLC 的连线

西门子 TP-177A 触摸屏有一个 RS-422/485 接口，西门子 S7-200 系列 PLC 有编程口（一个或者两个），它实际上就是 RS-4485 接口，两者采用通信电缆互连实现通信，如图 8-24 所示。

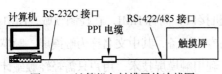

图 8-23　计算机与触摸屏的连线图

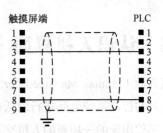

图 8-24　触摸屏与 PLC 的连线（RS-485）

西门子 TP-177A 触摸屏和西门子 S7-200 系列 PLC 的 RS-422/485 接口都采用 DB9 的物理接口形式，其针脚定义见表 8-15，其外形如图 8-25 所示。

表 8-15　　　　　　　　　　　　针脚定义

针 脚 号 码	信　　号	0/1 号端口
1	屏蔽	外壳接地
2	24 V 回流	逻辑中性线
3	RS-485 信号 B	RS-485 信号 B
4	请求发送	RTS（TTL）
5	5 V 回流	逻辑中性线
6	+5 V	+5 V
7	+24 V	+24 V
8	RS-485 信号 A	RS-485 信号 A
9	不相关	0 位协议选择（输入）

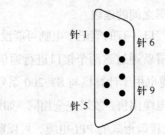

图 8-25　S7-200 系列 PLC 的通信接口外形图

8.3.3　创建一个简单的触摸屏工程

下面用一个例子介绍一个简单触摸屏工程的完整创建过程。

【例 8-5】　利用一台西门子 TP-177A 触摸屏控制一台西门子 S7-226CN 型 PLC 上的一盏灯的开/关，并在触摸屏上显示灯的明暗状态。

【解】① 用一根 PPI 编程电缆将计算机与触摸屏相连，参考图 8-23。

② 启动计算机中的 WinCC flexible 软件，初始界面如图 8-26 所示。

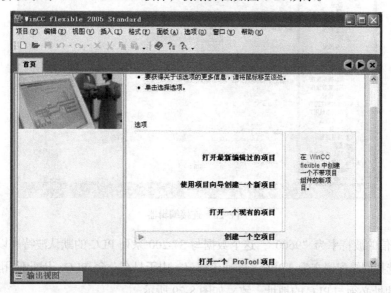

图 8-26　初始界面

③ 双击"创建一个空项目"选项，弹出"设备选择"界面，如图 8-27 所示。展开"Panel"节点中的"TP 177A 6'"，再单击"确定"按钮。

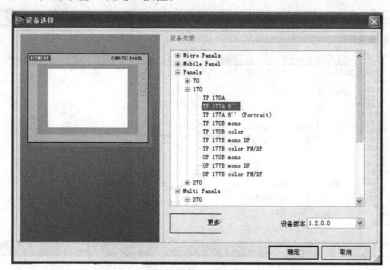

图 8-27　"设备选择"界面

④ 在图 8-28 所示的界面中，展开左侧"项目"窗口中的"通信"节点，单击"连接"项，在右侧的"名称"列下方双击，自动生成"连接_1"，接着在"通信驱动程序"列中选择"SIMATIC S7 200"；然后单击"保存"按钮 ，为工程设置一个名称，如默认的"项目 1.hmi"。

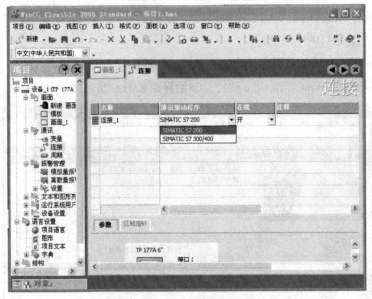

图 8-28　连接编辑器

⑤ 选择通信的波特率为"9600"，这个数据与 S7-200 系列 PLC 的默认波特率以及编程电缆的波特率一致，选择网络配置文为"PPI"，即通信协议，由于只有一台 PLC，因此使用默认地址"2"即可，但这个地址必须与 PLC 的地址一致，如图 8-29 所示。

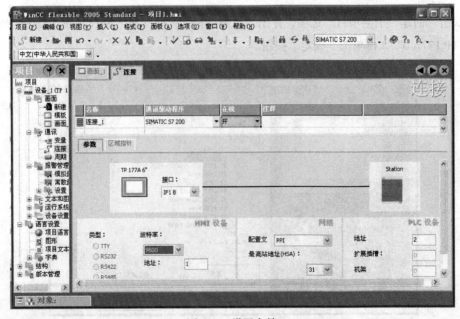

图 8-29　设置参数

【关键点】　设置 PLC 和触摸屏的波特率一定要相等，而触摸屏和 PLC 的地址不能相等。

⑥ 变量的生成与属性的设置。在"项目"窗口中单击"通信"节点下的"变量"，自动生成"变量编辑器"，如图 8-30 所示。双击"名称"列下面的空白，自动生成变量，将"变量 1"重命名为"M00"，将"变量 2"重命名为"Q00"，将两者的数据类型都改为"Bool"，将"M00"的地址改为"M0.0"，将"Q00"的地址改为"Q0.0"，保存以上设置。

图 8-30　变量编辑器

⑦ 生成画面。双击"项目"窗口中的"画面 1"，弹出画面编辑器，在右侧的"工具"窗口中单击"按钮"工具，在画面编辑区拖出"按钮"，同样单击"圆"工具，在画面编辑区拖出"圆"，如图 8-31 所示。

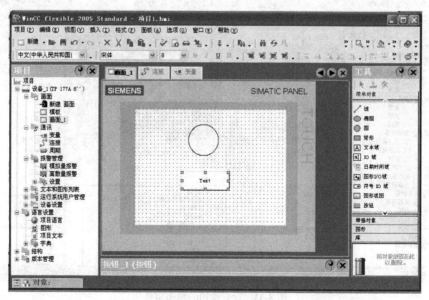

图 8-31　画面编辑器

⑧ 设置按钮的组态。在画面编辑区中选中"按钮"，再选择其下方的"属性"窗口中的"常规"选项，把"状态文本"中的"Text"改为"开关"，如图 8-32 所示。

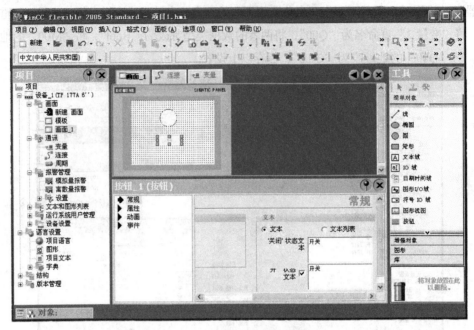

图 8-32　设置按钮的文本属性

⑨ 依旧选中"按钮"，再选中"属性"窗口中"事件"选项中的"单击"子项，再把函数选定为"编辑位"函数"InvertBit"，如图 8-33 所示。

图 8-33　设置按钮的单击事件

⑩ 建立了事件，但没有变量，仍然不能产生动作，因此在"变量"中选定 M0.0。函数 InvertBit 的含义是每次单击"按钮"时改变位"M0.0"的状态。例如，当 M0.0=1 时，单击按钮后 M0.0=0，如图 8-34 所示。

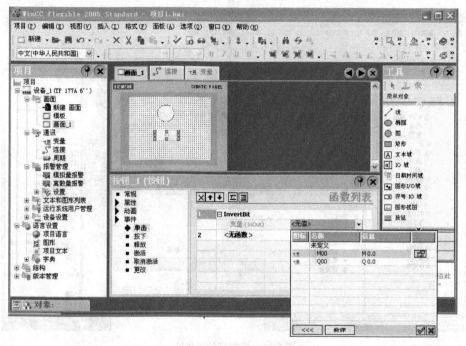

图 8-34　关联变量

⑪ 设置灯的组态。在画面编辑区中选中"圆"，再选中"属性"窗口中"属性"选项中的"外观"子项，将"填充颜色"改为"黑色"，如图 8-35 所示。

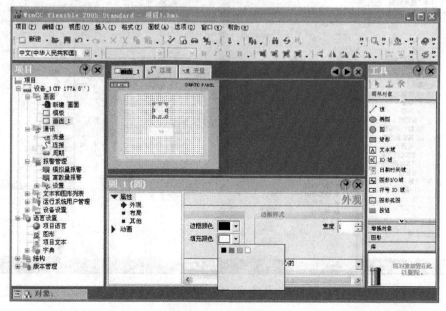

图 8-35　设置灯的颜色

⑫ 在"属性"窗口中选中"动画"选项中的"可见性"子项，将其变量定义为"Q00"。这样做的含义是，当 Q00 的状态改变时，灯的可见性随之改变，如图 8-36 所示。然后将对象的状态选定为"可见"，保存以上设置。灯的组态如图 8-37 所示。

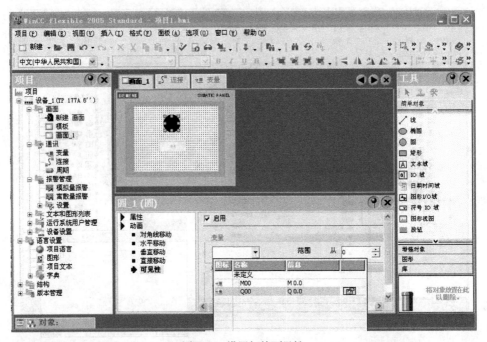

图 8-36　设置灯的可见性

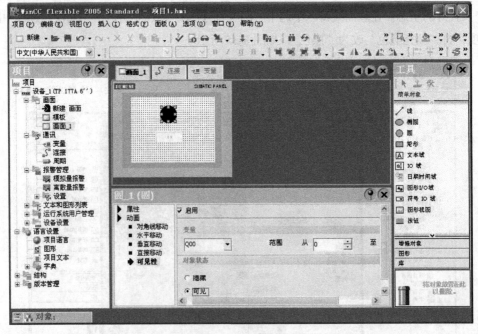

图 8-37　灯的组态

⑬ 开启触摸屏的电源，触摸屏上出现初始界面，如图 8-38 所示。用手触摸"Transfer"按钮，

触摸屏做好与计算机通信的准备。

⑭ 选择设备进行传送。在工具栏上单击"传送设置"按钮 ，弹出"选择设备进行传送"界面，如图 8-39 所示。本例中的"模式"选定为"串行"，设置"端口"为"COM1"。单击"传送"按钮，工程即可下载到触摸屏中。

⑮ 计算机向触摸屏传送数据时的界面如图 8-40 所示。传送数据完成时将有"传送成功"的提示，若传送不成功也有相关提示。

⑯ 再向 S7-226 型 PLC 中下载如图 8-41 所示的程序，下载方法不再赘述。

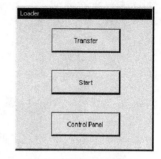

图 8-38　触摸屏初始界面

⑰ 参照图 8-24 制作电缆，并将 TP-177A 触摸屏和 S7-226 PLC 连接在一起。注意：应该在断电状态下连接通信电缆，因为西门子 PLC 的通信接口没有设计光电隔离电路。

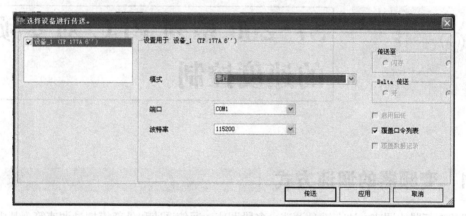

图 8-39　"选择设备进行传送"界面

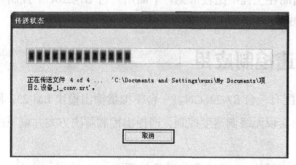

图 8-40　传送数据界面

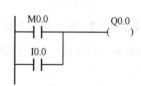

图 8-41　PLC 中的程序

⑱ 接通触摸屏和 PLC 的电源，触摸屏上出现如图 8-38 所示的界面，用手触摸"Start"按钮，弹出运行界面，如图 8-42 所示。当触摸"按钮"时，触摸屏上的灯变亮（白色），而且 PLC 的 Q0.0 闭合（PLC 上的 Q0.0 指示灯亮）；当再次触摸"按钮"时，触摸屏上的灯变暗（黑色），而且 PLC 的 Q0.0 断开（PLC 上的 Q0.0 指示灯灭）。

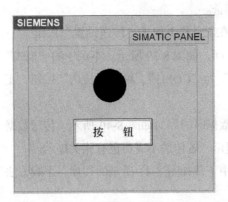

图 8-42　触摸屏运行界面

8.4 S7-200 系列 PLC 对变频器的速度控制

8.4.1　变频器的调速方式

一般的变频器的调速方法有键盘调速、多段调速、通信调速和外部模拟量调速等，其中模拟量调速使用简单，而且还能实现无级调速，因而在工程中比较常见。下面用一台 S7-226CN 控制一台西门子 MM 440 变频器说明 PLC 对变频器调速控制的方法。

8.4.2　PLC 对变频器的调速控制应用

【例 8-6】　某生产线上有一个运输站，配有一台 S7-226CN、一台模拟量输出模块 EM 232 和一台 MM 440 变频器，PLC 控制变频器，从而实现无级调速度控制，请提出控制解决方案并编写控制程序。

【解】　首先将 PLC、变频器、模拟量输出模块 EM 232 和电动机按照图 8-43 接线。

【关键点】　接线要正确，而且 AIN-和 0V 一定要短接。

然后编写程序，并将程序下载到 PLC 中。

我国的工频是 50Hz，EM 232 模拟量模块的数字量输入范围是 0～32 000，其模拟量输出范围是 0～5V。将频率的数值 0～50 对应 PLC 数值 0～32 000，也就是把数值 0～32 000 等分为 50 份，每份 640。

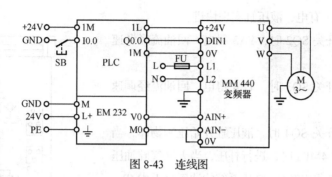

图 8-43　连线图

将 VW100 存入频率值，再将这个数值乘以 640 输出，对应的就是电动机的频率。梯形图如图 8-44 所示。

网络 1　　D/A 转换

```
    SM0.0                    MUL_1
    ┤├──────────────┬──────EN    ENO├──
                    │
            VW100 ──IN1   OUT├─VW102
             +640 ──IN2
                    │
                    │         MOV_W
                    └──────EN    ENO├──
                    
            VW102 ──IN    OUT├─AQW0
```

图 8-44　梯形图

8.5　基于 PLC 的控制系统设计

8.5.1　概述

初学者在设计 PLC 控制系统时，往往不知从何入手，其实 PLC 控制系统的设计有一个相对固定的模式，只要读者掌握了前述章节的知识，再按照这个模式进行，一般不难设计出正确的控制系统。下面用一个例子来说明 PLC 控制系统的设计过程。

8.5.2　实例

【例 8-7】　有一台油压机，其液压系统如图 8-45 所示，其动作循环过程如下：

① 当通电后 YA1 有电，液压缸实现快进；

② 当压下行程开关 SQ2 时，YA3 得电，回油流经调速阀 1 实现 I 工进；

③ 当压下行程开关 SQ3 时，YA4 得电，回油流经调速阀 2 实现 II 工进；

④ 当压下行程开关 SQ4 时，液压缸开始压制物体，当无杆气腔油压力低于 4MPa 时，进行补压，当无杆气腔油压力高于 6MPa 时，YA5 得电卸荷，液压系统的油压高于 4MPa，并保持 5min 后，YA1 断电，YA2 得电，油路反向，实现液压缸快退，当压下行程开关 SQ1 时，YA5 有电，系统卸荷。其中，压力继电器 KP1 在油压为 4MPa 时动作，压力继电器 KP2 在油压为 6MPa 时动作。

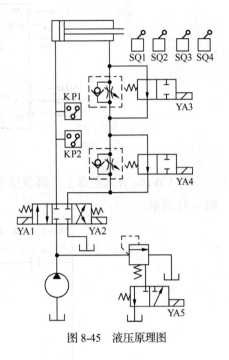

图 8-45　液压原理图

【解】

1. 确定控制对象和控制范围

首先，要详细分析控制对象、控制过程和要求。对于本例，控制对象就是液压系统，控制过程可以用表 8-16 表示。

表 8-16　　　　　　　　　　电磁铁动作顺序

工　步	YA1	YA2	YA3	YA4	YA5	输 入 信 号
快进	+					SQ2
I 工进	+		+			SQ3
II 工进	+		+	+		SQ4
补压（与保压共 5min）	+		+	+		SQ4、KP1
保压（与补压共 5min）					+	SQ4、KP2
快退		+				SQ1
卸荷					+	复位

本例的输入/输出信号较多，而且逻辑过程也比较复杂，因此本液压系统适合用于 PLC 控制。

2. PLC 的选型

PLC 的种类繁多，不同种类的 PLC 的功能差异很大，价格差距也很大，这为挑选 PLC 提供了很大的空间。机型的基本选择原则是在功能满足要求的前提下，力争选用性能价格比高的并且可以升级的产品。通常选型要注意以下几点：

（1）功能的选择

对于只有开关量和少量模拟量的控制设备，一般选用小型 PLC；对于有较多模拟量控制、有复杂的通信、多闭环控制系统，一般根据其规模选用中高档 PLC 机型。对于本例，只有开关量，而且点数不超过 20 点，因此选用小型机足够，选择面十分广泛，基本上市面上的 PLC 都能满足要求。

（2）基本单元的选择

基本单元的选择主要包括响应速度、结构形式和扩展能力。

PLC 输入信号与响应的输出信号之间存在着一定的时间延迟，称为延时时间，PLC 的延迟时间越短，则响应速度越快。对于以开关量为主的系统，PLC 的响应速度能够满足要求，无需特殊考虑，而以模拟量为主的系统则必须考虑。本例只有开关量，因此不必考虑响应速度。

一般 PLC 有整体式和模块式两种结构形式，前者的价格便宜，而且通常小型 PLC 多采用整体式结构。从成本角度来说，对于本例采用整体式结构较好。

在扩展方面也应注意，如通信扩展，设计时不需要，并不代表以后用户一定不用。

（3）内存容量的估算

本系统有 SQ1、SQ2、SQ3、SQ4、KP1、KP2、复位 SB1、启动 SB2、停止 SB3 和急停 SB4 共10 个输入信号，输出共有 YA1、YA2、YA3、YA4、YA5、EL 和电动机的启动 KM 共 7 个信号。输入、输出信号共有 17 个，一般在选型时输入和输出点数要比实际多 20%～30%，富余的点数通常预留给用户。所以输入、输出点数可设为 17×（1+25%）≈21，可以初步选定输入、输出点数和为 21。所需内存字数=开关量总点数×10=17×10=170。

由于西门子的 S7-200 系列 PLC 易学易用且性能可靠，故选定的型号为 S7-224（当然，也可以选用其他品牌的小型 PLC，如三菱的 FX 系列 PLC），此机型有 14 个输入，10 个输出。又因为本例的控制要求中没有提出通信等特殊要求，所以不需要选用特殊模块。

3．PLC 控制系统的硬件设计

（1）PLC 的 I/O 分配

PLC 的 I/O 分配表见表 8-17。

表 8-17　　　　　PLC 的 I/O 分配表

输入			输出		
名　称	符　号	输入点	名　称	符　号	输出点
复位按钮	SB1	I0.0	电磁铁	YA1	Q0.0
启动按钮	SB2	I0.1	电磁铁	YA2	Q0.1
停止按钮	SB3	I0.2	电磁铁	YA3	Q0.2
限位开关	SQ1	I0.3	电磁铁	YA4	Q0.3
限位开关	SQ2	I0.4	电磁铁	YA5	Q0.4
限位开关	SQ3	I0.5	信号灯	EL	Q0.5
限位开关	Q4	I0.6	接触器	KM	Q0.7
压力继电器	KP1	I0.7			
压力继电器	KP2	I1.0			
急停按钮	SB4	I1.1			

（2）PLC 硬件系统设计时的注意问题

① 西门子 S7-200 系列 PLC 输入端需外接 DC 24V 电源，可以选用西门子生产的电源，但西门子的电源价格较高，使用市面上的品牌开关电源是完全能够满足要求的。这点有别于三菱的 FX 系列 PLC，三菱 FX 系列 PLC 的输入端不要外接电源。

② 输入端开关（如按钮）一般都用常开触头，但注意急停开关必须接常闭触头，尽管从逻辑上讲，急停开关接常开触头是可行的，但如果急停开关接常开触头，由于某些情况下，急停开关的连线断开，系统仍然能正常工作，但紧急情况，特别是重大事故发生时，急停开关将不能起到作用，很容易发生事故。如果急停开关接常闭触头，只要急停开关的连线断开，系统就不能正常工作，因此，"急停开关"总是能起到作用。

③ 输出端若用直流电源，则最好与接触器或继电器线圈并联一个续流二极管，续流二极管起续流作用。用户应注意二极管的接法，若接反，则会短路。

④ 输出端若用交流电源，则最好与接触器或继电器线圈并联一个浪涌吸收器。

⑤ 接触器的电源是 220V 交流电，而电磁铁的电源是 24V 直流电，因此二者一定不能共用一组输出。S7-224 型 PLC 共有 3 组输出，图 8-46（a）中用了 3 组，其中第 1 组、第 2 组公共端可以短接在一起，这是因为第 1 组、第 2 组使用的电源都是+24V。

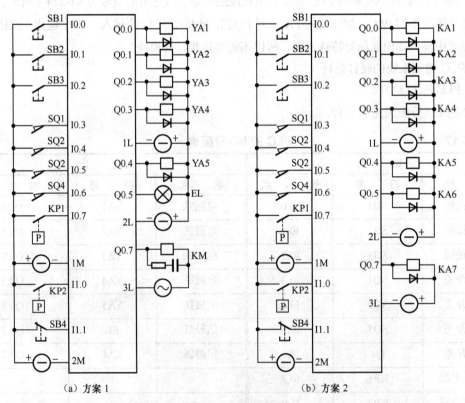

（a）方案 1　　　　　　　　　　　　　（b）方案 2

图 8-46　I/O 接线图

⑥ 在画 I/O 接线图前务必认真阅读选定型号 PLC 的使用说明书，否则极易出错。

⑦ 由于 PLC 的继电器比较小，允许通过的电流只有 2A，损坏后不易更换，因此建议将每个输出点转接一个中间继电器，再由中间继电器控制电磁铁和接触器的线圈，尽量保护 PLC，故建议使用图 8-46 所示的接线图中的方案 2。

　　（3）PLC 控制系统的软件设计

　　先画出流程图，再根据流程图画出梯形图，如图 8-47 和图 8-48 所示。

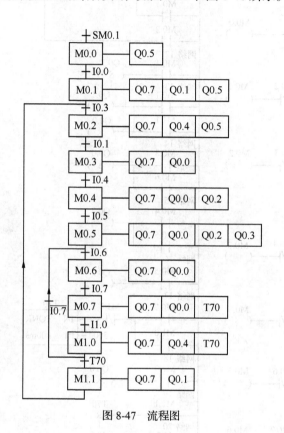

图 8-47　流程图

　　（4）调试

　　① 将图 8-48 所示的梯形图编译并下载到 PLC 中，先进行模拟调试，模拟调试并不需要复杂的设备，只需要选定的 PLC 和少量的导线即可。模拟调试可以初步验证程序逻辑的正确性。

　　② 联机调试。模拟调试成功后，并不意味着程序完全正确。有时，模拟调试成功，联机调试却不可行，一般重新修改参数即可，有时甚至需要重新编写程序。现场联机调试成功后，设备才能投入使用。

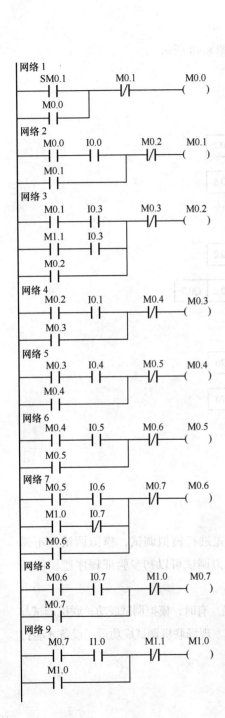

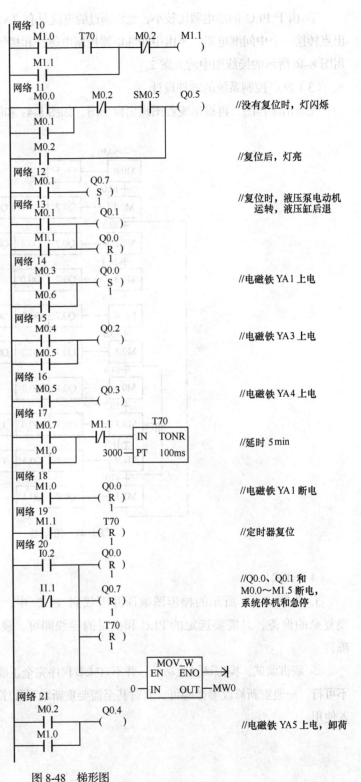

图 8-48　梯形图

实训

1. 实训内容与要求

有一个恒压供水水箱，通过变频器驱动水泵供水，维持水位在满水位的70%。过程变量 PV_n 为水箱的水位（由水位传感器测量），设定值为70%，PID输出控制变频器，即控制水箱注水调速电动机的转速。要求开机后，先手动控制电动机，水位上升到70%时，转换到PID自动调节。

2. 实训条件

① STEP 7-Micro/WIN软件。

② 计算机。

③ 带S7-200 PLC的恒压供水实训台一套。

3. 实训步骤

① 先画出流程图。

② 列出恒压供水PID控制参数表，见表8-18。

表8-18　　　　　　　　　　供水PID控制参数表

地　址	参　数	描　述
VB100	过程变量 PV_n	水位传感器提供的模拟量经过A/D转换后的标准化数值
VB104	给定值 SP_n	0.7
VB108	输出值 M_n	PID回路输出值
VB112	增益 K_c	0.3
VB116	采样时间 T_s	0.1
VB120	积分时间 T_I	30
VB124	微分时间 T_d	0
VB128	上一次积分值 M_X	根据PID运算结果更新
VB132	上一次过程变量 PV_{n-1}	最后一次PID运算过程变量值

③ 编写梯形图程序。

④ 调试程序。

⑤ 记录运行结果。

① 重点掌握 S7-200 PLC 的高速脉冲输出指令。

② 重点掌握 S7-200 PLC 的 PID 指令。

③ 重点掌握 S7-200 PLC 的 PPI 通信。

④ 重点掌握 S7-200 PLC 与触摸屏联合使用。

⑤ 重点掌握 S7-200 PLC 的控制系统设计。

1. 触摸屏的工作原理是什么？

2. 在进行 PLC 的硬件系统设计时要注意哪些问题？

3. 网络中主站和从站的含义分别是什么？

4. 网关、交换机和中继器在网络中的作用是什么？

5. 如果将例 8-1 中的 PLC 改成三菱 FX2N 系列 PLC，则怎样接线？

6. 为什么 PLC 的高速输出点与步进驱动器相连要串联一只 2kΩ的电阻？

7. 某步进电动机相连的红色引出线应该与步进驱动器的 A 接线端子相连，绿色引出线应该与步进驱动器的 $\overline{A}$ 接线端子相连，若刚好接反，是否可行？会产生什么现象？

8. 怎样通过 PLC 控制步进电动机的正/反转？

9. 有一台步进电动机，其脉冲当量是 3 度/脉冲，当此步进电动机转速为 250r/min 时转 10 圈，若用 S7-226 PLC 控制，请画出接线图，并编写梯形图程序。

10. 有一台步进电动机与一只螺距为 2mm 的丝杠直接相连，工作台在丝杠上，步进电动机的脉冲当量是 3 度/脉冲，当此步进电动机转速为 250r/min 时工作台移动 10mm，若用 S7-226 PLC 控制，请画出接线图，并编写梯形图程序。

11. 继电器输出的 PLC 是否能够用于控制步进电动机？

12. 使用 PID 指令要注意什么问题？PID 的含义是什么？

13. S7-200 系列 PLC 支持哪些通信方式？

14. RS-485 和 RS-422 有什么区别？

15. PPI 通信电缆和网络连接器应该怎样连接？3 台 S7-226 进行 PPI 通信时，各 PLC 的偏流电阻应该拨在"ON"还是拨在"OFF"位置上？

16. SM30 中赋值为 2 和 9 时的含义分别是什么？

17. 常用的变频器有几种调速方法？

18. 将例 8-6 中的晶体管输出的 PLC 换成继电器输出的 PLC，则接线图有怎样的变化？若改为三菱 FX2N 晶体管输出 PLC，则接线图又将如何变化？

19. 将例 8-6 中的变频器控制速度的改变由触摸屏输入，请建立此工程。

20. PLC 的选型原则有哪些？

参考文献

[1] 向晓汉. 电气控制与 PLC 技术基础[M]. 北京：清华大学出版社，2007.

[2] 王兰君. 电工实用线路 300 例[M]. 北京：人民邮电出版社，2002.

[3] 王柄实. 机床电气控制[M]. 北京：机械工业出版社，2004.

[4] 许翏，王淑英. 电气控制与 PLC 应用技术[M]. 北京：机械工业出版社，2006.

[5] 蔡行健. 深入浅出西门子 S7-200 PLC[M]. 北京：北京航空航天大学出版社，2003.

[6] 闫和平等. 常用低压电器与电气控制技术[M]. 北京：机械工业出版社，2006.

[7] 王念春. 电气控制及可编程控制器技术[M]. 北京：化学工业出版社，2004.

[8] 廖常初. 小型 PLC 的发展趋势[J]. 电气时代. 2007.

[9] 廖常初. 西门子人机界面组态与应用技术[M]. 北京：机械工业出版社，2007.

[10] 严盈富. 监控组态软件与 PLC 入门[M]. 北京：人民邮电出版社，2006.

[11] 严盈富. 触摸屏与 PLC 入门[M]. 北京：人民邮电出版社，2006.

[12] 瞿大中. 可编程控制器应用与实验[M]. 武汉：华中科技大学出版社，2002.

[13] 张运刚. 从入门到精通——西门子工业网络通信实战[M]. 北京：人民邮电出版社，2007.

[14] 刘光源. 电工实用手册[M]. 北京：中国电力出版社，2001.

[15] 龚中华. 三菱 FX/Q 系列 PLC 应用技术[M]. 北京：人民邮电出版社，2006.

[16] 杨克冲. 数控机床电气控制[M]. 武汉：华中科技大学出版社，2005.

[17] 张万忠，刘明芹. 电器与 PLC 控制技术[M]. 北京：化学工业出版社，2005.